高等职业教育云计算系列规划教材

云数据库应用（MySQL）

危光辉　陈杏环　主　编

张　靖　廖先琴　李清莲　副主编

電子工業出版社

Publishing House of Electronics Industry

北京 • BEIJING

内 容 简 介

本书为MySQL数据库的实用教程，强调理论知识以够用为度，在书中穿插了大量图形和实例，可以让读者直观轻松地理解并掌握MySQL的各个知识点。

全书共11章，包括数据库基础、MySQL安装与配置、创建数据库、表的创建与管理、数据查询、索引与视图操作、MySQL触发器、存储过程和函数、MySQL编程基础、数据备份与恢复以及MySQL应用实例。每章（除11章外）都配有大量的课后习题和课外实践，以确保读者对本章所讲知识的巩固和升华。

本书可以作为高职计算机类学生的教材，也适合作为MySQL数据库应用开发人员的技术参考手册，还可供各类MySQL培训班使用，尤其适合MySQL初、中级用户使用。

未经许可，不得以任何方式复制或抄袭本书之部分或全部内容。
版权所有，侵权必究。

图书在版编目（CIP）数据

云数据库应用：MySQL/危光辉，陈杏环主编. —北京：电子工业出版社，2018.8
高等职业教育云计算系列规划教材
ISBN 978-7-121-34418-3

Ⅰ. ①云…　Ⅱ. ①危…　②陈…　Ⅲ. ①SQL语言－程序设计－高等职业教育－教材　Ⅳ. ①TP311.132.3

中国版本图书馆CIP数据核字(2018)第124237号

策划编辑：徐建军（xujj@phei.com.cn）
责任编辑：郝黎明　　特约编辑：王　炜
印　　刷：三河市鑫金马印装有限公司
装　　订：三河市鑫金马印装有限公司
出版发行：电子工业出版社
　　　　　北京市海淀区万寿路173信箱　邮编 100036
开　　本：787×1 092　1/16　印张：17.25　字数：464千字
版　　次：2018年8月第1版
印　　次：2019年9月第3次印刷
印　　数：1 500册　　定价：40.00元

凡所购买电子工业出版社图书有缺损问题，请向购买书店调换。若书店售缺，请与本社发行部联系，联系及邮购电话：（010）88254888，88258888。

质量投诉请发邮件至zlts@phei.com.cn，盗版侵权举报请发邮件至dbqq@phei.com.cn。

本书咨询联系方式：（010）88254570。

前言 Preface

MySQL 是全球最流行的开源关系型数据库，具有良好的跨平台能力，在 Web 应用方面 MySQL 是最好的关系数据库管理系统应用软件之一，并且从 MySQL5.6 版开始就支持云计算技术。由于 MySQL 体积小、速度快、总体拥有成本低，尤其是开放源码这一特点，使得 MySQL 被广泛地应用在 Internet 的大/中/小型网站中作为网站数据库，如 Facebook、Google、新浪、网易、百度等大型网站都在使用 MySQL 作为网站数据库，因此在本套高职院校云计算相关专业系列教材中，数据库管理系统的教学选用了 MySQL。

为了能够让初学者快速掌握 MySQL 的应用，本书从数据库设计基础、MySQL 数据库系统的安装开始讲起，同时为配合高职学生所处的学习环境，在本书中以学生成绩管理设计数据库，并贯穿于整本书始终，这使得高职学生在学习和掌握 MySQL 数据库时前后关联，脉络清晰，易于理解。

第 1 章讲解数据库基础，主要内容包括 E-R 图、关系和关系模式以及关系的完整性规则，为后续章节打下基础。

第 2 章讲解 MySQL 安装与配置，主要内容包括 MySQL 软件下载与安装，服务启动以及用户的登录方式。

第 3 章讲解创建数据库，主要内容包括数据库的创建以及对数据库的管理方法。

第 4 章讲解表的创建与管理，主要内容包括数据表的创建以及对表数据的录入与编辑，表结构的查看、修改与删除等操作。

第 5 章讲解数据查询，这是学习 MySQL 数据库的重点，主要包括对数据表中数据的各种查询方法。

第 6 章讲解索引与视图操作，主要内容包括索引和视图的创建、查看、修改、删除以及通过视图对基表的操作等方法。

第 7 章讲解 MySQL 触发器，主要内容包括触发器的作用，如何创建、查看、修改以及删除触发器等方法。

第 8 章讲解存储过程和函数，主要内容包括存储过程和函数的创建、调用存储过程和函数，以及查看、修改和删除存储过程。

第 9 章讲解 MySQL 编程基础，主要内容包括 MySQL 中的结构控制语句、游标的使用方法、事务控制以及 MySQL 锁的用法等。

第 10 章讲解数据备份与恢复，主要内容包括数据备份的方法、数据还原的方法以及采用工具软件实现数据备份和还原的方法。

第 11 章讲解 MySQL 应用实例，主要内容包括开发环境的搭建，以及采用 PHP 编程语言，以 MySQL 作为后台数据库完成网站留言板的实例开发过程。

本书特色：

1．全书采用循序渐进的方式，适合高职院校学生逐步掌握 MySQL 数据库的应用。

2．大量采用语法结合示例方式讲解各个知识点，使抽象的语法规则更易于理解。

3．对 MySQL 中各个知识点的示例，采用图形管理工具和命令行两种方式进行讲解。

4．全书所有示例都具有代表性和实际意义，用于解决 MySQL 作为后台数据库在工作中的实际应用。

5．每章（除 11 章外）都给出了大量习题，帮助学生学习后及时练习，巩固和升华所学知识。

6．全书选用的数据库是关于学生的成绩管理，使学生在学习过程中具有“身临其境”的感受，令学习更加轻松高效。

本书由重庆电子工程职业学院的危光辉和陈杏环担任主编，由张靖、廖先琴和李清莲担任副主编。南京第五十五所技术开发有限公司的工程师参与了本书的案例设计和案例测试，在此表示衷心的感谢。

为了方便教师教学，本书配有电子教学课件，请有此需要的教师登录华信教育资源网（www.hxedu.com.cn）注册后免费下载，如有问题可在网站留言板留言或与电子工业出版社联系（E-mail：hxedu@phei.com.cn）。

虽然我们精心组织，认真编写，但错误之处在所难免；同时，由于编者水平有限，书中也存在诸多不足之处，恳请广大读者给予批评和指正，以便在今后的修订中不断改进。

编　者

目录

Contents

第1章

数据库基础

【学习目标】

- 了解数据库系统的基本概念
- 理解数据模型的类型及相关概念
- 理解关系、关系模型相关概念
- 掌握 E-R 图的绘制方法
- 掌握将 E-R 模型转换为关系模型的方法
- 理解关系的完整性规则
- 理解关系规范化

1.1 数据库系统

数据库系统所涉及的概念有很多，了解和掌握这些概念对学习数据库来说是必要的，在本章将学习关于数据库系统的几个基本概念和数据库系统的特点。

1.1.1 数据库系统的基本概念

数据库系统主要涉及以下几个基本概念，了解和掌握这些概念有助于对数据库应用的深入学习。

1. 信息（Information）

美国信息管理专家霍顿（F.W.Horton）给信息下的定义是：“信息是为了满足用户决策的需要而经过加工处理的数据。”根据对信息的研究，人们普遍认同的概念是：信息是对客观世界中各种事物的运动状态和变化的反映，是客观事物之间相互联系和相互作用的表征，表现的是客观事物运动状态和变化的实质内容。简单地说，信息是经过加工的数据，或者说，信息是数据处理的结果。

2. 数据（Date）

数据是指对客观事件进行记录并可以鉴别的符号。在计算机科学中，数据是指所有能输入到计算机并被计算机程序处理的符号介质的总称。

信息与数据既有联系，又有区别。数据是信息的表现形式和载体，可以是符号、文字、数字、语音、图像、视频等。而信息是数据的内涵，信息是加载于数据之上，对数据进行有含义的解释。数据和信息是不可分离的，信息依赖数据来表达，数据则可以生动具体地表达出信息，并且数据只有在表达了某种信息之后才有实际意义。

例如，在表示学生信息时已知的信息：朱军是上海人，出生于1998年，性别为男，于2016年考入大学，在计算机学院的云计算专业学习。根据已知的信息，可以在计算机中用数据表示为（朱军，男，山东省，1998，2016，云计算，计算机学院）。 可见，数据所表示的内容是通过对信息的提炼，然后再按某种确定的格式表达出来，这样的数据才具有实际意义。

3. 数据库（Date Base，DB）

数据库是长期储存在计算机内、有组织的、可共享的数据集合。数据库中的数据指的是以一定的数据模型组织、描述和储存在一起、具有尽可能小的冗余度、较高的数据独立性和易扩展性的特点并可在一定范围内为多个用户共享。

数据库的特点：数据尽可能不重复，以最优方式为某个特定组织的多种应用服务，其数据结构独立于使用它的应用程序，对数据的添加、删除、修改、查询由统一软件进行管理和控制。从发展的历史看，数据库是数据管理的高级阶段，它是由文件管理系统发展起来的。

4. 数据库管理系统（Data Base Management System，DBMS）

数据库管理系统是位于用户与操作系统之间的管理数据库的软件。其主要功能是：数据定义功能、数据操纵功能、数据库的运行管理、数据库的建立和维护功能。常见的DBMS有MySQL、SQL Server、Oracle、DB2等。

5. 数据库系统（Data Base System，DBS）

数据库系统一般由3个部分组成。

（1）硬件：构成计算机系统的各种物理设备，包括存储所需的外部设备。硬件的配置应满足整个数据库系统的需要。

（2）软件：包括操作系统、数据库管理系统及数据库和应用程序。数据库管理系统是在操作系统的支持下，在其中建立数据库，并通过应用程序对数据库进行查询调用，从而完成所需要的数据管理任务。

（3）人员：主要包括系统分析员、数据库设计人员、编程人员、数据库管理员和用户。其中，系统分析员负责应用系统的需求分析和规范说明，同用户及数据库管理员一起确定系统的硬件配置，并参与数据库系统的概要设计；数据库设计人员负责数据库中数据的确定、数据库各级模式的设计；编程人员负责编写使用数据库的应用程序，对数据进行检索、建立、删除或修改；数据库管理员负责数据库的总体信息控制；用户是利用系统的接口或查询语言访问数据库。

1.1.2 数据库系统的特点

采用数据库系统实现对数据的管理，与人工管理和文件系统管理相比具有实现数据共享、减少数据冗余度、数据独立性、数据的集中控制、数据一致性、数据安全性和故障恢复保障的特点。

1. 实现数据共享

数据共享包含所有用户可同时存取数据库中的数据，也可以用各种方式通过接口使用数据库，并提供数据共享。

2. 减少数据冗余度

同文件系统相比，由于数据库实现了数据共享，从而避免了用户各自建立应用文件。可减少大量的重复和冗余数据。

3. 数据独立性

数据的独立性包括逻辑独立性（逻辑结构和应用程序相互独立）和物理独立性（数据物理结构的变化不影响数据的逻辑结构）。

4. 数据的集中控制

文件管理方式中，数据处于一种分散的状态，不同的用户或同一用户在不同处理中其文件之间毫无关系。利用数据库可对数据进行集中控制和管理，并通过数据模型表示各种数据的组织以及数据间的联系。

5. 数据一致性

数据一致性是指采用数据库系统对数据进行管理之后，可以避免以往采用人工管理和文件系统管理时可能存在数据被重复存储、分别修改从而导致数据的不一致性。

6. 数据安全性

数据的安全性是指对数据的保护，使所有用户按照规定对数据进行使用和访问，从而避免不合法的使用造成数据的泄密和破坏。

7. 故障恢复保障

由数据库管理系统提供一套方法，可及时发现故障并修复，从而防止数据被破坏。数据库系统能尽快恢复数据库系统运行时出现的故障，可能是物理上或是逻辑上的错误。比如对系统的误操作造成的数据错误等。

1.2 数据模型

数据模型是对现实世界数据特征的抽象和对客观事物及其联系的数据描述。在数据库中用数据模型来抽象、表示和处理现实世界中的数据和信息。

数据模型主要分为3种类型：概念模型、逻辑模型和物理模型。

概念模型是指按用户的观点来对数据和信息建模，主要用于数据库设计。概念模型用于信息世界的建模，是现实世界到信息世界的第一次抽象，是数据库设计人员进行数据库设计的有力工具，也是数据库设计人员和用户之间进行交流的语言。

逻辑模型是指按计算机系统的观点对数据建模，主要用于 DBMS 的实现。主要的逻辑模型可分为关系模型、层次模型、网状模型以及面向对象模型4种，本教材中所讲的 MySQL 数据库就属于关系模型数据库。

物理模型是对数据最底层的抽象过程，主要用于描述数据在磁盘上的存储方式和存取方法。

要将现实世界转变为机器能够识别的形式，必须经过2次抽象：第1次抽象，将现实世界抽象为信息世界，这一过程简单理解就是将人们的感知转变为语言描述的信息；第 2 次抽象，将信息世界转变为机器世界，实现的是概念模型向逻辑模型的转换，这一过程简单理解就是将语言描述的信息转变为计算机能识别的数据形式。

1.2.1 概念模型

概念模型的表示方法很多，其中最著名最为常用的是 P.P.S.Chen 于 1976 年提出的实体-联系方法（Entity-Relationship Approach），该方法是描述现实世界概念结构模型的有效方法，简称为 E-R 方法，也称为 E-R 概念模型。E-R 概念模型采用实体-联系图（E-R 图）来描述现实世界。

构成 E-R 图的 3 个基本要素是实体、属性和联系。

1. 实体（Entity）

一般认为，从客观上可以相互区分的事物就是实体，实体可以是具体的人和物，也可以是抽象的概念与联系。在 E-R 图中，采用实体名及其属性名集合来抽象和刻画同类实体。如学生张三是一个实体，一门课程也是一个实体。

2. 属性（Attribute）

实体所具有的某种特性，一个实体可由若干个属性来刻画。属性不能脱离实体，属性是相对实体而言的。如学生的姓名、学号、性别都是属性。

3. 联系（Relationship）

联系也称关系，信息世界中反映实体内部或实体之间的关联。实体内部的联系通常是指组成实体的各属性之间的联系；实体之间的联系通常是指不同实体之间的关联关系。联系的类型主要有 3 种，一对一联系(1∶1)、一对多联系(1∶N)和多对多联系(M∶N)。

（1）一对一联系(1∶1)

假设有两个实体集 A 和 B，如果 A 中最多有一个实体与 B 中的一个实体有联系，同样 B 中也最多有一个实体与 A 中的一个实体有联系，则称 A 和 B 具有一对一的联系。

如一所学校只有一个正校长，而一个正校长只在一所学校中任职，则学校与正校长之间具有一对一联系；观看电影时，观众和座位就是一对一联系，因为一个人只能坐一个座位，一个座位也只能由一个人来坐。

（2）一对多联系(1∶N)

假设有两个实体集 A 和 B，若 A 中的每一个实体在 B 中有多个实体与之对应，反之 B 中每一个实体在 A 中至多有一个实体与之对应，则称 A 和 B 具有一对多的联系。

如某学校系部和教师，一个系部可以有多名教师，但一名教师只能属于一个系部，则系部和教师就是一对多的联系。一个专业中有若干名学生，而每个学生只在一个专业中学习，则专业与学生之间具有一对多联系。

（3）多对多联系(M∶N)

对于两个实体集 A 和 B，若 A 中每一个实体在 B 中有多个实体与之对应，反之亦然，则称 A 与 B 具有多对多联系。

如表示学生与课程间的联系“选修”是多对多的，即一个学生可以选多门课程，而每门课程可以有多个学生来选。

1.2.2　E-R 图的绘制

E-R 图是表现概念模型的方法，是用于抽象现实世界的有力工具，通过画 E-R 图将实体以及实体间的联系刻画出来。由于构成 E-R 图的 3 个基本要素是实体、属性和联系，所以在画 E-R 图之前，需要先确定这三个基本要素，然后在此基础上画出 E-R 图。

下面以某校教学管理系统中“学生选修课程”为例来说明 E-R 图的绘制方法（步骤）。

1. 确定构成 E-R 图的实体

在“学生选修课程”中，实体有两个：学生和课程。实体在 E-R 图中通用的表示方式是用矩形框表示实体，并在框内写上实体名，如图 1.1 所示。

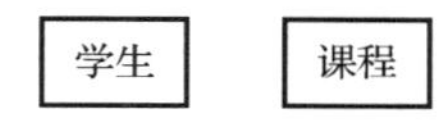

图 1.1　实体

2. 确定构成 E-R 图的实体属性

学生实体的属性包括：学号、姓名、性别、出生日期、专业名、所在学院、联系电话、总学分和备注；

课程实体的属性包括：课程号、课程名、授课教师、开课学期、学时和学分。

用椭圆形表示实体的属性，在椭圆内写上属性名，并用下画线标注关键字（关键字在 1.3 节中介绍），然后用无向边把实体和属性联系起来，如图 1.2 和图 1.3 所示。

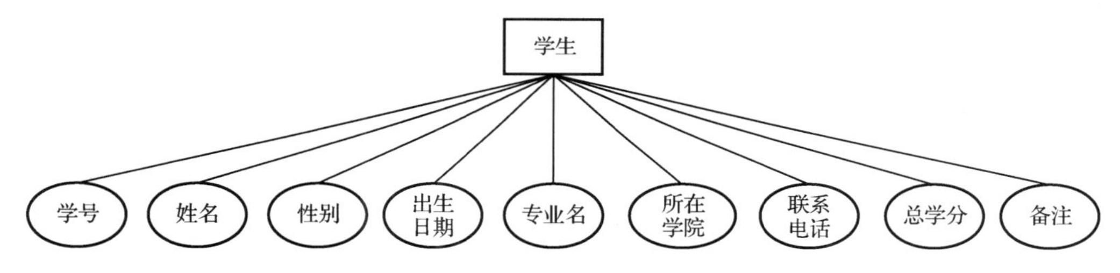

图 1.2　学生实体的属性

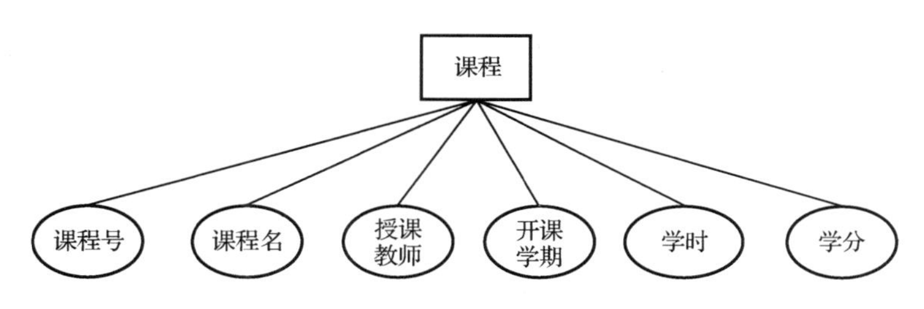

图 1.3　课程实体的属性

3. 确定构成 E-R 图的实体间联系

一般是通过某个动作来实现两个实体间的联系，所以对联系命名时，一般应用动词来命名。在“学生选修课程”中，“学生”“课程”两个实体间的联系是“选修”，根据实际情况：一个学生可以选修多门课程，同时，一门课程也可以由多个学生选修，因此“学生”“课程”两个实体的联系类型是多对多联系(m : n)。

用菱形表示实体间的联系，在菱形内写上联系名，然后用无向边与相关实现连接起来，在无向边上注明联系的类型；如图 1.4 所示。

4. 确定联系的属性

联系也可能有属性。例如，学生选修了某门课程，学习了这门课程之后参加考试所取得的成绩，由于“成绩” 既依赖于某个特定的学生，又依赖于某门特定的课程，所以“成绩”既不是学生的属性也不是课程的属性，而是学生与课程之间联系“选修”的属性。

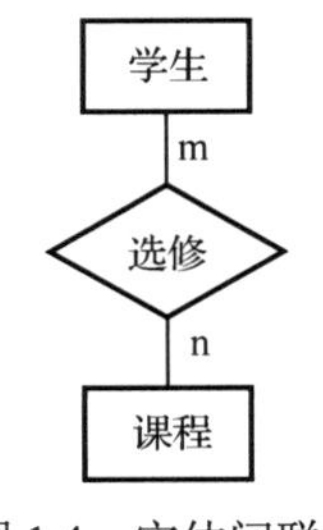

图 1.4　实体间联系

5. 将实体、属性和联系组合起来画 E-R 图

将图 1.2、图 1.3 和图 1.4 组合起来，形成如图 1.5 所示的包含了实体、属性和联系的 E-R 图。

在画 E-R 图的时候，如果实体和属性太多，可以在 E-R 图中只画出实体之间的联系（如图 1.4），而将实体及属性用另外的 E-R 图表示出来（如图 1.2 和图 1.3），这样会使 E-R 图更加简洁明了。

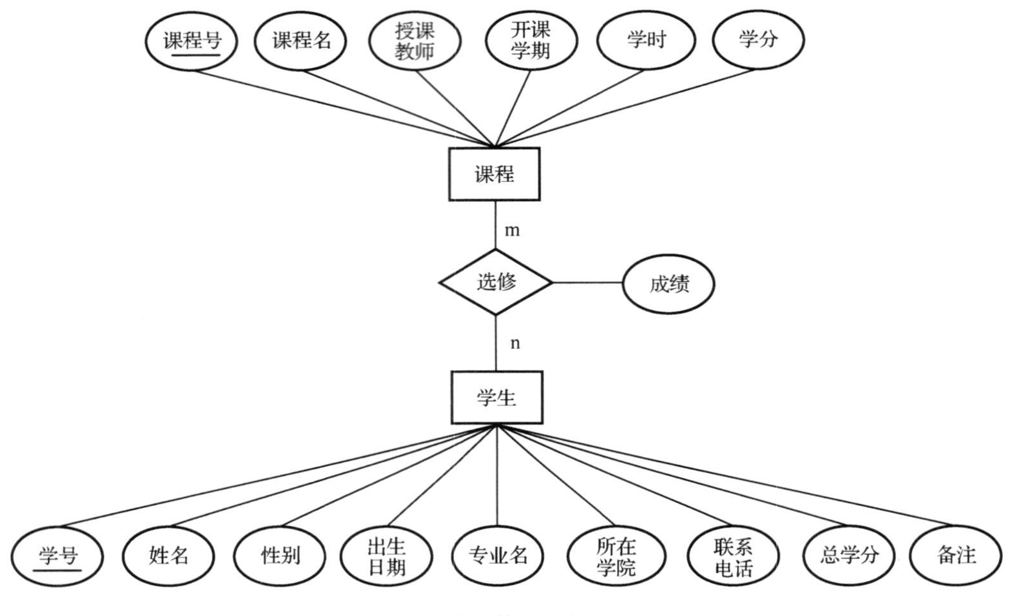

图 1.5 学生选修课程的 E-R 图

1.2.3　关系模型

关系模型是逻辑模型中使用最为广泛的，它采用二维表结构的形式表示实体和实体间的联系。关系模型以关系数学为基础，操作对象和操作结果都是二维表。关系模型是由数据库技术的奠基人之一，美国 IBM 公司的 E.F.Codd 于 1970 年提出的（E.F.Codd 于 1981 年获得 ACM 图灵奖）。自 20 世纪 80 年代以来所推出的数据库管理系统几乎都支持关系模型。

关系模型中数据的逻辑结构是一张二维表，它由行和列组成。下面以表 1.1 为例说明关系模型的基本概念。

表 1.1 学生表

学号	姓名	性别	出生日期	专业名	所在学院	联系电话	总学分
2016110101	朱博	男	1998-10-15	云计算	计算机学院	13845125452	Null
2016110102	龙婷婷	女	1998-11-05	云计算	计算机学院	13512456254	Null
2016110201	曹科梅	女	1998-06-09	信息安全	计算机学院	13465215623	Null
2016110301	李娟	女	1998-08-24	网络工程	计算机学院	13305047552	Null

1. 关系（Relation）

一个关系就是一张二维表，每个关系都有一个关系名，如表 1.1 所示的关系，其名称为学生信息表。

2. 元组（Tuple）

元组也称记录，关系中的每一行对应一个元组，如表 1.1 就是由 4 个元组组成的。

3. 属性（Attribute）

二维表的一列即为一个属性，每个属性的名称为属性名，一个二维表的属性名不能重复。如表 1.1 有 8 个属性，分别是：学号、姓名、性别、出生日期、专业名、所在学院、联系电话和总学分；在表 1.1 中属性名的下面各行的内容，如 2016110101、朱博、男、1998-10-15、云计算、计算机学院、13845125452，Null 就是属性值，这些属性值组成一个元组。

4. 域（Domain）

属性的取值范围称为域。如“性别”这个属性，其取值范围只能是男或女。

5. 关系模式（Relation Mode）

对关系信息结构和语义的描述称为关系模式。关系模式用关系名、属性名及其主键来表示，如学生表的关系模式可表示为：学生表（学号、姓名、性别、出生日期、专业名、所在学院、联系电话、总学分），其中学号为主键。

关系和关系模式的联系与区别：关系模式是对关系结构的描述，由所有属性组成，是静态的、稳定的。关系是二维表格，既包含了关系模式中的结构，即属性，又包含了属性值。由于属性值在关系操作中可能会不断更新，所以关系是动态的。如在学生情况表中，学生的入学、退出、毕业等，都会更新二维表中的数据，但是二维表的结构不会随数据的更新而发生变化。

6. 候选键（Candidate Key）

在一个关系中，如果某一个属性或属性的组合能唯一标识一个元组，则称该属性或属性的组合为候选键，候选键又称为候选码，可简称为键或码。如在学生情况表中，如果姓名没有重名的情况下，学号和姓名都可以作为候选键。

7. 主键（Primary Key）

用户选定的用于标识元组的候选键称为主键，主键又称为主码。如在学生情况表，在学号和姓名两个候选键中选择学号用为元组的标识，则学号就称为主键。主键的属性值不能为空值（null）。

8. 主属性（Prime Attribute）和非主属性（Non-Prime Attribute）

候选键和属性称为主属性，如学号和姓名是主属性；非候选码的属性称为非主属性，如性别、出生日期、专业名、所在学院、联系电话和总学分。

9. 外键（Foreign Key）

一个关系的某个属性不是该关系的主键，或只是该关系主键的组成部分，但却是另一个关系的主键，则这样的属性称为该关系的外键。外键用于实现表与表之间的联系。如在表 1.1 中，学号是主键，在表 1.2 中学号和课程号是主键（由两个属性组成），这里的学号就是表 1.2 的外键，通过学号可以使学生表和学生选修表建立关联关系。

表 1.2 选修表

学 号	课 程 号	成 绩	学 分
2016110101	101	83	2
2016110101	102	64	5
2016110102	102	67	5

10. 主表和从表

在通过外键相关联的两个表中，主表是指以另一张表的外键作为主键的表，从表是指外键所在的表。如在表 1.1 和表 1.2 中，表 1.2 是外键（学号）所在的表，是从表；表 1.1 是以表 1.2 的外键（学号）作为主键，是主表。

1.2.4 关系性质

关系可以用二维表来表示，但在关系数据库中，关系必须是规范化的，关系具有如下的性质：

（1）每个关系只有一种关系模式；

（2）同一属性的属性值具有同质性，即取值具有相同的意义，如性别这个属性，取值为男或女，其意义都是用于表示性别；

（3）同一个关系中属性名不能重复；

（4）同一个关系中不能有相同的元组，即二维表的不同行之间不能出现属性值都相同的情况；

（5）关系中行的顺序无关性，即行的次序可以任意交换，并不影响数据的意义；

（6）关系中列的顺序无关性，即列的次序可以任意交换，并不影响数据的意义；

（7）关系中的每个属性必须是不可分割的。如表 1.3 所示，成绩属性可以分割为云操作系统和数据库两个成绩，这个表是复合表，不是二维表，这样的关系在数据库中不允许存在。将表 1.3 进行重新设计，形成如表 1.4 所示就可以了。

表 1.3 复合表

姓 名	所 在 学 院	成 绩	
		云操作系统	数 据 库
朱博	计算机学院	86	83
龙婷秀	计算机学院	61	69

表 1.4 二维表

姓 名	所在学院	云操作系统	数 据 库
朱博	计算机学院	86	83
龙婷秀	计算机学院	61	69

1.2.5 E-R 图转化为关系模型

在概念模型的设计中得到的 E-R 图是由实体、属性和联系三部分组成的，而关系模型设计的结果是一组关系模式的集合，所以要将 E-R 图转化为关系模型，实际上就是将实体、属性和联系转换成为关系模式。转换遵循的原则如下。

1. 每个实体转换成为一个关系

其中实体的属性就是关系的属性，属性在二维表中用列名来表示，实体的主键就是关系的主键。

2. 每个联系转换成为一个关系

关系的属性由与该联系相连的实体的主键和该联系自身的属性组成。关系的主键的确定方法：

（1）对于 1∶1 的联系，每个实体的主键均是关系的候选键；

（2）对于 1∶n 的联系，关系的主键是 n 端实体的主键；

（3）对于 m∶n 的联系，关系的主键是两端实体主键的组合。

3. 有相同主键的关系可以合并为一个关系

根据以上转换原则，可将图 1.5 所示的课程表 E-R 图转换为关系模型，当关系模型已有具体数据时，就可以转化为关系表。

（1）学生表如表 1.1 所示，根据实际情况，学生的学号是不可能重复的，所以选学号为主键；

（2）课程表如表 1.5 所示，根据实际情况，课程号或课程名是不可能重复的，但为了后期数据库操作和管理方便，所以选课程号为主键。

表 1.5 课程表

课程号	课程名	授课教师	开课学期	学 时	学 分
101	计算机文化基础	李平	1	32	2
102	计算机硬件基础	童华	1	80	5
103	程序设计基础	王印	2	64	4

（3）选修表如表 1.2（学生成绩表）所示，根据 E-R 图转化为关系模型的原则，选修是 m∶n 的联系类型，其主键是两端实体主键的组合，这两端实体分别是学生和课程，所以选修表的主键为（学号、课程号），外键是学号（学生表的主键）和课程号（课程表的主键）。

将 E-R 图转换为关系模型时，如果没有具体数据时，可以用关系模式来代替关系表。学生表、课程表和选修表的关系模式如下。

学生表（<u>学号</u>，姓名，性别，出生日期，专业名，所在学院，联系电话，总学分）主键：学号。

课程表（课程号，课程名，授课教师，开课学期，学时，学分）主键：课程号。

选修表（学号，课程号，成绩，学分）主键：学号+课程号；外键：学号，课程号。

1.3 关系的完整性

关系的完整性规则是对关系的约束条件，通过这些约束条件可以保证数据库中数据的合理性、正确性和一致性。关系模型中包括 3 类完整性约束：实体完整性、参照完整性和域完整性。其中实体完整性和参照完整性是关系模型中必须满足的完整性约束条件，由数据库系统自动支持；域完整性是用户在应用数据库时对具体领域中所定义的约束条件。

1.3.1 实体完整性

实体完整性要求组成关系的任意一个元组，其主键的值不能为空值或重复值。

在现实世界中的实体是可确定、可区分的，它们具有某种唯一性标识，这个标识在关系模式中，就是主键，用主键可以唯一地标识该实体，如果主键取空值或重复值，就表示存在不可确定的，或是不可区分的实体，这是不允许的。

如关系模式“学生表（学号，姓名，性别，出生日期，专业名，所在学院，联系电话，总学分）”中，主键是学号，则学号的属性值不能为取空值，也不能取重复值。每个学生都应该有一个学号，所以学号不能为空值；同时也不能把一个学号分配给不同的学生，因此学号不能取重复值。

1.3.2 参照完整性

参照完整性规则也称为引用完整性规则，这条规则要求“不引用不存在的实体”，是要求被从表中外键所参照的主表中的主键必须是客观存在的。

由于实体之间往往存在着某种联系，这种实体间的联系在关系模式中表现为属性的参照关系。

如在学生表、课程表、选修表的关系模式中：

学生表（学号，姓名，性别，出生日期，专业名，所在学院，联系电话，总学分）

课程表（课程号，课程名，授课教师，开课学期，学时，学分）

选修表（学号，课程号，成绩，学分）

存在着属性的参照，选修表的学号和课程号是外键，其参照的主键是学生表的“学号”和课程表的“课程号”，根据参照完整性规则，要求选修表的“学号”必须在学生表中已经存在，“课程号”必须在课程表中已经存在；另外，从表中外键的取值也可以为空值（在本例中不适用，因为本例中的外键是作为该关系主键的组成部分）。

1.3.3 域完整性

域完整性也称为用户自定义完整性，是用于对属性值内容的规定。域完整性要求该属性只能取符合条件要求的取值，从而保证数据库数据的合理性。

如成绩属性，用户可根据实际需要，规定其取值范围是 0～100 分，不在此范围的取值被认为是不合法的数据；同样，性别属性，规定其取值只能是男或女。

1.4 关系模式规范化

在关系数据库中，对同一个问题，数据库的逻辑设计结果不是唯一的。为进一步提高数据库应用系统的性能，有必要对关系模式进一步修改，调整数据模型的结构，这需要以规范化理论为指导，对关系模式进行规范化。

下面通过一个实例来说明如果一个关系在规范化前可能会出现的问题。

设计一个学生管理数据库，需要该数据库中包括的信息有：学号、姓名、性别、出生日期、系名、系主任、课程号及其成绩。如果将这些信息包含在一个关系中，则学生关系模式 S 为：

S（学号, 姓名, 性别, 出生日期, 系名, 系主任, 课程号, 成绩）

在学生关系模式 S 中，关系模式的主键为（学号, 课程号）。各属性之间的关系为：一个系有若干个学生，但一个学生只属于一个系且只有一个系主任，但一个系主任可以兼任几个系的主任；一个学生可以选修多门课程，每门课程可以被多个学生选修；每个学生的每门课程只有一个成绩。学生关系模式 S 的实例如表 1.6 所示。

表 1.6 学生关系模式 S 的实例

学号	姓名	性别	出生日期	系名	系主任	课程号	成绩
2016110101	朱军	男	1998-10-15	计算机系	武春岭	101	77
2016110101	朱军	男	1998-10-15	计算机系	武春岭	102	83
2016110101	朱军	男	1998-10-15	计算机系	武春岭	103	82
2016110101	朱军	男	1998-10-15	计算机系	武春岭	105	69
2016110102	龙婷秀	女	1998-11-05	计算机系	武春岭	101	64
2016110102	龙婷秀	女	1998-11-05	计算机系	武春岭	102	58
2016110102	龙婷秀	女	1998-11-05	计算机系	武春岭	104	68
2016110103	张庆国	男	1999-01-09	计算机系	武春岭	101	69
2016110103	张庆国	男	1999-01-09	计算机系	武春岭	103	88
2016110103	张庆国	男	1999-01-09	计算机系	武春岭	105	77
2016120101	李成	男	1998-07-09	机电系	王春强	201	78
2016120101	李成	男	1998-07-09	机电系	王春强	203	63

从表 1.6 存放的数据可以看出，该关系具有以下缺陷：

（1）数据冗余。系名和系主任的存储次数等于该学生选修课程的人次；

（2）插入异常。这个关系模式的主键是（学号, 课程号），当一个系里的学生如果没有选修课程时，则课程号无值，导致该生的所有信息将无法插入数据库中；

（3）删除异常。如果在某个系的学生全部毕业又没招新生的情况下，删除已毕业学生的信息时，将会使系名和系主任的信息也随之删除，但由于这个系仍然存在，却又找不到该系的信息，即会出现删除异常；

（4）更新异常。当要更改某个学生的姓名时，则必须搜索出包含该姓名的每条记录，并对其姓名逐一修改，修改量大，如果某条记录漏改了，则会造成数据不一致，即出现更新异常。

对上述缺陷应该如何解决呢？就要利用规范化理论对关系模式进行规范化。满足特定要求的关系模式称为范式，按其规范化程度从低到高可分为 5 级范式（Normal Form），分别为 1NF、2NF、3NF（BCNF）、4NF 和 5NF。

规范化程度较高的范式是较低范式的子集，一个低一级范式的关系模式，通过分解可以转换为若干个高一级范式的关系模式，这个过程称为关系的规范化。

关系规范化的基本方法是逐步消除关系模式中不恰当的数据依赖，使关系模式达到某种程度的分离，用一个关系来表达一事或一物。

1.4.1 第一范式（1NF）

1NF：如果关系模式 R 中不包含多值属性，则 R 满足第一范式，记为 R∈1NF。

第一范式要求不能在表中嵌套表，是关系模式要遵循的最基本要求，数据库中所在的关系模式必须满足第一范式。

例如，表 1.3 所对应的关系模式不满足 1NF，因为其成绩属性中包含了多门课程的成绩，属于表中嵌套表的情况，只有将表 1.3 中的成绩属性拆开，形成表 1.4 所示的形式，这样就不存在表中嵌套表的情况了，其对应的关系模式就满足 1NF 了。

1.4.2 第二范式（2NF）

关系模式仅仅满足 1NF 是不够的，尽管学生关系模式满足 1NF，根据前面的分析，这个关模式存在数据冗余、插入异常、删除异常和更新异常的缺陷，所以需要对该关系模式进一步规范化，使之达到更高级别的范式。

2NF：如果关系模式 R 满足第一范式，且每个非键属性完全函数依赖于 R 的键属性，则 R 满足第二范式，记为 R∈2NF。在 2NF 中解决了插入异常问题。

例如，关系模式 S（学号，姓名，性别，出生日期，系名，系主任，课程号，成绩）不是 2NF。因为该关系模式的主键为（学号，课程号），对于非键属性姓名和系名来说，它们只依依赖于学号，而与课程号无关，因此关系模式 S 存在部分函数依赖。

解决的办法是将关系模式进行分解，使每个非键属性完全函数依赖于键属性。分解的方法是采用投影分解法。

（1）把关系模式中对键完全函数依赖的非键属性与决定它们的键放在一个关系模式中。

（2）把对键部分函数依赖的非键属性和决定它们的键放在一个关系模式中。

（3）检查分解结果，如果仍有不满足 2NF 的，则按前两步骤继续分解。

对于学生关系模式 S 来说，姓名、系名、系主任只依赖于学号，与学生所选课程号无关，因此可将它们放到一个关系模式中；成绩属性完全依赖于学号和课程号，可将它们放到一个关系模式中。上述关系模式分解的结果如下。

选修关系模式：S-C（学号，课程号，成绩）

学生和系关系模式：S-D（学号，姓名，性别，出生日期，系名，系主任）

经过上述模式分解，两个关系模式中的非键属性对键都是完全函数依赖，所以它们都满足 2NF。

1.4.3 第三范式（3NF）

3NF：如果关系模式R满足第二范式，且没有一个非键属性传递依赖于键，则称R满足第三范式，记为 R∈2NF。在3NF中解决了删除异常问题。

例如，关系模式S-D（学号，姓名，性别，出生日期，系名，系主任）满足第二范式，由于系名由学号决定，系主任是由系名来决定，即存在系主任传递依赖于学号，因此S-D不满足3NF，它存在删除异常问题。解决的方法同样是对S-D进行投影分解。

（1）把直接对键函数依赖的非主键属性与决定它们的键放在一个关系模式中。

（2）把造成传递依赖的属性和被该属性决定的其他属性放在一个关系模式中。

（3）检查分解结果，如果仍有不满足3NF的，则按前两步骤继续分解。

对关系模式S-D来说，姓名、性别、出生日期和系名直接依赖于学号，可将它们放在一个关系模式中。把系名和系主任放到另一个关系模式中。上述关系模式分解的结果如下。

学生关系模式：S（学号，姓名，性别，出生日期，系名）

系关系模式：D（系名，系主任）

分解后的关系模式S和D都不存在传递依赖关系，都满足3NF。

3NF是一个可用关系模式应满足的最低范式，如果一个关系模式不满足3NF，事实上它是不可用的。

1.4.4 增强第三范式（Boyce-Codd Normal Form，BCNF）

BCNF：关系模式R的所有非主属性依赖于整个主属性，则称R满足BCNF。BCNF是比3NF更高级别的范式。

根据BCNF的定义，可以知道满足BCNF的关系模式具有以下特点。

（1）所有非键属性对每一个键属性都是完函数依赖。

（2）所有的键属性对每一个不包含它的键也是完全函数依赖。

（3）没有任何属性完函数依赖于非键的任何一组属性。

例如，学生关系模式S（学号，姓名，性别，出生日期，系名）中，如果姓名有重名的情况，则主键学号是该模型唯一决因素，所以S是BCNF范式；如果姓名没有重名，则学号和姓名都是候选键，且除候选键外，该模型没有其他决定因素，所以S仍是BCNF范式。

例如：设关系模式S-T-J（学生，教师，课程）。

其中，每位教师只教一门课程，每门课程有若干教师，某一学生选定某门课后就只有一位固定教师授课。

根据上述假设，可知该关系模式具有如下的函数依赖。

（学生，课程）→教师，（学生，教师）→课程，教师→课程。

该关系模式的候选键为（学生，课程），（学生，教师）。因为该关系模式所有属性都是主属性，所以S-T-J满足3NF，但不满足BCNF，因为教师属性是课程决定因素，但教师属性是单一属性，不是键。

不属于BCNF的关系模式存在数据冗余，比如有40个学生选定某一门课程，则教师与该课程的关系就会重复存储40次。可以将3NF分解为BCNF的关系模式，以消除数据冗余。将3NF分解为BCNF关系模式的方法如下。

（1）在 3NF 关系模式中去掉一些主属性，只保留主键，使该关系模式只有唯一候选键。

（2）把去掉的主属性分别同各自的非主属性组成新的关系模式。

（3）检查分解结果，如果仍有不满足 BCNF 的，则按前两步骤继续分解。

按此方法，将 S-T-J 关系模式分解为满足 BCNF 的两个关系模式：S-T（学生，教师）和 T-J（教师，课程）。

课后习题

一、填空题

1．在概念模型中，通常用实体联系图表示数据的结构，其三个主要的元素是________、________和________。

2．学校中有若干个学院和教师，每个教师只能属于一个学院，一个学院可以有多名教师，学院与教师的联系类型是________。

3．数据库系统中所支持的主要逻辑数据模型有层次模型、关系模型、________和面向对象的模型。

4．关系中主键的取值必须唯一且非空，这条规则是________完整性规则。

5．对于 1∶1 的联系，________均是该联系关系的候选键。

6．对于 1∶n 的联系，关系的键是________。

7．对于 m∶n 的联系，关系的键是________。

8．关系完整性约束包括________完整性、参照完整性和用户自定义完整性。

二、选择题

1．下列哪项不是数据库系统的组成部分（　　）。

A．数据库　　B．硬件　　C．网络　　D．数据库管理员

2．下列关于数据库的叙述中，正确的是（　　）。

A．数据库减少了数据冗余

B．数据库避免了数据冗余

C．数据库中的数据一致性是指数据类型一致

D．数据库系统比文件系统能够管理更多数据

3．在现实世界中，事物的一般特性在信息世界中称为（　　）。

A．实体　　B．实体键　　C．属性　　D．关系键

4．概念模型是现实世界的第一层抽象，这一类模型中最著名的是（　　）。

A．层次模型　　B．关系模型　　C．网状模型　　D．实体-关系模型

5．关系模型的数据结构是（　　）。

A．树　　B．图　　C．表　　D．二维表

6．设属性 A 是关系 R 的主属性，则属性 A 不能取空值，这是（　　）。

A．实体完整性规则　　B．参照完整性规则

C．用户自定义完整性规则　　D．域完整性规则

7．下列哪项不是主键的特性（　　）。

A．每个表只能有一个主键

B．主键只能由一个字段组成
C．主键的取值不能为空
D．主键列的取值不能重复

三、简答题

1．什么是数据、数据库、数据库管理系统、数据库系统？
2．数据库系统的特点有哪些？
3．关系模型的完整性规则包括哪些？分别的含义是什么？
4．什么是关系规范化？关系规范化的目的是什么？

课外实践

任务一　设有商店和顾客两个实体，商店属性：商店编号、商店名、地址、电话；“顾客”属性：顾客编号、姓名、地址、年龄、性别。假设一个商店有多个顾客购物，一个顾客可以到多个商店购物，顾客每次去商店购物有一个消费金额和日期。

试画出 E-R 图，并注明属性和联系类型。

任务二　假设每个学生选修若干门课程，且每个学生每选一门课只有一个成绩；每个教师只担任一门课的教学，一门课由若干教师任教；一位教师可以指导多个学生，一个学生在某个时间和地点只能被一位教师指导。学生属性：学号、姓名、性别、专业名。教师属性：职工号、教师姓名、职称，课程属性：课程号、课程名。

试画出 E-R 图，并注明属性和联系类型。

任务三　关系模式规范化。根据已知表 1.7、表 1.8 和表 1.9 所示的情况，回答下列关于关系模式规范化的问题。

表 1.7　成绩表

姓　名	所在学院	成绩	
		计算机文化基础	MySQL 数据库
朱博	计算机学院	86	83
龙婷秀	计算机学院	61	69

表 1.8　学生表 1

学　号	姓　名	性　别	出生日期	系　名	系主任	课程号	成　绩
2016110101	朱军	男	1998-10-15	计算机系	武春岭	101	77
2016110101	朱军	男	1998-10-15	计算机系	武春岭	102	83
2016110101	朱军	男	1998-10-15	计算机系	武春岭	105	69
2016110102	龙婷秀	女	1998-11-05	计算机系	武春岭	101	64
2016110102	龙婷秀	女	1998-11-05	计算机系	武春岭	102	58
2016120101	李成	男	1998-07-09	机电系	王春强	201	78

表 1.9　学生表 2

学　号	姓　名	性　别	出生日期	系　名	系主任
2016110101	朱军	男	1998-10-15	计算机系	武春岭
2016110102	龙婷秀	女	1998-11-05	计算机系	武春岭
2016120101	李成	男	1998-07-09	机电系	王春强

（1）表 1.7 是否满足第一范式，为什么？
（2）表 1.8 是否满足第二范式，为什么？
（3）表 1.9 是否满足第三范式，为什么？
（4）将表 1.7 转换成满足第一范式的表。
（5）将表 1.8 转换成满足第二范式的表。
（6）将表 1.9 转换成满足第三范式的表。

第2章 MySQL安装与配置

【学习目标】

- 了解 MySQL 的特点
- 掌握 MySQL 下载和安装的方法
- 掌握 MySQL 服务的启动方法
- 掌握 MySQL 在命令行方式下的登录方法
- 了解 MySQL 的图形管理工具
- 掌握 MySQL 在图形管理工具 SQLyog 下的登录方法

2.1 MySQL 简介

MySQL 是一个关系数据库管理系统，由瑞典 MySQL AB 公司开发，目前属于 Oracle 旗下产品。MySQL 是一个真正的多用户、多线程 SQL 数据库服务器。SQL(结构化查询语言)是世界上最流行的标准化数据库语言之一，它使得存储、更新和存取信息更加容易。MySQL 是一个客户机/服务器结构的实现，它由一个服务器守护程序 Mysqld 和许多不同的客户程序以及库组成的。在 Web 应用方面 MySQL 是最好的 RDBMS (Relational Database Management System，关系数据库管理系统) 应用软件之一。 MySQL 是一种关联数据库管理系统，关联数据库将数据保存在不同的表中，而不是将所有数据放在一个大仓库内，这样就增加了速度并提高了灵活性。MySQL 所使用的 SQL 语言是用于访问数据库的最常用标准化语言。MySQL 软件采用了双授权政策，它分为社区版和商业版，由于其体积小、速度快、总体拥有成本低，尤其是开放源码这一特点，使得 MySQL 被广泛地应用在 Internet 上作为数据库，如 Facebook、Google、新浪、网易、百度等大型网站也在使用 MySQL 作为网站数据库。

2.1.1 MySQL 的特性

MySQL 数据库主要有以下特点。

1. 可移植性：

用 C 和 C++编写，并用大量不同的编译器测试，保证了源代码的可移植性。

2. 多平台支持

MySQL 支持如 Linux、MAC、Windows 等多种操作系统，在一个操作系统中实现的应用可以很方便地移植到其他操作系统。

3. 强大的查询功能

支持常见的 SQL 语句规范，可以对不同表的查询在同一查询中实现，支持子查询、视图、存储过程、触发器、事务、外键约束等功能。

4. 支持大型的数据库

可以处理上千万条记录的大型数据库。国内/外的很多大型网站都在使用 MySQL 作为网站数据库。

5. 完全免费

在网上可以任意下载，并且可以查看到它的源文件，进行必要的修改。

6. 稳定性

MySQL 的功能齐全，运行速度很快，十分可靠，有很好的安全感。

2.1.2 MySQL 的版本

1. 按操作系统分类

MySQL 可分为 Windows 版、UNIX 版、Linux 版以及 Mac OS 版。同时，针对这些操作系统的不同版本，也有相应的 MySQL 版本。因此在下载 MySQL 时，需要根据不同的操作系统及版本选择下载相应的 MySQL。

2. 按用户群分类

针对不同的用户群，MySQL 可分为以下四个不同的版本。

（1）MySQL Community Server 社区版本，开源免费，但不提供官方技术支持。

（2）MySQL Enterprise Edition 企业版本，需付费，可以试用 30 天。

（3）MySQL Cluster 集群版，开源免费。可将几个 MySQL Server 封装成一个 Server。

（4）MySQL Cluster CGE 高级集群版，需付费。

3. MySQL 的版本

以本教材采用的 MySQL5.7.17 版本为例，在版本号 5.7.17 中：

（1）“5”表示主版本号，描述了文件格式；

（2）“7”表示发行级别，主版本号和发行级别构成了发行序列号；

（3）“17”表示此发行系列内的版本号，序列内每发行一个新版该版本号会增加 1。

在发行版本号中可能还会含有后缀，用该后缀标示发行版的稳定级别。

（1）没有后缀。这是一个稳定版（General Avaliablity，GA），说明已经通过早期发行阶段的测试，修复了重大 Bug，已经稳定并适合产品环境。只有一些关键的修复才会被该发行版应用。

（2）MN。这是一类里程碑式的版本号。每一个里程碑内的版本号可能只关注测试完善一部分特性，当这部分特性完善后则开始下一个里程碑。

（3）RC。这是一个候选发布版本，预示该版本已经经过内部测试，所有已知的致命 Bug 被修复。但由于该版本尚未被长时间广泛使用，是一个发行了一段时间的 Beta 版本。

（4）Alpha 和 Beta。Alpha 版是发行包含大量未被完全测试的新代码；Beta 版表明所有新代码已被测试，在一个月内没有出现致命错误，并且没有计划新增可能导致不稳定的新功能。

2.2 MySQL 下载和安装

对于不同的操作系统，MySQL 提供了相应的版本，如图 2.1 所示。

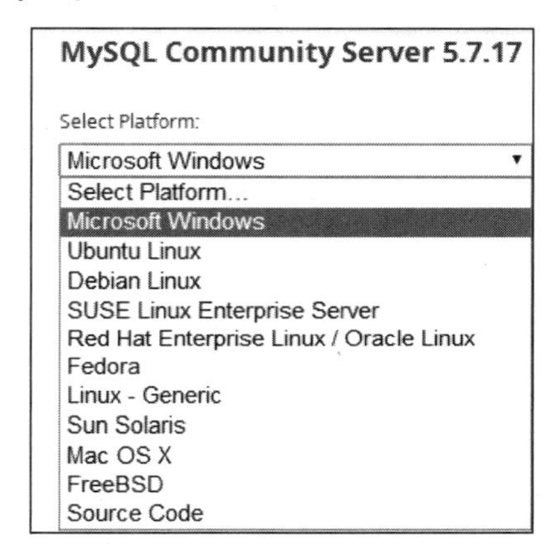

图 2.1 MySQL 针对不同平台的安装版本

下面将讲述在 Windows 平台 MySQL 的安装与配置过程。

2.2.1 下载 MySQL 安装包

MySQL 的下载地址 https://dev.mysql.com/downloads/mysql/。MySQL 的下载页面如图 2.2 所示。

图 2.2 下载页面 1

在图 2.2 中，选择安装平台“Microsoft Windows”，然后单击“Download”按钮进入，如图 2.3 所示。

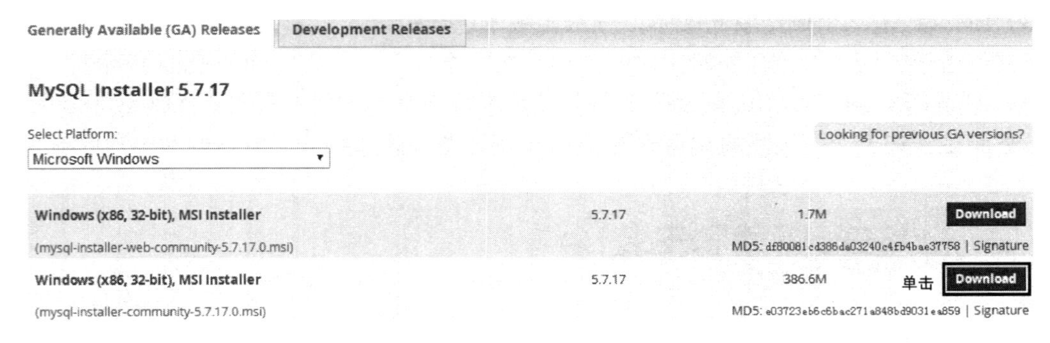

图 2.3　下载页面 2

进入界面如图 2.4 所示，可以注册一个免费的账户，这样能够快速访问 MySQL 软件并下载、下载白皮书和演示文稿、在 MySQL 的论坛发帖、MySQL 的 Bug 报告及缺陷跟踪系统等。在此直接单击“No thanks，just start my download”开始下载 MySQL 安装包，如图 2.5 所示。

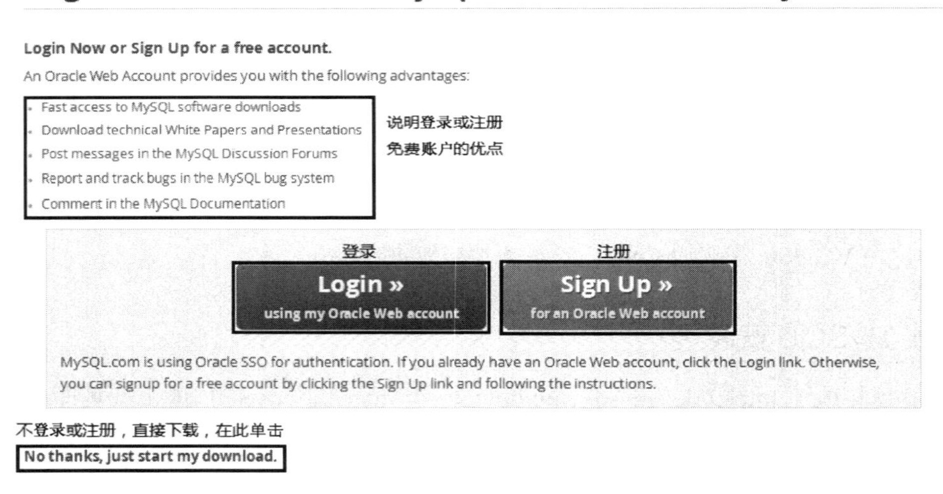

图 2.4　下载页面 3

图 2.5　下载页面 4

2.2.2 MySQL 安装与配置

MySQL 下载完成后，找到安装文件“mysql-installer-community-5.7.17.0.msi”，双击后开始安装，如图 2.6 所示。

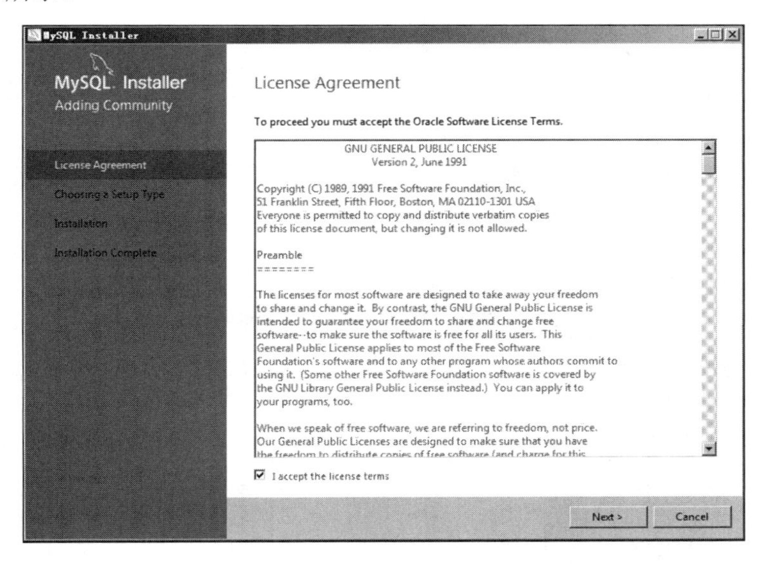

图 2.6 安装许可协议

在图 2.6 中，勾选“I accept the license terms”选项设置安装许可，然后单击“Next”按钮进入如图 2.7 所示的“Choose a Setup Type”界面。

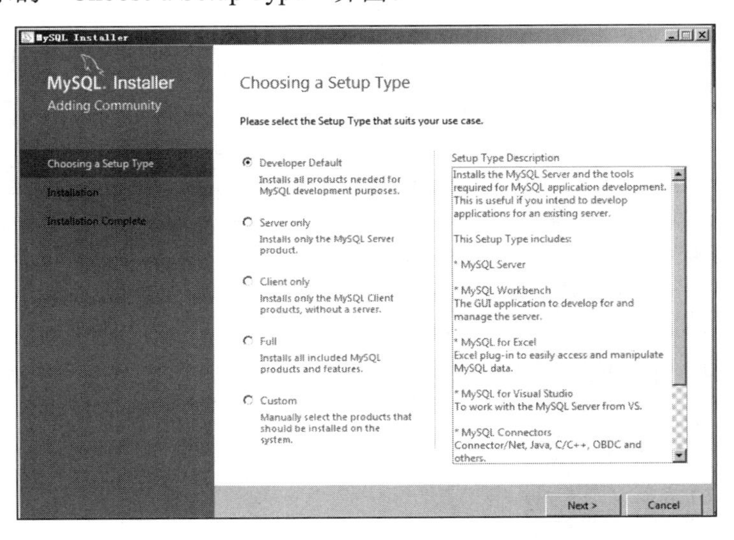

图 2.7 选择安装类型

在图 2.7 中选择安装类型：

① Developer Default，开发者默认。可以安装 MySQL 服务器和 MySQL 应用开发所需的工具；

② Server Only，仅服务器。只安装 MySQL 服务器；

③ Client Only，仅客户机。安装 MySQL 应用开发所需的工具，但不包括 MySQL 服务器本身；

④ Full，完全安装。安装所有可用的功能，包括 MySQL 服务器、MySQL 工作台、MySQL 连接器、文档、示例等；

⑤ Custom，自定义。定制安装想要安装的组件。

在此，选择“Developer default，开发者默认”选项，然后单击“Next”按钮，出现如图 2.8 所示的“Path Conflicts”路径冲突提示。

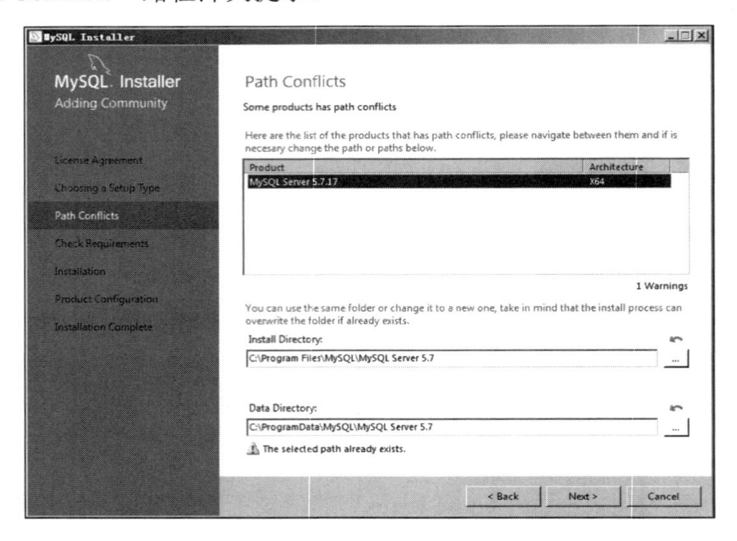

图 2.8　路径冲突

在图 2.8 中提示路径冲突产生的原因是在重新安装 MySQL 时与以前安装的路径相同了，可以在原路径上覆盖安装，也可以修改路径重新安装。

然后单击“Next”按钮，进入安装界面，如图 2.9 所示。

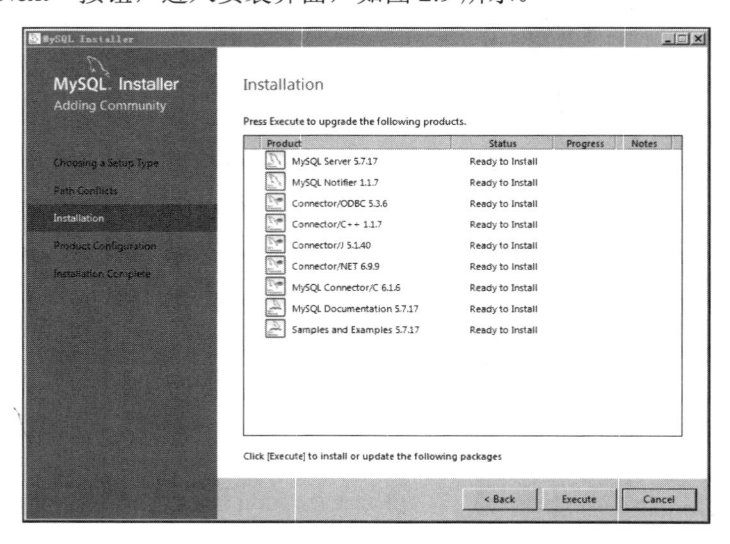

图 2.9　安装界面

在图 2.9 中，单击“Execute”按钮后开始安装（会自动安装其余组件），安装完成后，如图 2.10 所示。

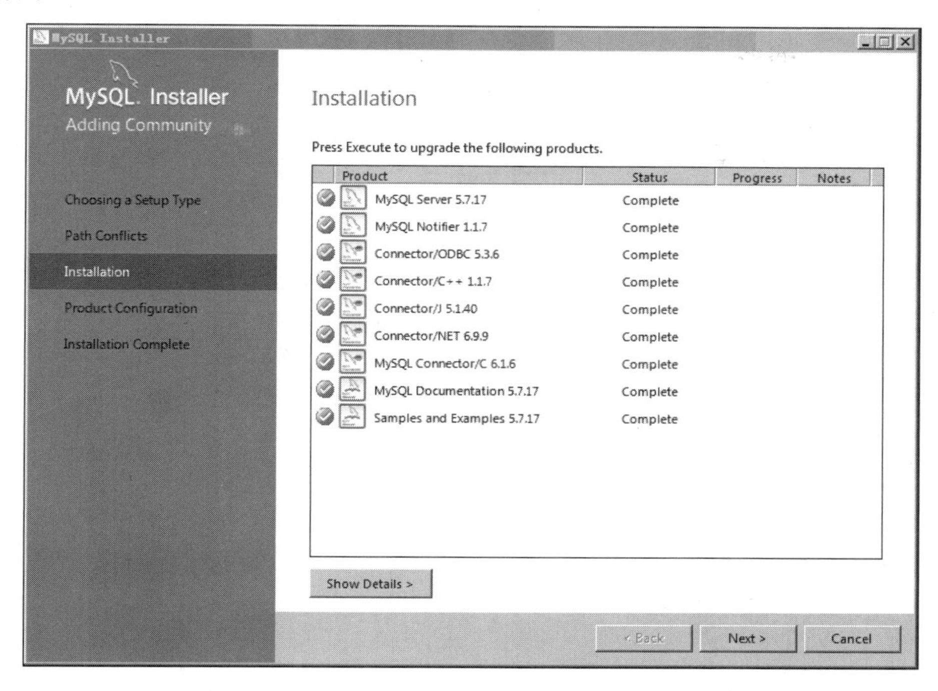

图 2.10　安装完成

在图 2.10 中，单击“Next”按钮，进入 MySQL 产品配置界面，如图 2.11 所示。

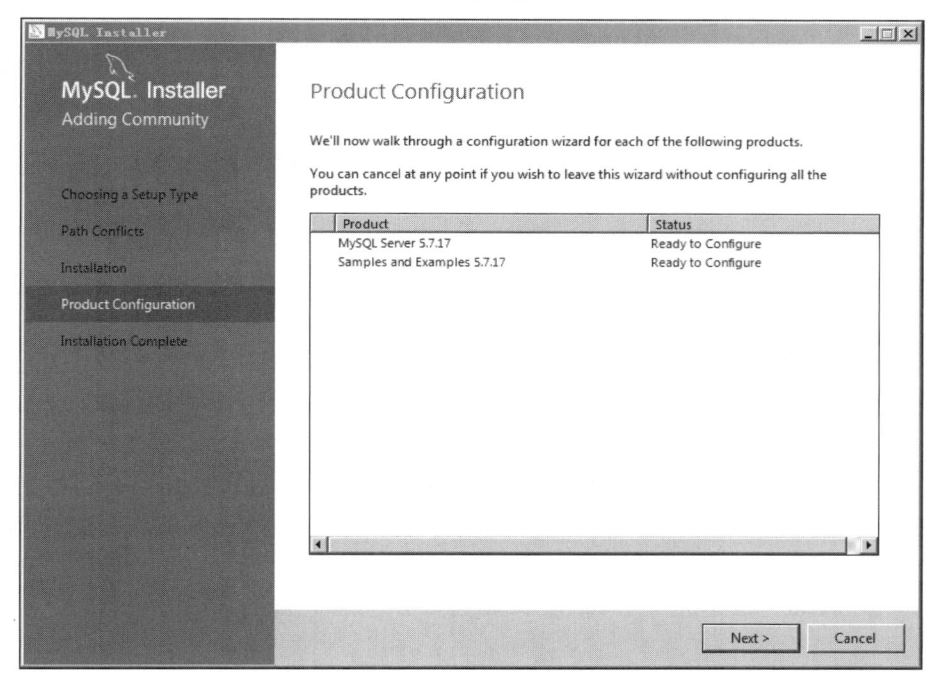

图 2.11　产品配置

在图 2.11 中，采用默认值，单击“Next”按钮进入如图 2.12 所示的界面。

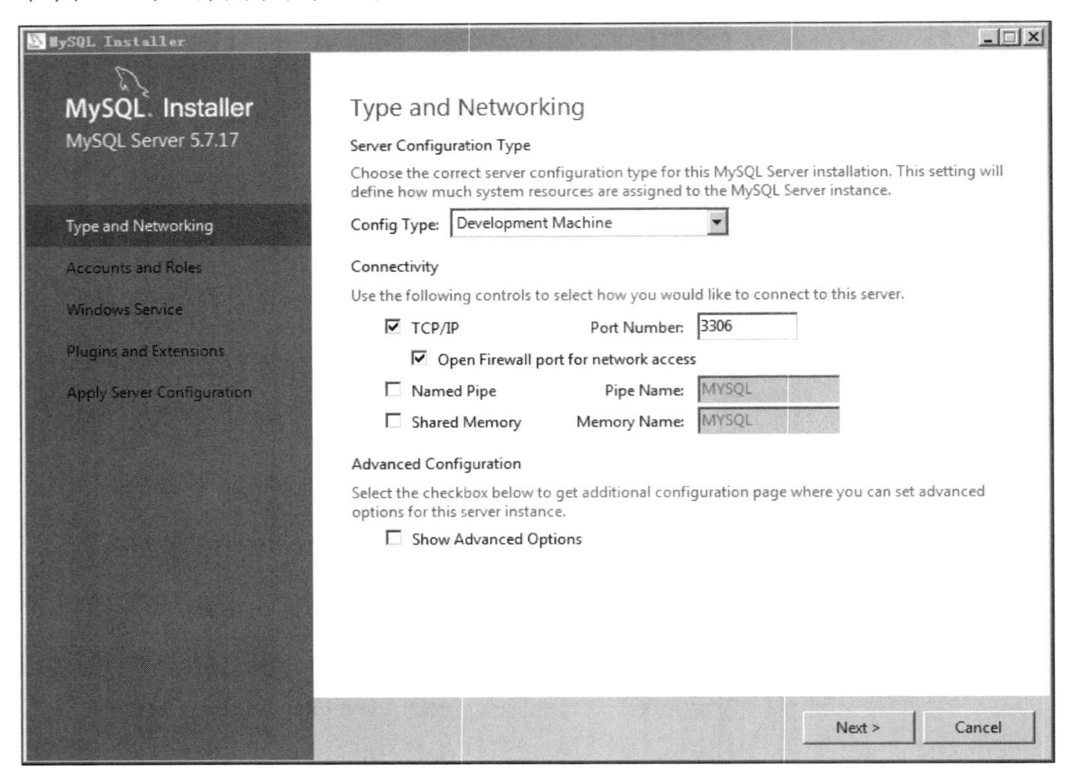

图 2.12　应用类型与网络配置

在图 2.12 的“Server Configuration Type”中，为 MySQL 服务器选择正确的服务器配置类型，不同的配置类型确定系统将分配多少资源给 MySQL 服务器。MySQL 提供了三种类型。

- Development Machine：开发机。该类型将会使用最小数量的内存资源，用于个人桌面工作站。作为初学者建议选此项，这样占用的内存资源较少，机器上还可运行其他多个桌面应用程序。
- Server Machine：服务器。该类型将会使用中等大小的内存，选此项表示 MySQL 服务器可以同其他应用服务一起运行，如 FTP、Web、Email 服务器等。
- Dedicated Machine：专用服务器。该类型将会使用尽可能多的内存资源，选此项表示只运行 MySQL 服务器，而没有其他应用服务。

在图 2.12 的“Connectivity”中，选择要连接到服务器的方式。勾选“TCP/IP”选项，表示启动 TCP/IP 连接；端口号“Port Number”默认为“3306”端口；如果 MySQL 安装在服务器上，一定要勾选“Open Firewall port for network access”项使同一网络内的用户可访问该端口。

然后单击“Next”按钮进入“Account and Roles”界面，如图 2.13 所示。

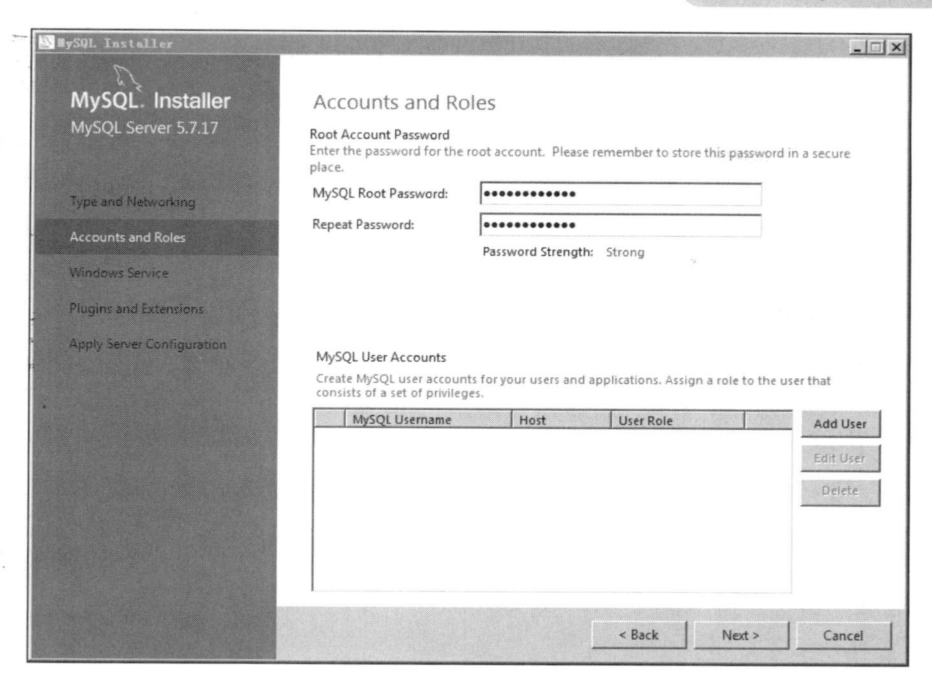

图 2.13 账户与角色

在图 2.13 中，输入系统默认用户 root 的密码（至少要求四位长度，如果是单一的字符密码会提示强度为“Weak”，如果把数字、大小写字母及符号相结合，并达到一定长度后，将提示强度为“Strong”）。单击“Add User”按钮，即可创建新的 MySQL 用户账户。

单击“Next”后，进入“Windows Service”界面，如图 2.14 所示。

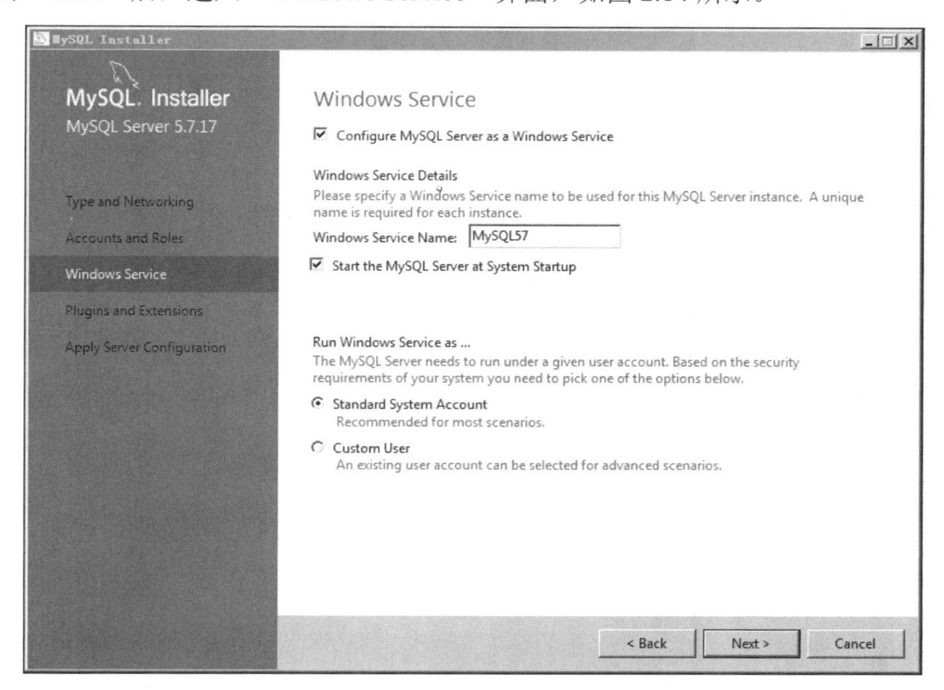

图 2.14 Windows 服务配置

在图 2.14 中，在“Windows Service Name”后输入 Windows 服务名，这里输入“MySQL57”，其余项采用默认值。然后单击“Next”按钮进入“plugins and Extensions”界面，如图 2.15 所示。

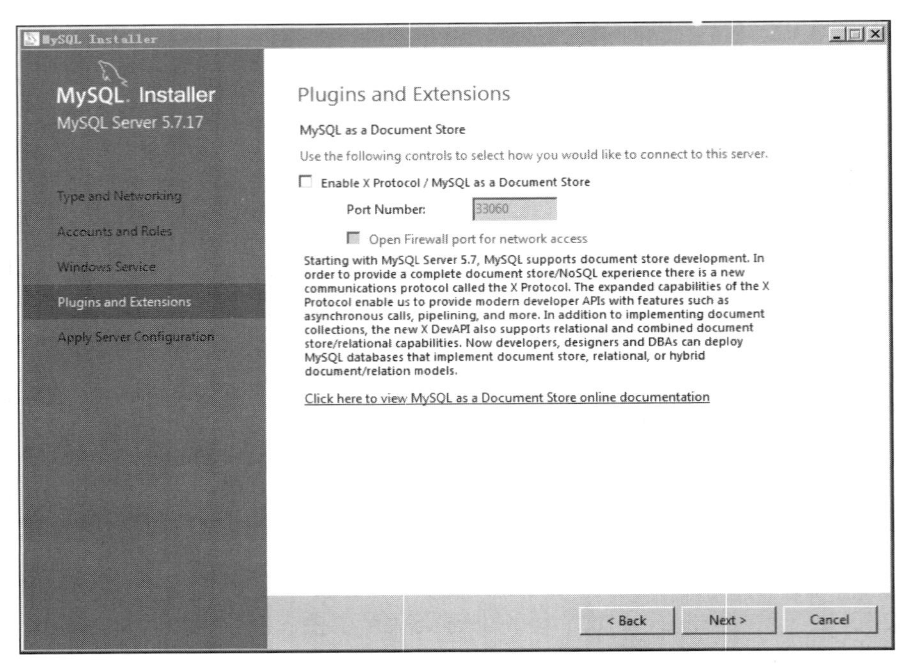

图 2.15　插件和扩展

在图 2.15 中，采用默认值，然后单击“Next”按钮进入“Apply Server Configuration”界面，如图 2.16 所示。

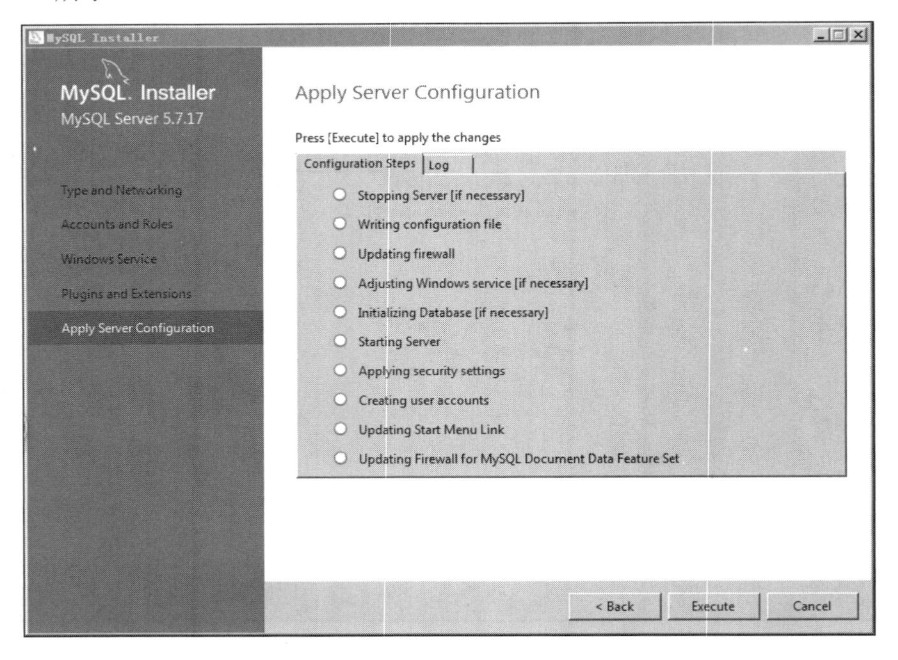

图 2.16　应用配置

在图 2.16 中，单击“Execute”按钮后，将前面所有的配置完整的一次性执行完成后，如图 2.17 所示。

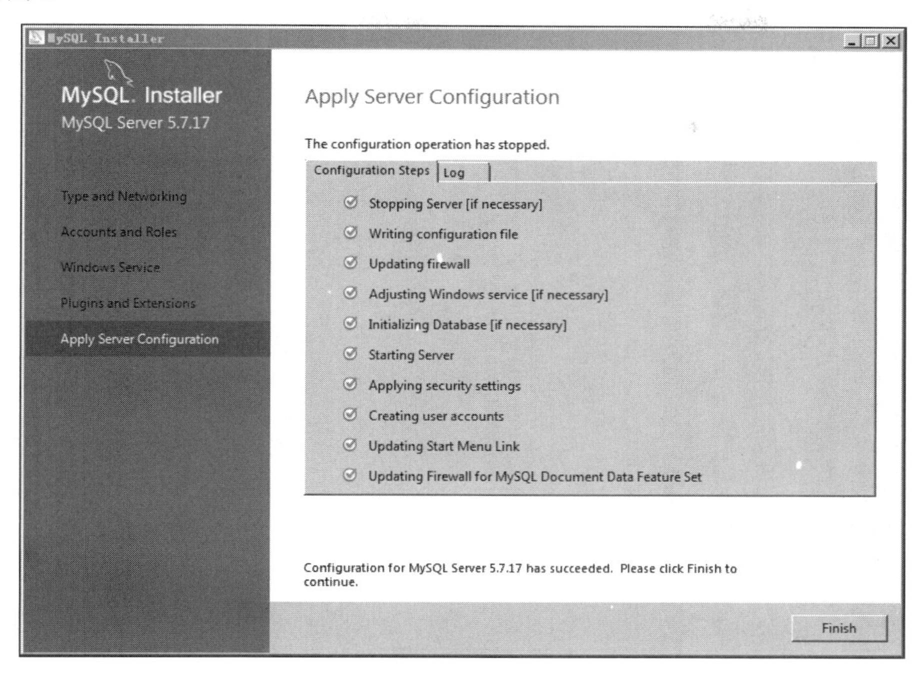

图 2.17 执行应用配置

在图 2.17 中，单击“Finish”按钮后，进入“Connect To Server”界面，如图 2.18 所示。

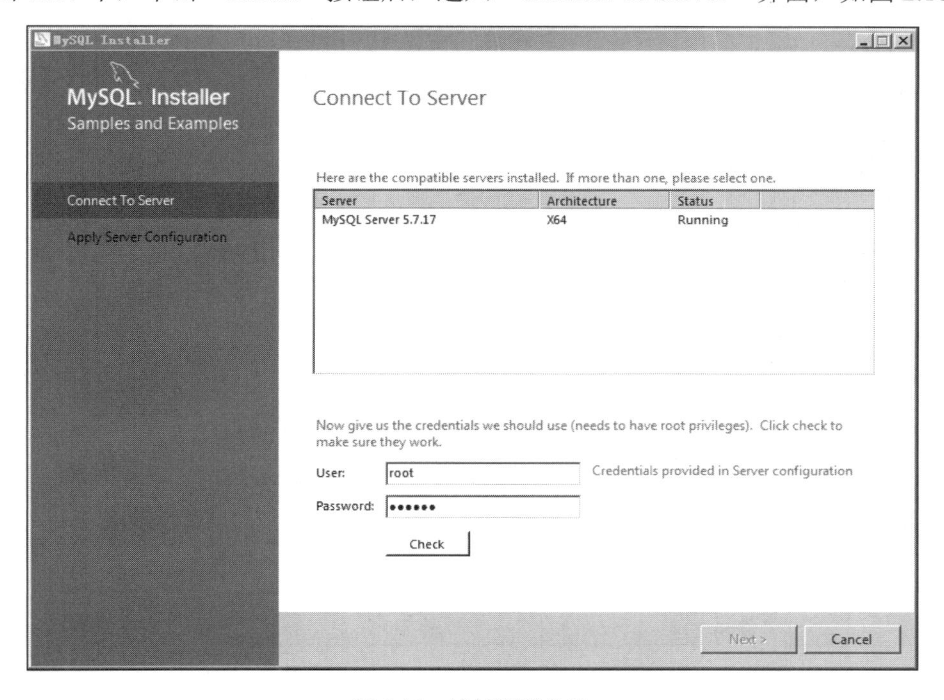

图 2.18 连接到服务器

在图 2.18 中，输入用户名“root”和前面设置的口令，单击“Check”按钮连接到服务器，提示连接成功后，单击“Next”按钮进入“Apply Server Configuration”界面，如图 2.19 所示。

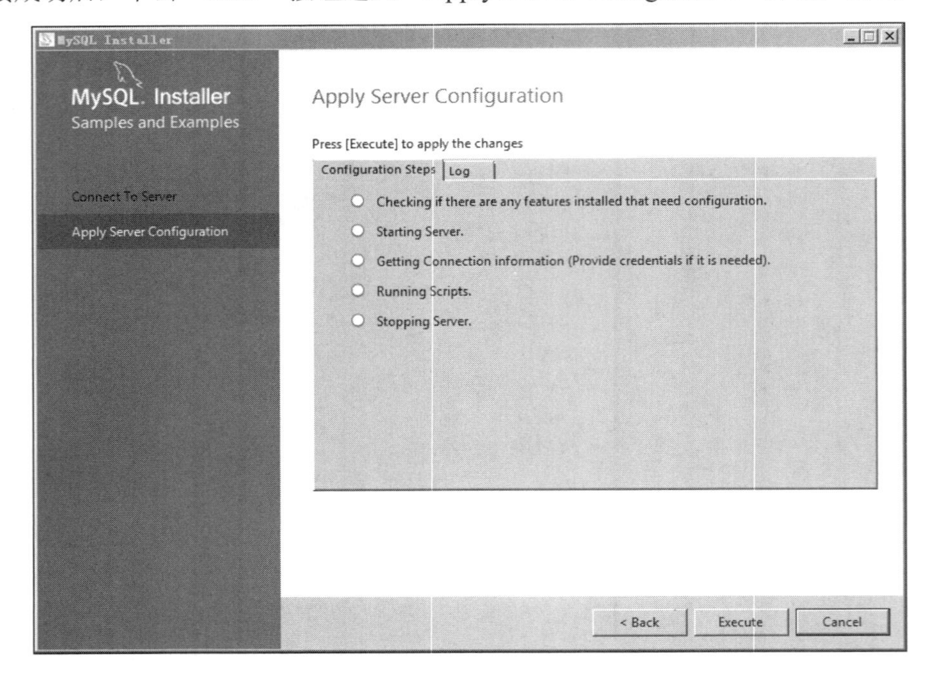

图 2.19　应用服务配置

单击图 2.19 中“Execute”按钮，执行完成后，界面如图 2.20 所示。

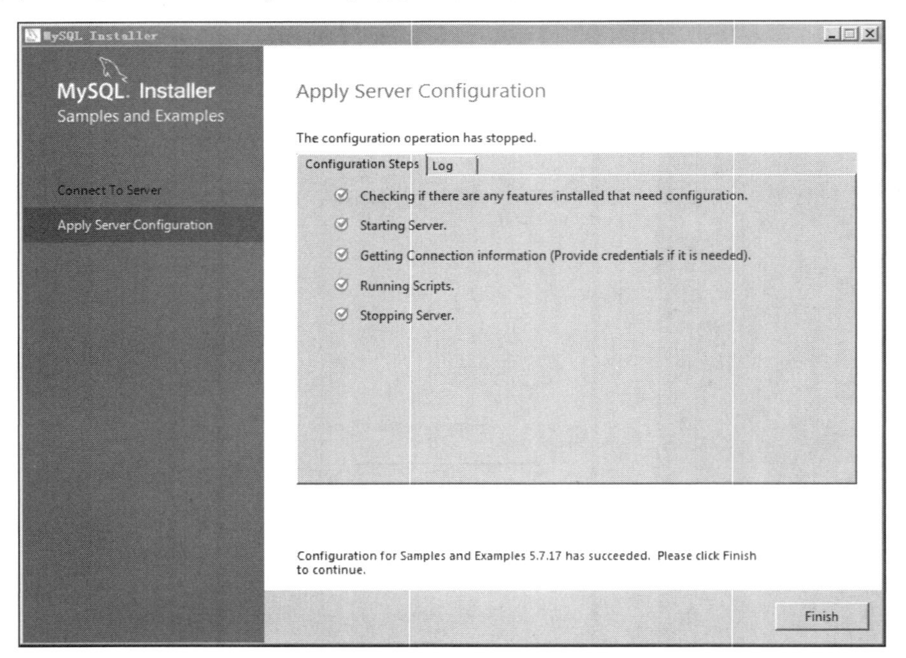

图 2.20　应用配置执行完毕

在图 2.20 中，单击“Finish”按钮后进入界面，如图 2.21 所示。

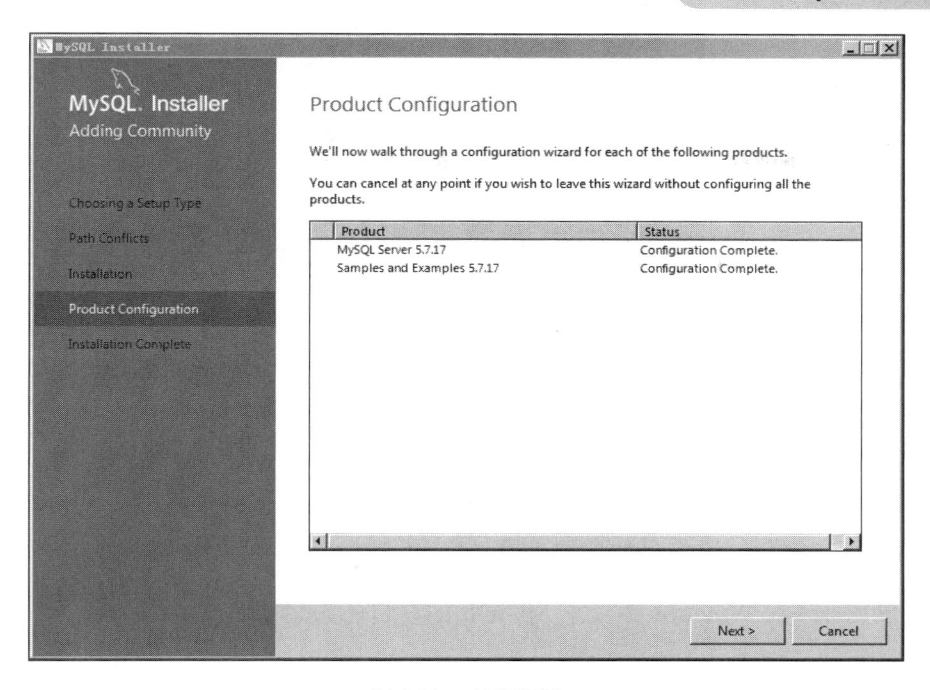

图 2.21 产品配置

在图 2.21 中，单击“Next”按钮后，进入“Installation Complete”安装完成界面，如图 2.22 所示。

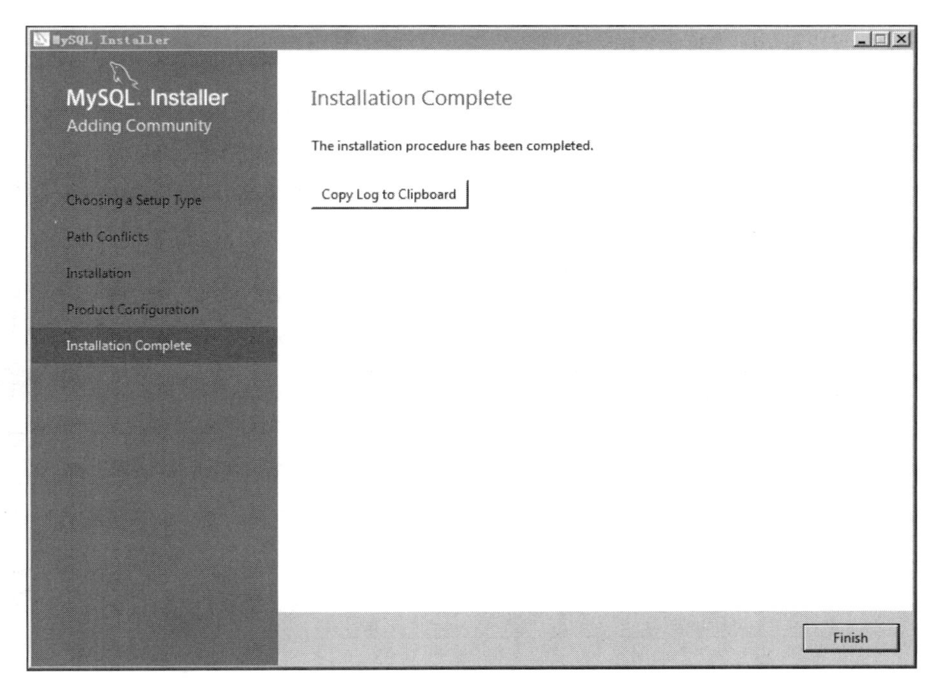

图 2.22 安装完成

安装完成后，打开“Windows 任务管理器”窗口，可以看到 MySQL 服务进程“MySQLd.exe”已经启动，如图 2.23 所示。

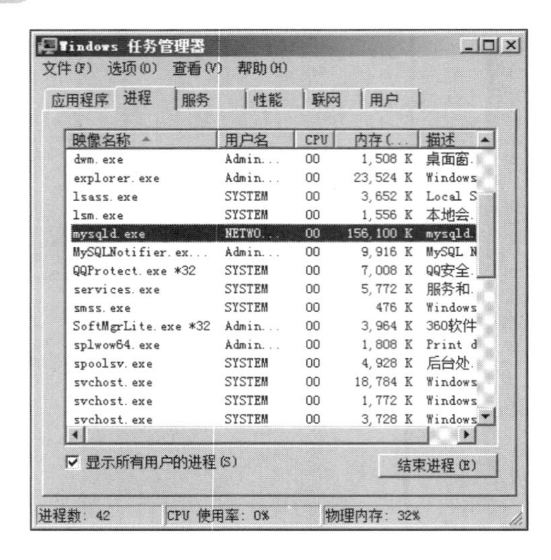

图 2.23　已启动 MySQL 服务进程

至此，已完成了在 Windows 系统下 MySQL 的安装任务。

2.3　MySQL 服务的启动

MySQL 安装安成后，默认是已启动。但如果因故关闭或未启动，则需要启动服务进程，否则客户端无法连接数据库。下面介绍如何启动 MySQL 服务器和登录 MySQL 的方法。

1. 查看 MySQL 服务是否已启动

除了通过“Windows 任务管理器”查看外，还可以通过“Windows 服务管理器”来查看，操作步骤如下：

单击“开始”菜单下的“运行”命令，在“打开”文本框中输入“Services.msc”后单击“确定”按钮，打开“Windows 服务管理器”，如图 2.24 所示。

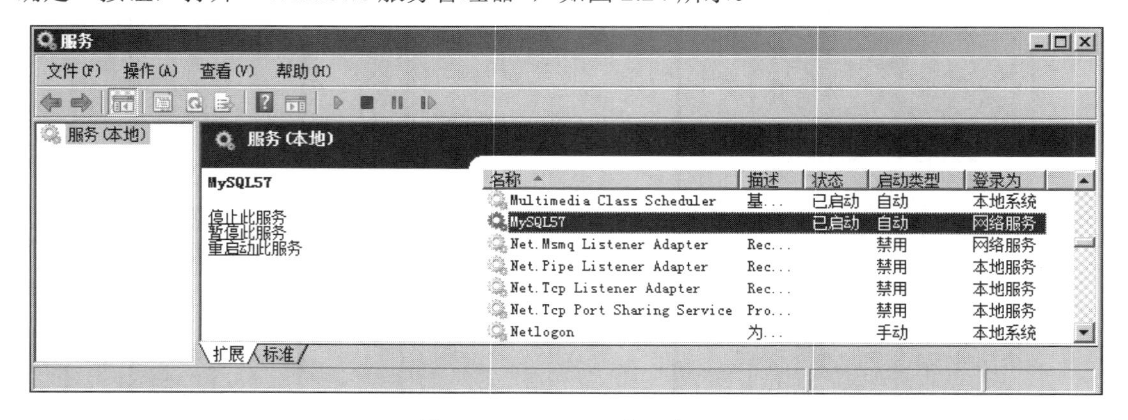

图 2.24　MySQL 服务已启动

从“Windows 服务管理器”窗口，可见 MySQL 服务已启动，并且启动类型为“自动”。

在该服务上单击鼠标右键，从弹出的快捷菜单中可根据需要进行各种操作，包括启动、停止、暂停、恢复等，还可以在属性中选择启动类型。

2. 启动和暂停 MySQL 服务

单击“开始”菜单下的“运行”选项，在“打开”文本框中输入“cmd”后，单击“确定”按钮，打开“命令行模式”，如图 2.25 所示。

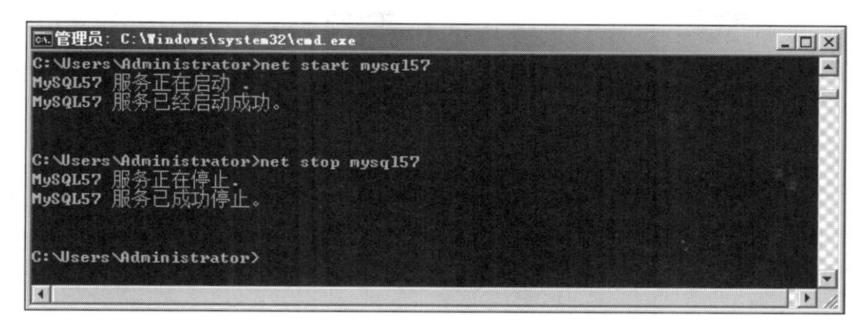

图 2.25　通过命令行方式启动和暂停 MySQL 服务

启动 MySQL 服务命令：net start mysql57；停止 MySQL 服务命令：net stop mysql57。

注意：这里的“mysql57”是在前面安装 MySQL 服务器时，在 Windows 服务配置时设置的（如图 2.14 所示）。

2.4　MySQL 的登录

MySQL 服务启动后，便可以通过客户端来登录 MySQL 数据库了。下面介绍三种登录 MySQL 数据库的方式。

2.4.1　以 Windows 命令行方式登录

单击“开始”菜单下的“运行”选项，在“打开”文本框中输入“cmd”后，单击“确定”按钮，打开“命令行模式”，如图 2.26 所示输入命令。

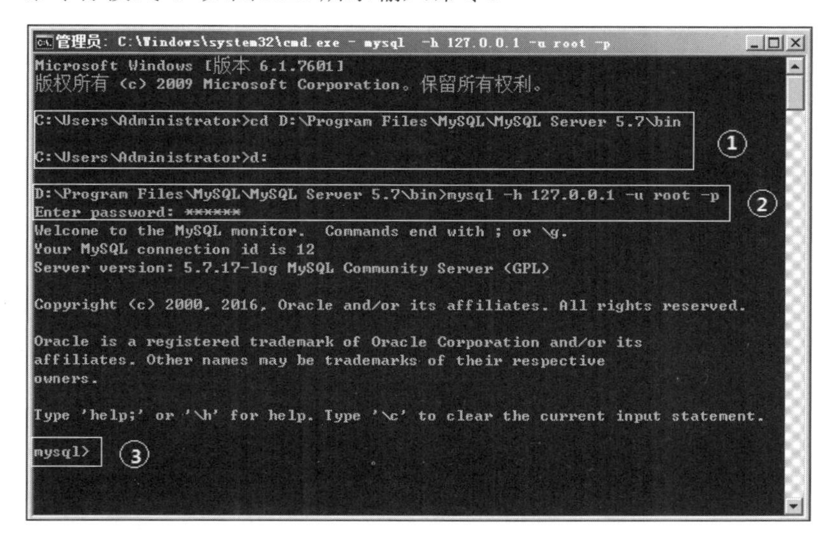

图 2.26　Windows 命令行登录

在图 2.26 的操作中，①处，是指改变到指向 MySQL 的安装路径“d:\program files\mysql\mysql server 5.7\bin”，由于此路径比较复杂，为了以后使用方便，可以将此路径复制到本机的环境变量中存放（在本段落之后介绍此方法）；②处，使用命令“mysql –h 127.0.0.1 –u root –p”登录到 MySQL，其中“127.0.0.1”是服务器的主机地址，在这里由于客户端和服务器在同一主机上，所以可以输入“localhost”或者“127.0.0.1”，“-u”后的“root”是登录数据库的用户名，“-p”后是登录密码（方法如图 2-13 所示）；③处，命令提示符变为“MySQL>”，表示已经成功登录 MySQL 服务器了。

这里讲如何修改环境变量，使用进入 Windows 命令行方式后，可直接输入登录 MySQL 命令，而不用输入改变路径的命令。

首先，复制安装路径“d:\program files\mysql\mysql server 5.7\bin”。然后在桌面的“计算机”图标上单击鼠标右键选择“属性”命令，进入如图 2.27 所示的系统界面。

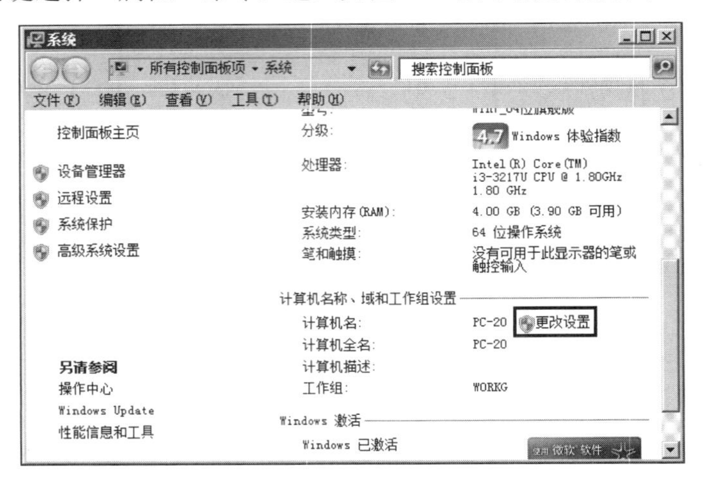

图 2.27　系统界面

在图 2.27 中，单击“更改设置”按钮，进入“系统属性”界面，在此界面中单击“高级”选项卡，进入如图 2.28 所示的界面。

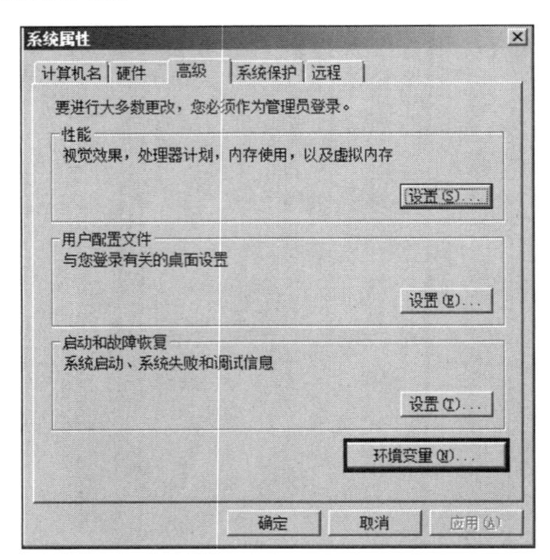

图 2.28　系统属性

在图 2.28 中，单击“环境变量”按钮，进入如图 2.29 所示的环境变量设置界面。

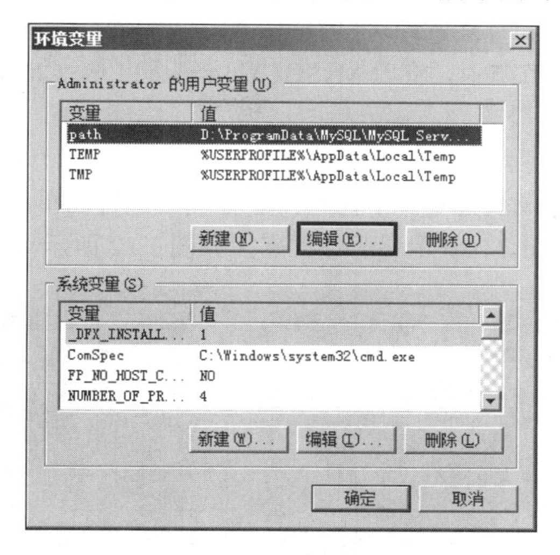

图 2.29　环境变量

在图 2.29 中，先选择“Path”变量，然后单击“编辑”按钮，进入如图 2.30 所示的“编辑用户变量”界面，将前面复制的安装路径粘贴到“变量值”后的对话框中。

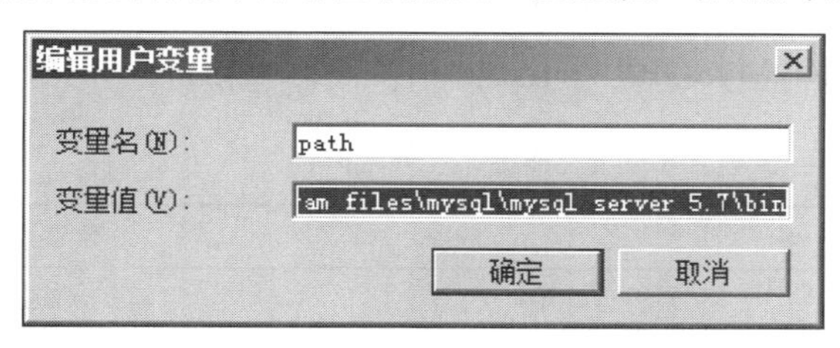

图 2.30　编辑用户变量

这样设置后，在以后使用 Windows 命令行方式时，就可以直接输入登录服务器命令而不用再输入路径信息了。

2.4.2　使用 MySQL Command Line Client 登录

打开“MySQL Command Line Client”窗口操作步骤：“开始”→“所有程序”→“MySQL”→“MySQL Server 5.7”　→“MySQL 5.7 Command Line Client”，在“MySQL Command Line Client”界面中输入口令，即可登录 MySQL 数据库，如图 2.31 所示。

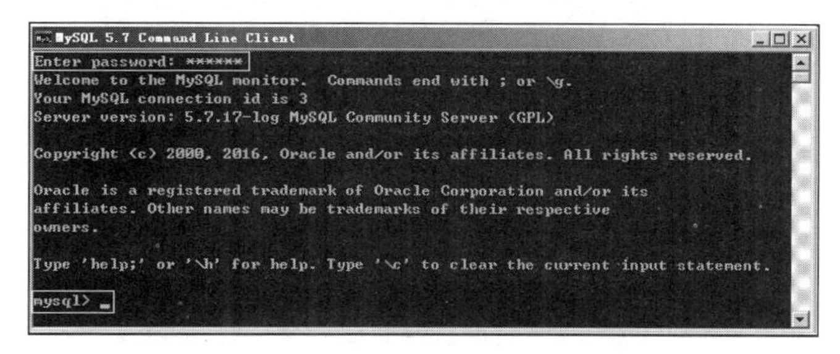

图 2.31　使用 MySQL Command Line Client 登录

命令提示符变为“MySQL>”，表示已经成功登录 MySQL 服务器了。

从上述两种命令行方式的登录过程可以看出，使用 MySQL Command Line Client 登录更为简洁方便，因此，在后面的章节中，将以 MySQL Command Line Client 模式作为命令行模式进行讲解。

在成功登录 MySQL 服务器后（如图 2.23 或图 2.24 所示），可以进行数据库的各种操作，如对库、表的各种操作，以及查询等。下面对命令行模式进行简单的介绍。

例如，建一个名为“studyMySQL”的数据库，如图 2.32 所示。

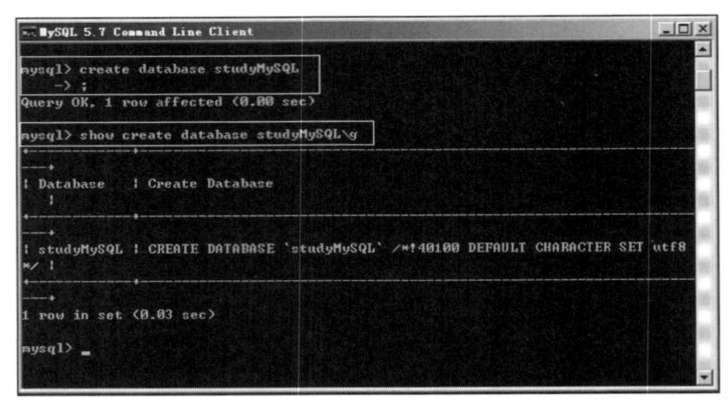

图 2.32　在命令行模式下建数据库

然后，在数据库“studyMySQL”下创建一个名为“学生表”的表，如表 2.1 所示。

表 2.1　学生表

字 段 名 称	数 据 类 型
学号	Char(10)
姓名	Varchar(10)
性别	Char(2)
年龄	Int(3)

按表 2.1 的结构，在命令行模式下创建表，并查看是否成功创建及表的结构，如图 2.33 所示。

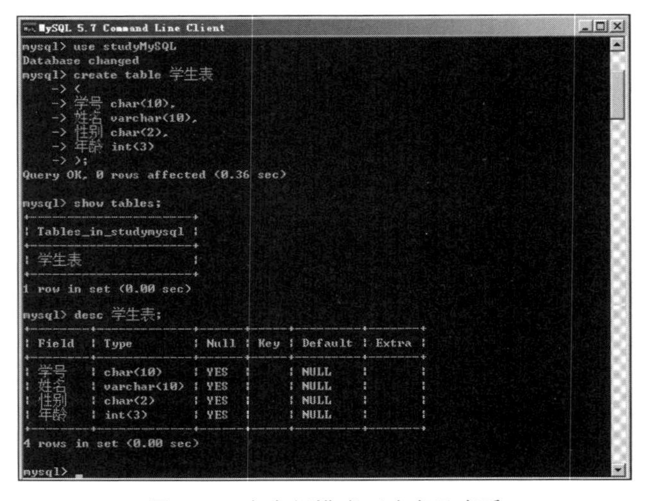

图 2.33　命令行模式下建表及查看

2.4.3 登录 MySQL 的图形管理工具介绍

通过命令行方式操作数据库是学习 MySQL 数据库必须具有的能力，但对于刚接触数据库的人来说使用命令行方式不直观，因此出现了众多的 MySQL 图形化管理工具，图形化管理工具在很大程度上方便了数据库的操作与管理。下面对部分常用的图形化管理工具进行简单介绍。

1. Navicat

Navicat 是一个强大的 MySQL 数据库管理和开发工具。它与微软 SQL Server 的管理器很像，使用图形化的用户界面，可以让用户使用和管理更为轻松。有免费中文版本提供下载。

下载地址 https://www.navicat.com/download/

2. phpMyAdmin

phpMyAdmin 是最常用的 MySQL 维护工具之一。它是一个用 PHP 开发的基于 Web 方式架构在网站主机上的 MySQL 管理工具，支持中文，管理数据库非常方便。不足之处在于对大数据库的备份和恢复不方便。

下载地址 http://www.phpmyadmin.NET/

3. MySQL GUI Tools

MySQL GUI Tools 是 MySQL 官方提供的图形化管理工具，功能很强大，没有中文界面。

下载地址 http://dev.mysql.com/downloads/gui-tools/

4. MySQL ODBC Connector

MySQL 官方提供的 ODBC 接口程序，在安装了 MySQL ODBC Connector 程序后，系统就可以通过 ODBC 来访问 MySQL，这样就可以实现 SQLServer、Access 和 MySQL 之间的数据转换，以及可以使用 ASP 访问 MySQL 数据库。

下载地址 http://dev.mysql.com/downloads/connector/odbc/

5. SQLyog

在众多的第三方图形化 MySQL 工具中，受到业界大量认可的就是 SQLyog 了。SQLyog 是一个易于使用的、快速而简洁的图形化管理 MySQL 数据库的工具，它能够在任何地点通过网络来维护和管理远端的 MySQL 数据库。有免费的中文版提供下载。

下载地址 http://sqlyog.en.softonic.com/

2.4.4 MySQL 的图形管理工具——SQLyog 登录

与采用命令行方式对 MySQL 数据库进行操作与管理相比，使用图形化管理工具更为方便直观，用户可根据不同图形管理工具的特点，以及自身的习惯来选择图形化管理工具来操作管理 MySQL 数据库。在本教材的后续章节中，除了使用 MySQL 自带的 Command Line Client 模式外，在图形化管理工具方面主要使用工具管理软件 SQLyog 对 MySQL 数据库进行操作与管理。

通过 SQLyog 图形化软件登录 MySQL 数据库的简单操作如下。

下载并安装 SQLyog 后，打开 SQLyog 软件，出现如图 2.34 所示的登录界面。

图 2.34　用 SQLyog“连接到我的 SQL 主机”

在图 2.34 中，各项均为系统默认值。

“保/存的连接”：输入一个连接名，这里采用默认名“新连接”；

“我的 SQL 主机地址”：这里输入的“localhost”是 MySQL 服务器地址。由于 MySQL 服务器安装在本机，因此主机地址为 localhost，否则应输入 MySQL 服务器地址；在输入安装时应设置“用户名”“密码”“端口”，这里采用默认用户名“root”，端口为默认端口“3306”。

然后单击“连接”按钮，进入 SQLyog 软件操作界面，如图 2.35 所示。

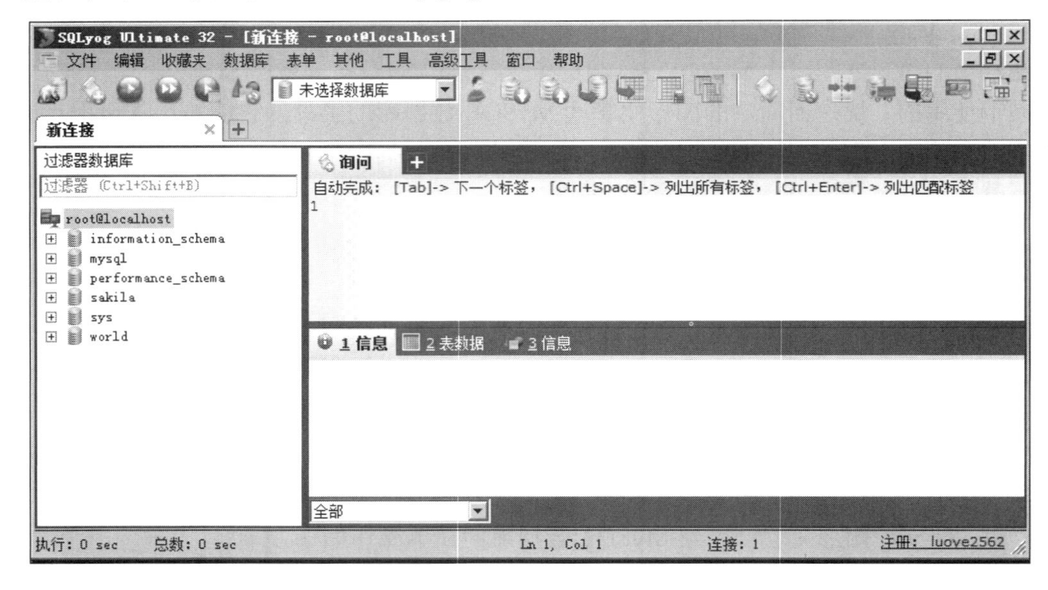

图 2.35　SQLyog 软件操作界面

至此，MySQL 的安装与配置介绍完毕。

课后习题

一、填空题

1．在 Windows 中 MySQL 服务进程名是____________________。

2．MySQL 服务器安装时默认的用户名是____________________；客户端连接到服务器默认使用的端口号是____________________。

3．命令提示符变为____________________，表示已经成功登录 MySQL 服务器了。

二、简答题

1．MySQL 的主要特点有哪些？

2．如何查看 MySQL 服务是否已启动？

3．以 Windows 命令行方式登录 MySQL 服务器的步骤是什么？

课外实践

任务一　下载、安装并配置 MySQL 服务器。

任务二　通过“net”命令启动与暂停 MySQL 服务。

任务三　分别在“Windows 的 CMD 模式”“MySQL Command Line Client”下登录 MySQL 服务器。

任务四　下载、安装 SQLyog 软件，并登录 MySQL 服务器。

第3章 创建数据库

【学习目标】

- 了解数据库的基本概念
- 掌握创建数据库的方法
- 掌握查看和删除数据库的方法
- 了解数据库存储引擎的特点

3.1 MySQL 数据库概述

数据库是存储数据和数据对象的容器，是数据库管理系统的核心。

1. 数据库分类

在 MySQL 中，数据库分为系统数据库和用户数据库两大类。

（1）系统数据库

MySQL 安装完成后，会在 Data 目录下自动创建几个必需的数据库，用户不能直接修改这些数据库，可以在 Command Line Client 模式下，用 SHOW DATABASE 命令查看这些系统数据库，如图 3.1 所示。

各个系统数据库的作用如下。

- Information_Schema 数据库：用于存储系统中一些数据库对象信息，如用户表信息、列信息、权限信息、字符集和分区信息等。
- MySQL 数据库：用于存储系统的用户权限。
- Performance_Schema 数据库：用于存储数据库服务器性能参数。
- Sakila 数据库：用于存放数据库样本，该库中的表都是一些样本表。
- Sys 数据库：是 MySQL5.7 增加了的系统数据库，通过这个库可以快速地了解系统的元数据信息，可以方便数据库管理员查看数据库的很多信息，从而为解决数据库的性能瓶颈提供帮助。

● world 数据库：提供了关于城市、国家和语言的相关信息。

注意，用户不能随意删除系统自带的数据库，否则会使 MySQL 不能正常运行。

（2）用户数据库

用户数据库是用户根据开发需求而建立的数据库，如用户建立一个名叫“XSCJ”的用户数据库后，可以在 Command Line Client 模式下，用 SHOW DATABASE 命令查看，如图 3.2 所示。

图 3.1　查看系统数据库

图 3.2　查看用户数据库

其中，最后一个 XSCJ 数据库就是用户数据库。

在工具软件 SQLyog 中查看数据库，只需用鼠标双击窗口左侧的服务器名“root@localhost”选项即可，如图 3.3 所示。

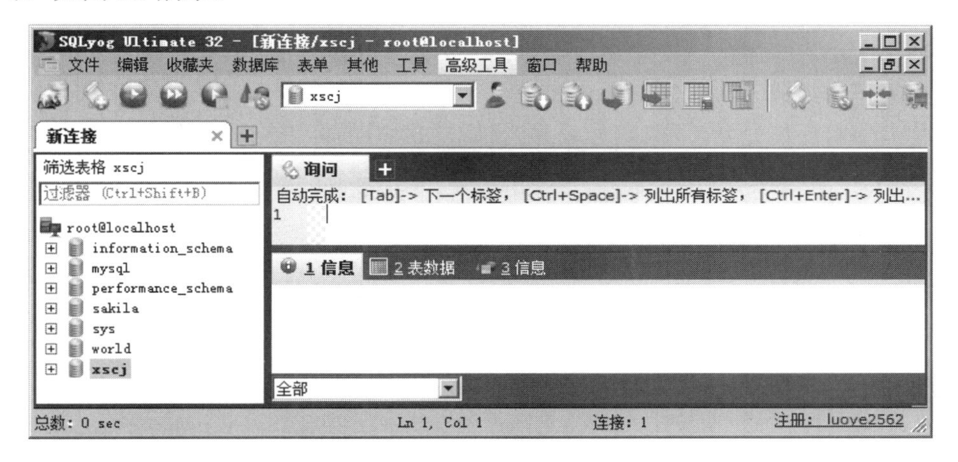

图 3.3　在 SQLyog 中查看数据库

2. 数据库对象

MySQL 数据库的数据在逻辑上被组织成一系列的对象，当一个用户连接到数据库后，所看到的是逻辑对象，而不是物理的数据库文件。数据库对象是指存储、管理和使用数据的不同结构形式，主要包含表、视图、存储过程、函数、触发器和事件等。

在图 3.4 的窗口中，可看到 MySQL 将服务器的数据库组织成一个树状结构，树状结构中的每个具体子节点都代表与特定数据库有关的同类型的数据库对象。

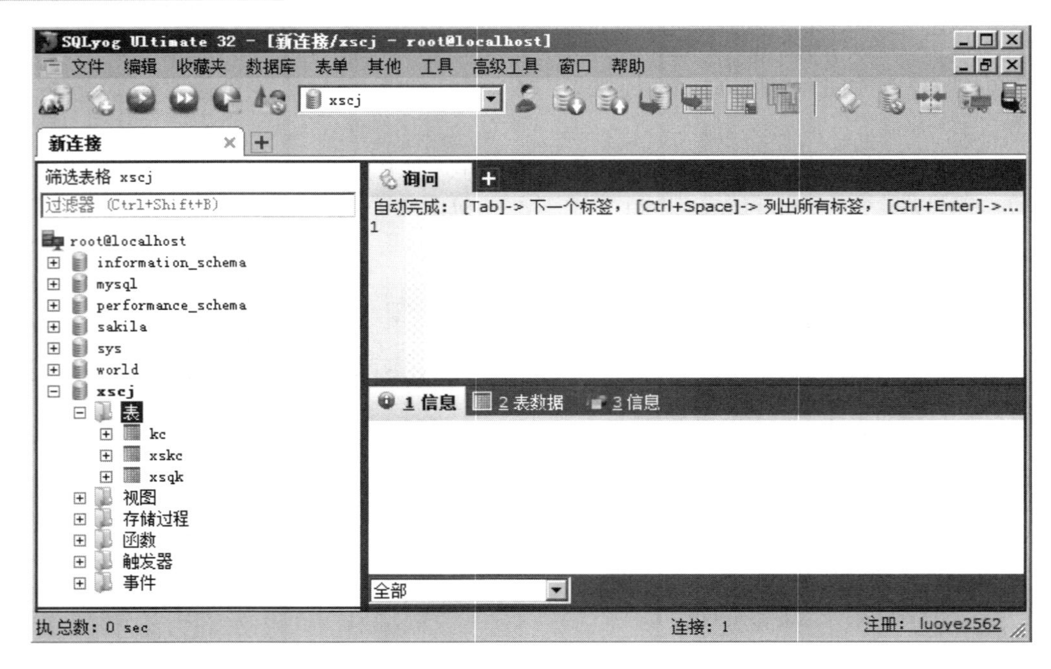

图 3.4　MySQL 的数据库对象

3．对象标识符的命名规则

在 MySQL 中的所有对象都需要命名，其命名规则如下。

- 名称由大小写形式的英文字母、中文、数字、下画线、@、#、$、以及其他语言的字母字符等符号组成。
- 名称首字母不能是数字和$符号，并且对不加引号的标识符不允许完全由数字字符构成（与数字难以区分）。
- 名称长度不超过 128 个字符。
- 名称中不允许有空格和特殊字符。
- 名称不能使用 MySQL 的保留字。

3.2　创建数据库

创建数据库的方法有命令行方式和图形化界面方式两种。命令行方式包括：Windows 命令行方式、MySQL Command Line Client 命令行方式、工具软件 SQLyog 命令行方式；图形化界面方式是采用各种工具软件来实现，如采用 SQLyog 的图形化界面。

对数据库的操作，采用图形化界面方式简单易学，适合于初学者学习，或者用于完成一些初始化的工作。掌握命令行模式难度比图形化界面方式更大，但在实际应用中，命令行方式更适用，因为在各种编程语言、脚本语言中调用数据库，都需要采用 MySQL 命令形式实现。下面分别用这两种方式创建数据库。

3.2.1　采用图形化界面方式

例 3.1　采用 SQLyog 的图形化界面创建一个数据库 DB，如图 3.5 所示。

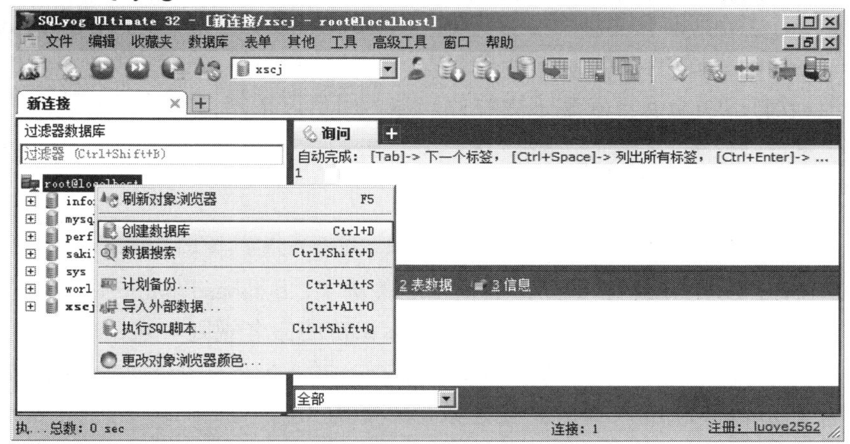

图 3.5　选择创建数据库命令

然后，在弹出的对话框中输入数据库名称，如图 3.6 所示。

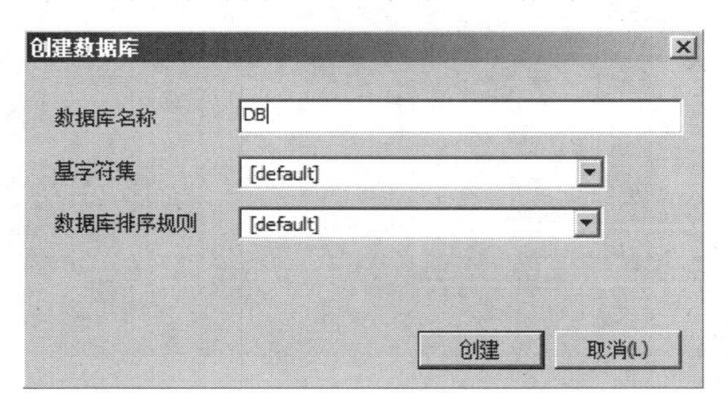

图 3.6　输入数据库名称

在图 3.6 中，输入“DB”作为数据库名，然后单击“创建”按钮，得到如图 3.7 所示的界面。

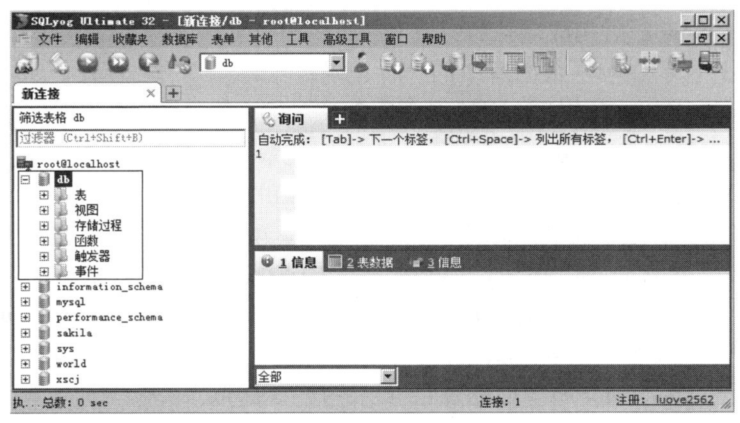

图 3.7　数据库创建完成

由图 3.7 可见，采用 SQLyog 的图形化界面方式创建数据库完成。

3.2.2 采用命令行方式

前面讲过，创建数据库有三种命令行方式：Windows 命令行方式、MySQL Command Line Client 命令行方式和工具软件 SQLyog 命令行方式，这三种方式的语法结构完全相同，只是显示结果，在工具软件 SQLyog 下看起来更整齐一些，用户可根据自己的习惯选择不同的命令行方式。

在 MySQL 中创建数据库的语法结构如下。

```
CREATE DATABASE database_name
```

其中，CREATE DATABASE 是创建数据库的关键字，database_name 是所有创建数据库的名字，注意在命名时，需要按前面讲述的“对象标识符的命名规则”来命名。

例 3.2 在 MySQL Command Line Client 命令行方式下创建一个名为 XSCJ 的数据库。

在 MySQL Command Line Client 中创建数据库如图 3.8 所示。

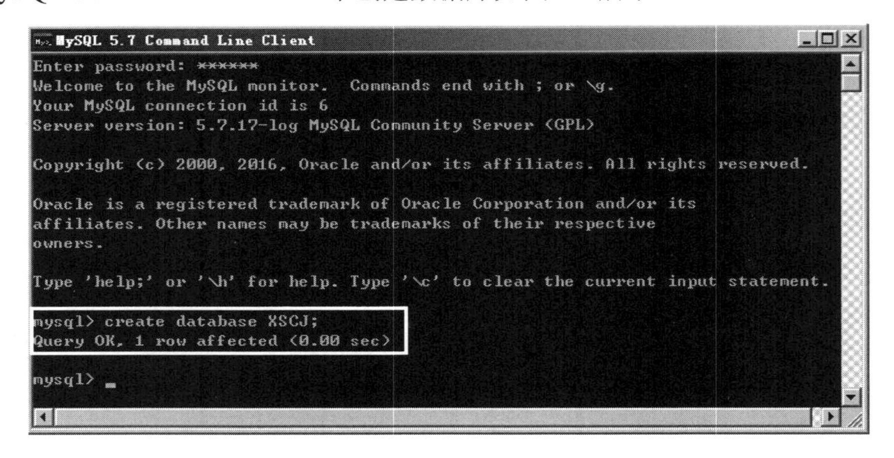

图 3.8　创建 XSCJ 数据库

由图 3.8 可见，创建数据库的命令为：“create database XSCJ”；在执行完该命令后，产生一行提示：“Query OK，1 row affected (0.00 sec) ”，这句提示的含义是：

Query OK 表示 SQL 语句成功执行；

1 row affected 表示影响了数据库中的一行记录；

0.00 sec 表示操作的执行时间，这是一个非常简单的命令，因此执行时间连 0.01 秒都不到。

例 3.3 在工具软件 SQLyog 的命令行方式下创建数据库 DB2。

在工具软件 SQLyog 的命令行方式下创建数据库如图 3.9 所示。

在图 3.9 中，先在右边窗格的“询问”窗格中输入创建数据库的命令“CREATE DATABASE DB2”，然后单击 “执行查询” 按钮，得到如图 3.10 所示的界面。

在图 3.10 的结果提示中，“1 queries executed，1 success，0 errors，0 warnings” 表示有 1 个查询被执行，1 个成功执行，0 个错误，0 个警告。说明在 SQLyog 中创建数据库成功。如果把这个查询再执行一次，则会产生如图 3.11 所示的错误提示。

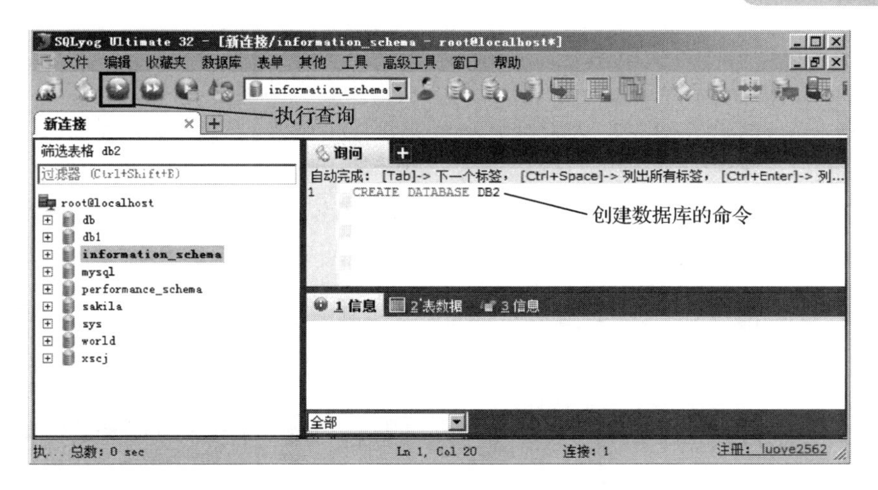

图 3.9　创建数据库

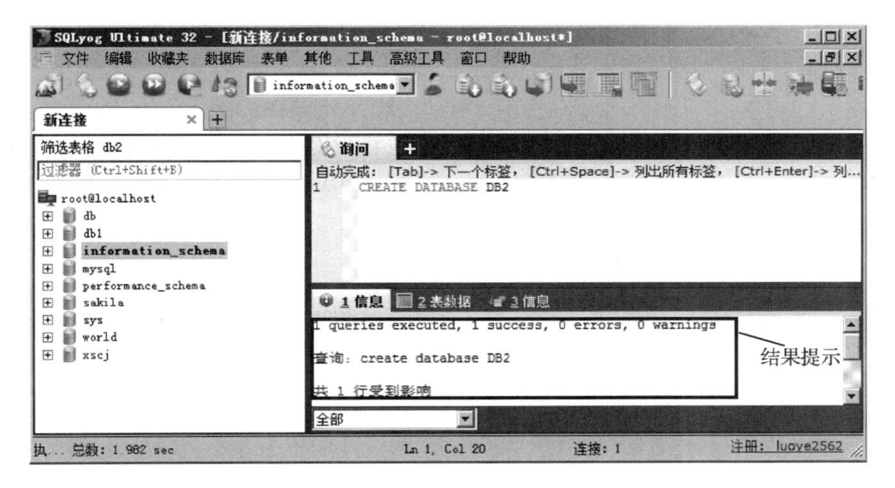

图 3.10　执行创建命令后的界面

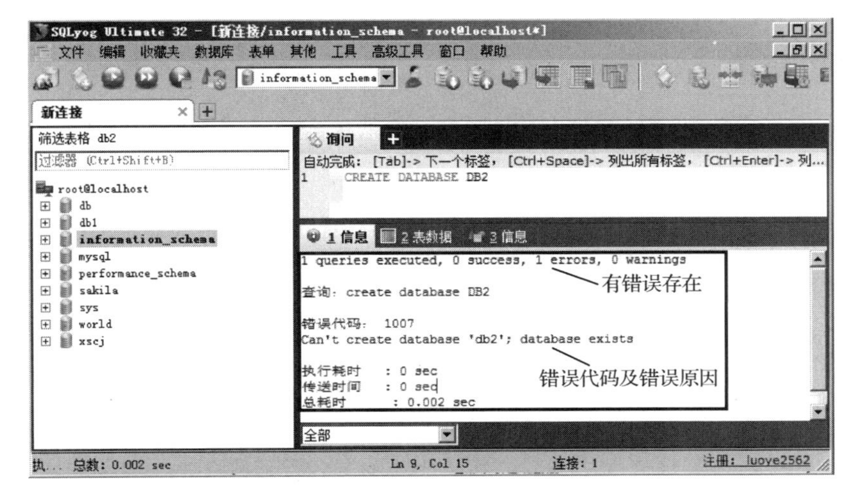

图 3.11　错误提示

在如图 3.11 中可见，有 1 个错误，下面是错误的代码及错误原因提示“错误代码：1007 Can't create database 'db2'; database exists”这里错误是因为数据库 db2 已经存在。

数据库 db2 已经存在，但在左边的对象浏览器窗格中并没有看到 db2 数据库，为什么？这需要刷新一下就可以了。

单击服务器名“root@localhost”选项，然后按“F5”键，或者在服务器名“root@localhost”上单击鼠标右键，选择“刷新对象浏览器”命令后，即可看到 db2 数据库了，如图 3.12 所示。

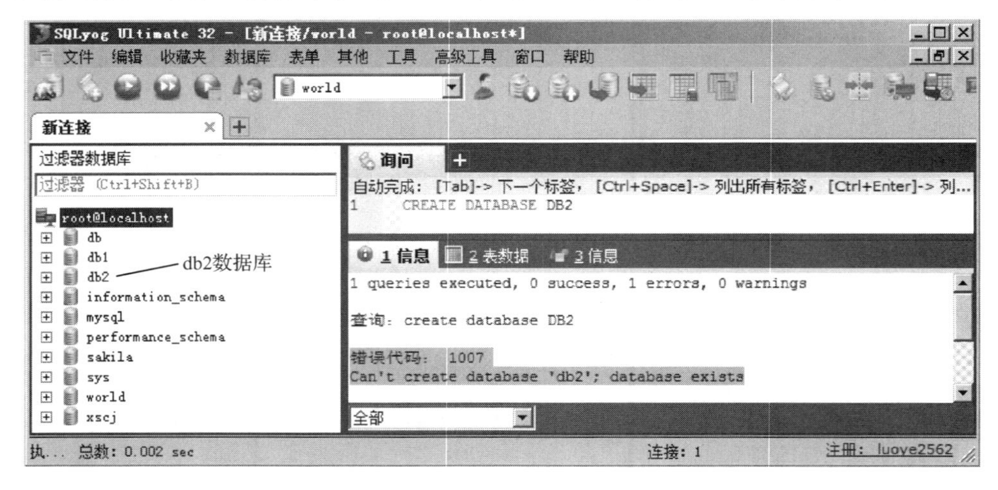

图 3.12　刷新对象浏览器后

另外，Windows 命令行方式的操作与 MySQL Command Line Client 命令行方式的操作是完全一样的，在此不再重复。

3.3　数据库相关操作

本节将介绍数据库查看、数据库选择和数据库删除三个基本操作。

3.3.1　数据库查看

关于数据库的查看，一种是通过 MySQL Command Line Client 命令行方式用“show databases”查看（见 3.1 节），另一种是在工具软件 SQLyog 中查看（见图 3.12），在此不再重复。

3.3.2　数据库选择

如图 3.12 所示，在 MySQL 数据库管理系统中，存在了许多数据库，在对具体的某个数据库操作之前，一定要先选择这个数据库。

在命令行方式下，选择数据库的语法规则。

```
USE database_name
```

其中，database_name 参数表示要选择的数据库名。

注意，在选择数据库之前，需要确定 MySQL 数据库管理系统中已经存在该数据库。

例 3.4 执行 SQL 语句，选择名为 DB3 的数据库。

```
mysql> use db3
ERROR 1049 (42000): Unknown database 'db3'
```

发生错误，原因是 MySQL 数据库管理系统中不存在该数据库。因此，在选择数据库前，可（见 3.1 节）讲的用“show database”来查看一下该数据库是否存在。

例 3.5 执行 SQL 语句，选择名为 DB 的数据库。

```
mysql> use db
Database changed
```

这里的提示是 Database changed，说明数据库已选择成功。

在工具软件 SQLyog 中，通过命令行方式，执行 USE 命令来选择数据库，如图 3.13 所示。

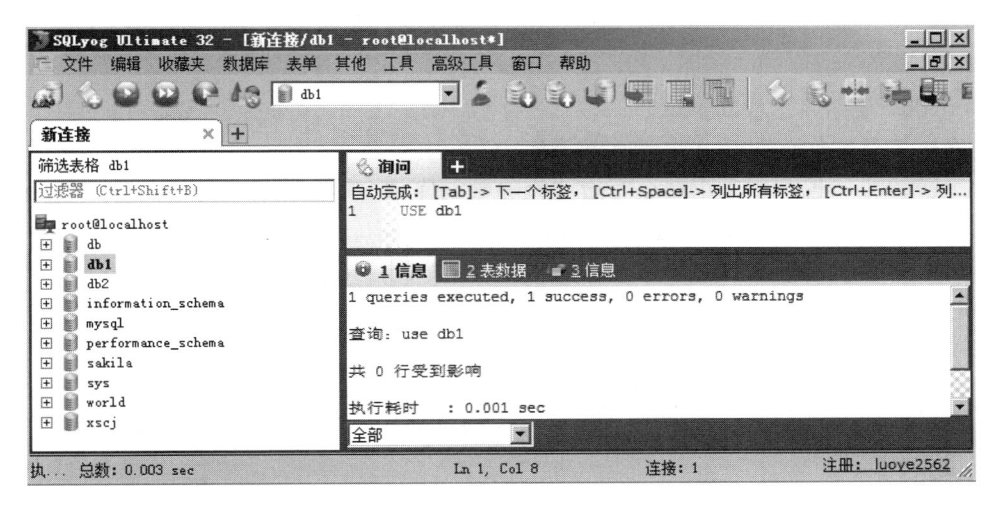

图 3.13 在 SQLyog 中执行 USE 命令选择数据库

另外，还可以在 SQLyog 的“对象浏览器”中，用鼠标左键单击要选择的数据库，完成数据库的选择。

3.3.3 数据库删除

1. 通过命令行方式删除数据库

通过命令行方式删除数据库的语法形式如下：

```
DROP DATABASE database_name
```

其中，database_name 就是要删除的数据库名。

例 3.6 通过命令行方式删除数据库。

在删除数据库前，先查询 MySQL 数据库管理系统中已存在有哪些数据库，如图 3.14 所示。

删除用户数据库 DB1（不能删除系统数据库，否则系统会出错）：

```
mysql> drop database db1;
Query OK，0 rows affected (0.00 sec)
```

再次查询 MySQL 数据库管理系统中还存在有哪些数据库，如图 3.15 所示。

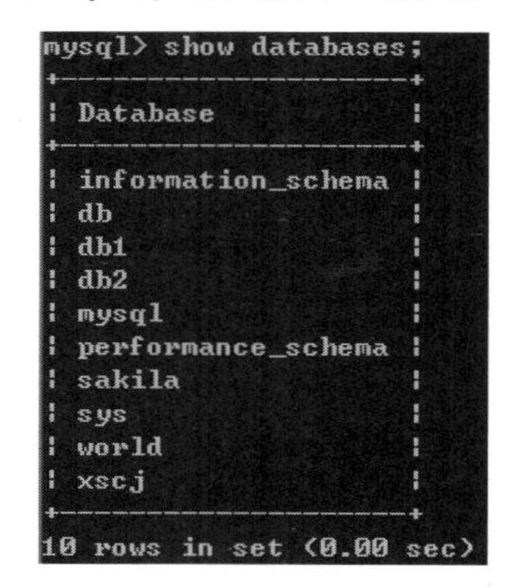

图 3.14　查看已有的数据库

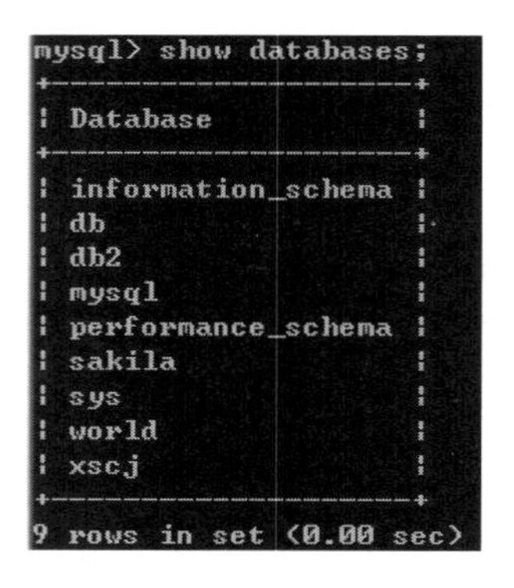

图 3.15　查看余下的数据库

可见，db1 数据库已成功删除。

2. 通过工具软件 SQLyog 来删除数据库

在工具软件中，也可以采用命令行方式删除数据库 db，其语法格式与 Command Line Client 一样，在此不再重复。下面讲通过图形界面方式删除数据库。

例 3.7　在 SQLyog 中用图形界面方式删除 db2 数据库。

在 db2 数据库上单击鼠标右键，在弹出的快捷菜单中选择“更多数据库操作”→“删除数据库”，如图 3.16 所示。

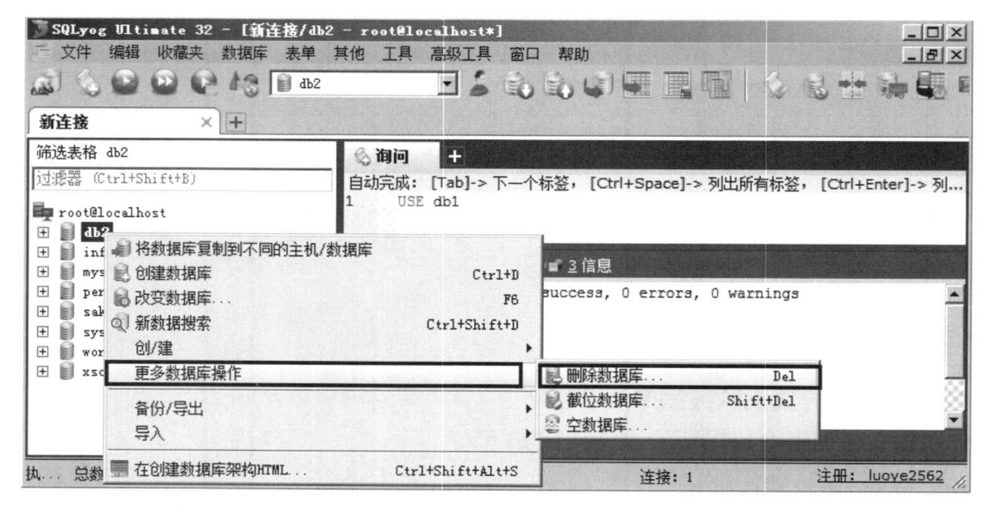

图 3.16　删除数据库

然后弹出“确认删除”界面，如图 3.17 所示。

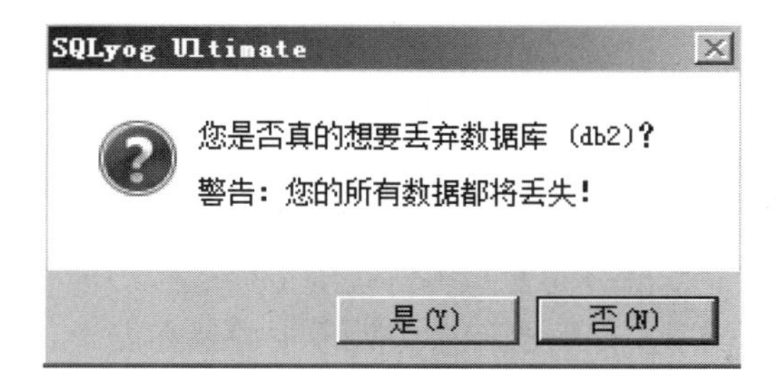

图 3.17 确认删除

在图 3.17 中，单击“是”按钮即可完成数据库的删除。

3.4 数据库存储引擎

存储引擎就是如何存取数据、建立索引、更新和查询数据的实现方法。在数据库管理系统（DBMS）中，不同的存储引擎提供不同的存储机制、索引方法和锁定水平等。

3.4.1 MySQL 存储引擎简介

在 MySQL5.7 中提供了多种不同的存储引擎。存储引擎是针对表而言的，同一个 MySQL 数据库中的不同的表，可以使用不同的存储引擎。MySQL5.7 提供的存储引擎有：InnoDB、MRG_MYISAM、Memory、BLACKHOLE、MyISAM、CSV、Archive、PERFORMANCE_SCHEMA、Federated 等。在 SQLyog 中（也可以在 Command Line Client 中）用 Show Engines 命令查看系统所支持的存储引擎类型，结果如图 3.18 所示。

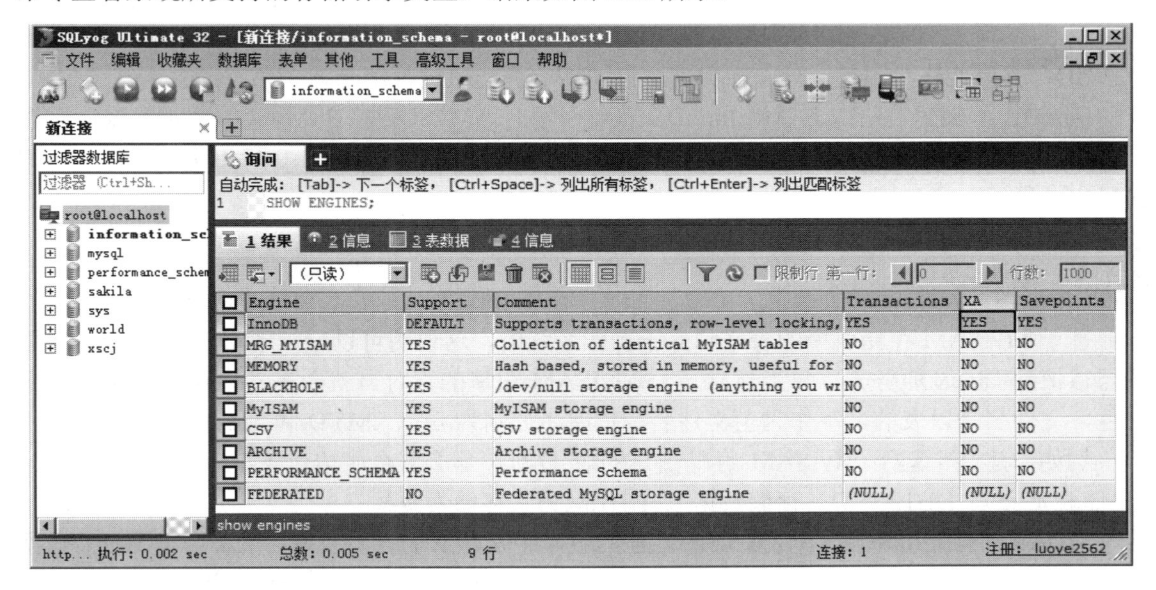

图 3.18 系统支持的存储引擎

Support 列表示该存储引擎是否能使用；
YES 表示可以使用；

NO 表示不能使用；

DEFAULT 表示该引擎为当前默认的存储引擎；

Comment 列表示该引擎的评论；

Transactions 列表示该存储引擎是否支持事务；

XA 列表示该存储引擎支持的分布式是否符合 XA 规范；

Savepoints 列表示该存储引擎是否支持事务处理中的保存点。

下面介绍 MySQL 中常用的存储引擎。

3.4.2 InnoDB

InnoDB 是一种事务型存储引擎，在 MySQL5.5.5 之后，InnoDB 就作为默认的存储引擎。InnoDB 存储引擎现已经被很多互联网公司使用，为用户操作非常大的数据存储提供了一个强大的解决方案。在 InnoDB 中引入了行级锁定和外键约束，其主要有以下特征。

（1）多表查询能力：在 MySQL 的查询中，使用 InnoDB 存储引擎的表可以自由地与其他存储类型的表混合查询。

（2）高性能：InnoDB 存储引擎的 CPU 效率非常高，这为处理巨大数据量提供了高性能的保证，因此 InnoDB 存储引擎被用在众多需要高性能的大型数据库站点上。

（3）自动灾难恢复：与其他存储引擎不同，InnoDB 给 MySQL 提供了具有提交、回滚和崩溃恢复能力的事务安全能力，使表能够自动从灾难中恢复过来。

（4）外键约束：MySQL 支持外键的存储引擎只有 InnoDB，外键所在的表为子表，外键依赖的表为父表。当删除、更新父表的某条记录时，子表也必须相应的改变。在创建索引时，可指定删除、更新父表对子表的相应操作。

（5）支持自动增加列 AUTO_INCREMENT 属性：存储表中的数据时，每张表的存储都是按主键顺序存放，如果表没有定义主键，则 InnoDB 存储引擎会为每一行生与一个 6 字节的 ROWID，并以此作为主键，此 ROWID 由自动增长列的值进行填充。

InnoDB 不创建目录，在使用 InnoDB 存储引擎时，MySQL 将在 MySQL 数据目录下创建一个名为 ibdata1 的 10MB 的自动扩展数据文件，以及两个名为 ib_logfile0 和 ib_logfile1 的 5MB 的日志文件。

3.4.3 MyISAM

基于 MyISAM 存储引擎的表是独立于操作系统的，这说明可以轻松地将其从 Windows 服务器移植到 Linux 服务器；每当建立一个 MyISAM 引擎的表时，就会在本地磁盘上建立 3 个文件，文件名是以表的名字作为主文件名，扩展名分别为.frm、.MYD 和.MYI。

例如，建一个基于 MyISAM 存储引擎的表 DB1，那么就会生成以下三个文件：DB1.frm（存储表定义）、DB1.MYD（存储数据）、DB1.MYI（存储索引）。

MyISAM 存储引擎在 MySQL5.5.5 之前的版本中是默认的存储引擎，主要用于 Web、数据仓储和其他应用环境中，具有很高的插入、查询速度，因此常用于选择密集型的表和插入密集型的表中。但由于 MyISAM 存储引擎不支持事务，这就意味着有事务处理需求的表，不能使用 MyISAM 存储引擎。

MyISAM 存储引擎的优点是占用空间小，相对 InnoDB 来说处理速度更快；缺点是不支持事务的完整性和并发性约束。

3.4.4　Memory

Memory 存储引擎为查询和引用其他表提供快速的访问速度。Memory 存储引擎能实现最快的响应时间，采用的逻辑存储介质是系统内存。

虽然在内存中存储表数据会提供很高的性能，但这种将数据表存储数据表也有缺陷，当 MySQL 的守护进程崩溃时，所有的 Memory 数据都会丢失，并且要求存储在 Memory 数据表里的数据使用的是长度不变的格式。

Memory 存储引擎的特点有：

（1）不支持 BLOB 和 TEXT 这样的长度可变的数据类型；

（2）虽然 VARCHAR 也是一种长度可变的类型，但因为它在 MySQL 内部当作长度固定不变的 CHAR 类型，所以可以使用；

（3）存储在 Memory 表中的数据如果突然丢失，不会对应用服务产生实质的负面影响；

（4）可以在一个 Memory 表中有非唯一键；

（5）当目标数据较小，而且被非常频繁地访问时可使用 Memory 存储引擎，并可以通过参数 max_heap_table_size 控制 Memory 表的大小；

（6）对要求必须立即可用的临时数据，可以存放在 Memory 表中，以加快访问速度；

（7）Memory 表支持 AUTO_INCREMENT 列和对包含了 NULL 值的列的索引。

（8）当不再需要 Memory 表的内容时，需要释放 Memory 表使用的内存，可执行 DELETE FROM 或 TRUNCATE TABLE，或者使用 DROP TABLE 将整个表删除。

3.4.5　默认存储引擎

在 MySQL5.5.5 之后，InnoDB 就作为默认的存储引擎，可根据应用需要来修改 MySQL 的默认存储引擎。

在图 3.18 中，可见当前默认的存储引擎是 InnoDB，也可以通过命令来查看默认存储引擎。

例 3.8　在 MySQL 中通过 SHOW VARIABLES 查看默认存储引擎。

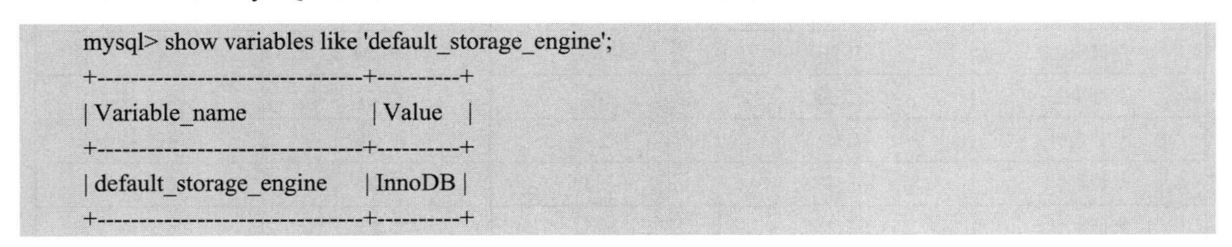

```
mysql> show variables like 'default_storage_engine';
+------------------------------+----------+
| Variable_name                | Value    |
+------------------------------+----------+
| default_storage_engine       | InnoDB |
+------------------------------+----------+
```

结果显示，默认存储引擎为 InnoDB。

在 MySQL 系统中，如果需要修改默认存储引擎，可以通过修改 MySQL 数据库管理系统配置文件 my.ini 的方法，具体操作如下。

打开 my.ini 配置文件，找到其中的[mysqld]组。（部分内容）

```
[mysqld]
…
# The TCP/IP Port the MySQL Server will listen on
```

```
port=3306                                                              // 服务器端口号
# Path to installation directory. All paths are usually resolved relative to this.
# basedir="D:/Program Files/MySQL/MySQL Server 5.7/"                    //服务器安装目录
# Path to the database root
datadir=d:/ProgramData/MySQL/MySQL Server 5.7\Data                     //数据文件目录
# The default character set that will be used when a new schema or table is
# created and no character set is defined
character-set-server=utf8                                              //服务器端的字符集
# The default storage engine that will be used when create new tables when
default-storage-engine=INNODB                                          //默认存储引擎
…
```

如果想要设置默认引擎为 MyISAM，只需将“default-storage-engine=InnoDB”改为“default-storage-engine=MyISAM”后，保存 my.ini 文件即可。

注意，修改 my.ini 文件后，需要将 MySQL 服务器重新启动才能使其更改生效。

在重启 MySQL 服务器后，再次通过 SHOW VARIABLES 查看默认存储引擎。

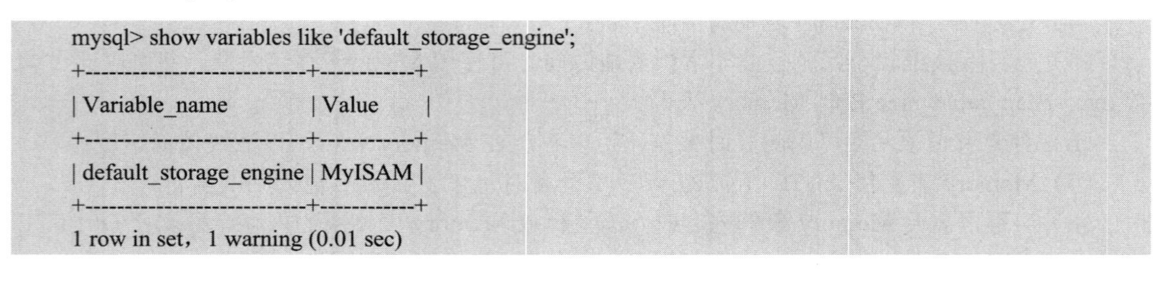

```
mysql> show variables like 'default_storage_engine';
+------------------------+------------+
| Variable_name          | Value      |
+------------------------+------------+
| default_storage_engine | MyISAM     |
+------------------------+------------+
1 row in set，1 warning (0.01 sec)
```

3.4.6 存储引擎的比较

不同存储引擎的特点不同，可以适应的需求也不同，在表 3.1 中列出了几种存储引擎的功能特性。

表 3.1 不同存储引擎的特性比较

特　　性	MyISAM	InnoDB	Memory	Archive
存储限制	256TB	64TB	RAM	
支持事务	不支持	支持	不支持	不支持
全文索引	支持	不支持	不支持	不支持
哈希索引	不支持	不支持	支持	不支持
集群索引	不支持	支持	不支持	不支持
数据压缩	支持	不支持	不支持	支持
数据缓存		支持	支持	不支持
外键	不支持	支持	不支持	不支持
内存使用	低	高	中等	低

InnoDB 存储引擎能提供提交、回滚和崩溃恢复能力的事务安全能力，以及并发控制的能力；MyISAM 存储引擎能提供对表的插入和查询的高效率处理能力；Memory 存储引擎主要用于在数据库不大，临时存放数据，且对数据安全性要求不高时，MySQL 可使用该引擎作为临

时表，存放查询的中间结果；Archive 存储引擎支持高并发的插入操作，可用于只有 Insert 和 Select 操作的情况，Archive 存储引擎非常适合归档数据存储，如记录日志信息。

对数据库的不同的表可灵活选择不同的存储引擎，选择合适的存储引擎，将会提高整个数据库的性能。

课后习题

一、填空题

1．选择 MySQL 数据库中的命令关键字是______________。

2．在 MySQL 中删除一个名为 db1 的数据库的命令是______________________。

3．______________存储引擎能提供提交、回滚和崩溃恢复能力的事务安全能力，以及并发控制的能力。

二、选择题

1．创建数据库的命令是（　　）。

A．CREATE DATABASE　　B．DROP DATABHASE

C．UPDATE DATABASE　　D．ALTER DATABASE

2．在 MySQL5.7 版本的系统中，默认的存储引擎是（　　）。

A．Archive　　B．InnoDB

C．Memory　　D．MyISAM

3．以下可以作为有效数据库名的是（　　）。

A．$abc　　B．2abc

C．create　　D．xyz

4．在工具软件 SQLyog 中，按（　　）键可以刷新数据库的显示。

A．Ctrl　　B．Alt

C．F5　　D．12

三、简答题

1．MySQL 中的系统数据库主要有哪些？

2．对象标识符的命名规则有哪些？

3．数据库存储引擎的作用是什么？MySQL5.7 中提供的存储引擎有哪些？

课外实践

任务一　使用命令行方式创建一个名为 XSCJ1 的数据库，使用 SQLyog 图形界面方式创建一个名为 XSCJ2 的数据库。

任务二　分别在命令行方式和图形界面方式下打开数据库。

任务三　查看 XSCJ1 数据库中 kc 表的存储引擎，并将存储引擎设置为 MyISAM 存储引擎。

任务四　分别使用命令行方式和图形界面方式删除数据库 XSCJ1。

第4章 表的创建与管理

【学习目标】

- 了解数据类型
- 掌握数据表的创建方法
- 掌握数据表的修改方法
- 掌握数据表的删除方法
- 掌握数据表的操作方法

4.1 数据类型

用户在创建表的时候，需要指定表中各种数据所属的类型。数据类型是指用于存储、检索及解释数据值类型而预先定义的命名方法，它决定了数据在计算机中的存储格式，代表不同的信息类型。在 MySQL 数据库管理系统中，提供了数值类型（整数类型、浮点数和定点数类型、二进制类型）、日期和时间类型以及字符串类型。

4.1.1 数值类型

MySQL 支持所有标准 SQL 数值数据类型。

关键字 INT 与 INTEGER 意义相同，关键字 DEC 与 DECIMAL 意义相同。表 4.1 显示了每个数值类型数据的相关特性。

表 4.1 数值类型

类型		存储长度（字节）	范围（有符号）	范围（无符号）	默认宽度
整数类型	Tinyint	1	-2^7，2^7-1	0，2^8-1	4位
	Smallint	2	-2^{16}，$2^{16}-1$	0，$2^{16}-1$	6位

续表

类　型		存储长度（字节）	范　围（有符号）	范　围（无符号）	默认宽度
	Mediumint	3	-2^{23}~2^{23}-1	0~2^{24}-1	9
	Int Interger	4	-2^{31}~2^{31}-1	0~2^{32}	11
	Bigint	8	-2^{63}~2^{63}-1	0~2^{64}	20
浮点与定点数类型	Float	4			单精度浮点数值，默认保留实际精度
	Double	8			双精度浮点数值，默认保留实际精度
	Dec(p,s) Decimal(p,s)	decimal (p,s)，如果 p>s，为 p+2 否则为 s+2	依赖于 p 和 s 的值	依赖于 p 和 s 的值	10 位，小数位数为 0
二进制类型	Bit(m)	m 位二进制		最大为 64 位，默认为 1	位字段类型，如果值长度小于 m 位，则在左边用 0 填充
	Varbinary(m)	可变长度		0~m 位	可变长度二进制字符串
	Binary(m)	m			固定长度二进制字符串，超出 m 位部分将会被截断，不足 m 位的用数字“/0”填充
	Tinyblob	可变长度		2^{8}-1	Blob 主要存储图片、音频等信息
	Blob	可变长度		2^{16}-1	
	Mediumblob	可变长度		2^{24}-1	
	Longblob	可变长度		2^{32}-1	

从表 4.1 中可见，不同类型数据所需的字节数是不同的，占用字节数越多的数据类型，所能表示的数值越大，根据占用字节数可以知道每一种数据类型的取值范围。如在表 4.1 中，Int 型占 4 个字节（32 位），就比 Tinyint 型占 1 个字节（8 位）所能表示的数据范围要大。

4.1.2　日期和时间类型

表示时间值的日期和时间类型有 Year、Date、Time、Datetime 和 Timestamp。

每个时间类型有一个有效值范围和一个“零”值，当指定不合法、在 MySQL 中有不能表示的值时使用“零”值。如表 4.2 显示了日期和时间类型的相关特性。

表 4.2 日期和时间类型

类　型	存储长度(字节)	范　围	格　式	用　途
Year	1	1901~2155	YYYY 或 'YYYY'	年份值
Date	3	1000-01-01~9999-12-31	'YYYY-MM-DD'或 'YYYYMMDD'	日期值
Time	3	'-838:59:59'~'838:59:59'	HH:MM:SS	时间值或持续时间
Datetime	8	1000-01-01 00:00:00~ 9999-12-31 23:59:59	YYYY-MM-DD HH:MM:SS	混合日期和时间值
Timestamp	4	1970-01-01 00:00:00~ 2038-01-19 03:14:17	YYYY-MM-DD HH:MM:SS	混合日期和时间值，时间戳

当只需要显示年信息时，可以只使用 Year 类型，可以用 4 位数字格式或 4 位字符串格式，如输入 2017 或'2017'在表中均表示 2017 年；

Date 类型用在需要显示年月日的情况，在输入时，年月日中间的符号“-”是否加上都可以。

Time 类型用于只需要时间值的情况，取值范围'-838:59:59'~'838:59:59'，其小时部分如此大的原因是 Time 类型不仅可以表示一天的时间，还可能是某个事件过去的时间或两个事件之间的时间间隔（可能大于 24 小时，甚至为负）。

Datetime 用于需要显示年月日和时间的情况，在年月日中的符号“-”和时分秒中的符号“:”是否加上都可以。

Timestamp 的显示格式与 Datetime 一样，只是 Timestamp 的列值范围小于 Datetime 类型，另外一个最大的不同是 Timestamp 的值与时区有关。

在上述几种日期和时间类型中，其表示格式还有更多复杂的变化，在使用过程中需要加以注意。

4.1.3 字符串类型

MySQL 支持两类字符串类型：文本字符串如 Char、Varchar、Tinytext、Text、Mediumtext、Longtext、Enum 和 Set 等；二进制字符串如 Bit 和 BLOB 等。如表 4.3 所示，描述了这些字符串类型数据的相关特性。

表 4.3 字符串类型

类　型		大　小（字节）	数值范围（字节）	用　途
文本字符串	Char(n)	N	0～255	定长字符串
	Varchar(n)	输入字符串长度+1	0～65535	变长字符串，最大为 n+1

续表

类 型		大 小（字节）	数值范围（字节）	用 途
文本字符串	Tinytext	值的长度+2	0～255	短文本字符串
	Text	值的长度+2	0～65535	长文本数据
	Mediumtext	值的长度+3	0～16777 215	中等长度文本数据
	Longtext	值的长度+4	0～4294967295	二进制形式的极大文本数据
	Enum	1 或 2		枚举类型，在表创建时指定列值中选择一个
	Set	1~4 字节或 8		在表创建时指定列值中选择一个或多个
二进制字符串	Bit(n)		(n+7)/8	位字段类型
	Binary(n)		n	固定长度二进制串
	Varbinary(n)		n+1	可变长度二进制串
	Tinyblob(n)	值的长度+1	0~256	非常小的 Blob
	BLOB	值的长度+2	0～65535	小的 Blob
	Meduumblob(n)	值的长度+3	$0\sim2^{24}$	中等大小的 Blob
	Longblob(n)	值的长度+4	$0\sim2^{32}$	非常大的 Blob

Char(n)类型和 Varchar(n)类型的区别是 Char(n)是用于存储定长字符串，如果存入的字符串少于 n 个，但仍占 n 个字符的空间，而 Varchar(n)是用于存储长度可变的字符串，其占用的空间为实际长度加一个字符（用用字符串结束符）。

Text 类型（Tinytext、Mediumtext 和 Longtext）用于保存非二进制字符串，如文章内容、评论等。

Enum 类型是一种枚举类型，其值在创建时，在列上规定了一列值，语法格式是：字符名 num(值 1,值 2…,值 n)，Enum 类型的字段在取值时，只能在指定的枚举列表中取其中的一个。

Set 类型是一个字符串对象，可以有 0 到 64 个值，其定义方式与 Enum 类型类似，与 Enum 类型的区别是：Enum 类型的字段只能从列值中选择一个值，而 Set 类型的字段可以从定义的例值中选择多个字符的组合。

Bit(n)类型是位字段类型，其中 n 表示每个值的位数，范围为 1 到 64，默认为 1。如某个字段类型为 bit(6)，表示该字段最多可存入 6 位二进制，最大可存入的二进制数为 111111。

Binary 类型和 Varbinary 类型用于存放二进制字符串，它们之间的区别类似于 Char(n)类型和 Varchar(n)类型的区别。

BLOB，指 Binary Large Object，即二进制大对象，是一个可以存储二进制文件的容器。在计算机中，BLOB 常常是数据库中用来存储二进制文件的字段类型，典型的 BLOB 是一张图片或一个声音文件。BLOB 分为四种类型：tinyblob(n) 、BLOB、meduumblob(n)和 longblob(n)，它们的区别是存储的最大长度不同。

4.2 表的创建

4.2.1 表的概述

在 MySQL 中，表是数据库中最重要、最基本的操作对象，是数据存储的基本单位。数据在表中的组织方式与电子表格类似，也是按行和列形式组成的集合，每一行代表一条记录，一个记录用于存储一个对象的相关属性；每一列代表记录的一个字段，一个字段就是一个属性。

1. 表的命名

完整的数据表名由数据库名和表名两部分组成，形式是：

```
Database_name.table_name
```

其中，database_name 说明该表是在哪个数据库中创建的，table_name 为表的名称，其命名规则遵守第 3 章讲的标识符命名规则。需要注意的是，表名中使用的英文字母的大小写在 Windows 系统中并不区分，而在 UNIX 系统中要区分英文大小写，如果用户在 Windows 中开发的服务器，在转移到 UNIX 时则需要注意这一点。

2. 表的结构

表在存放数据之前，需要先定义其结构。定义结构就是设置表有哪些字段，以及这些字段的特性，如字段名称、数据类型、长度、精度、小数位数、是否唯一、是否定义为主键、是否允许为空值（NULL）、默认值是什么等。

在定义好表的结构后，就可以向表中添加数据，如图 4.1 所示的表是一个已添加了数据的 MySQL 表。

学号	姓名	性别	出生日期	专业名	所在学院	联系电话	总学分	备注
2016110101	朱博	男	1998-10-15	云计算	计算机学院	13845125452	(NULL)	班长
2016110102	龙婷秀	女	1998-11-05	云计算	计算机学院	13512456254	(NULL)	(NULL)
2016110103	张庆国	男	1999-01-09	云计算	计算机学院	13710425255	(NULL)	(NULL)
2016110104	张小博	男	1998-04-06	云计算	计算机学院	13501056042	(NULL)	(NULL)
2016110105	钟鹏香	女	1998-05-03	云计算	计算机学院	13605126565	(NULL)	(NULL)
2016110106	李家琪	男	1998-04-07	云计算	计算机学院	13605078782	(NULL)	(NULL)
2016110201	曹科梅	女	1998-06-09	信息安全	计算机学院	13465215623	(NULL)	(NULL)
2016110202	江杰	男	1999-02-06	信息安全	计算机学院	13520556252	(NULL)	(NULL)
2016110203	肖勇	男	1998-04-12	信息安全	计算机学院	13756156524	(NULL)	(NULL)
2016110204	周明悦	女	1998-05-18	信息安全	计算机学院	15846662514	(NULL)	团支书
2016110205	蒋亚男	女	1998-04-06	信息安全	计算机学院	13801201304	(NULL)	(NULL)
2016110301	李娟	女	1998-08-24	网络工程	计算机学院	13305047552	(NULL)	学习委员
2016110302	成兰	女	1999-01-06	网络工程	计算机学院	13815463563	(NULL)	(NULL)
2016110303	李图	男	1998-11-15	网络工程	计算机学院	13625456655	(NULL)	(NULL)
2016110401	陈勇	男	1997-12-23	机器人设计	计算机学院	13725522255	(NULL)	生活委员
2016110403	程蓓蕾	男	1998-08-16	机器人设计	计算机学院	13515645666	(NULL)	体育委员
2016110404	赵真	女	1998-04-06	机器人设计	计算机学院	13615565325	(NULL)	(NULL)

图 4.1　MySQL 数据表

从图 4.1 可见，数据库的结构由行（Column）和列（Row）组成，其中行被称为数据记录（Record），列被称为字段（Field）。

4.2.2 创建数据表结构

在数据库创建成功这后，就需要在数据库中创建数据表。创建数据表分为两个步骤，一是定义表的结构，二是向表中添加数据。定义表结构可以通过工具软件提供的图形界面方式实现，也可以通过 Command line client 方式实现。

1. 使用工具软件 SQLyog 的界面操作创建表结构

例 4.1 使用工具软件 SQLyog 的操作界面，在 XSCJ 数据库下创建一个“xsqk”的学生情况表，其表结构和列属性如表 4.4 所示。

表 4.4 学生情况表 xsqk

列　名	数据类型	长度（字节）	约　束		
			是否允许为空	默认值	主键约束
学号	char	10	×	无	主　键
姓名	varchar	10	×	无	
性别	char	2	×	男	
出生日期	date	3	×	无	
专业名	varchar	20	×	无	
所在系	varchar	20	×	无	
联系电话	char	11	√	无	
总学分	tinyint	1	√	无	
备注	varchar	50	√	无	

在 SQLyog 界面下的创建过程：

在“对象浏览器”窗口中展开 XSCJ 数据库，定位到“表”节点后单击鼠标右键，如图 4.2 所示。

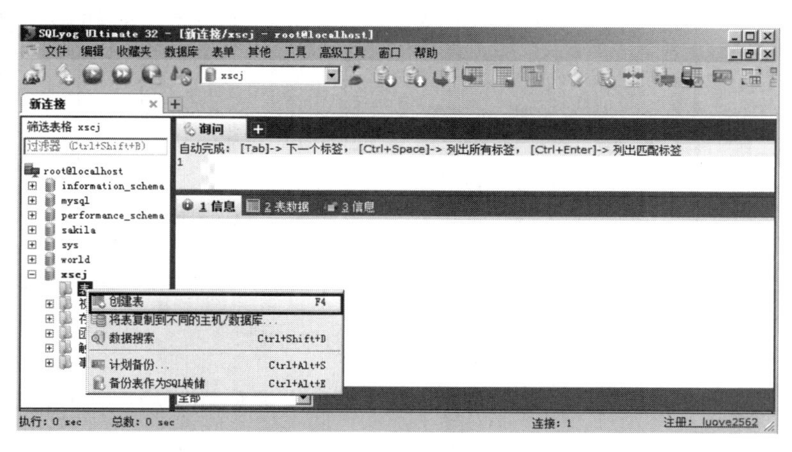

图 4.2 新建表的快捷菜单

在图 4.2 中，单击“创建表”命令，出现如图 4.3 所示的窗口。

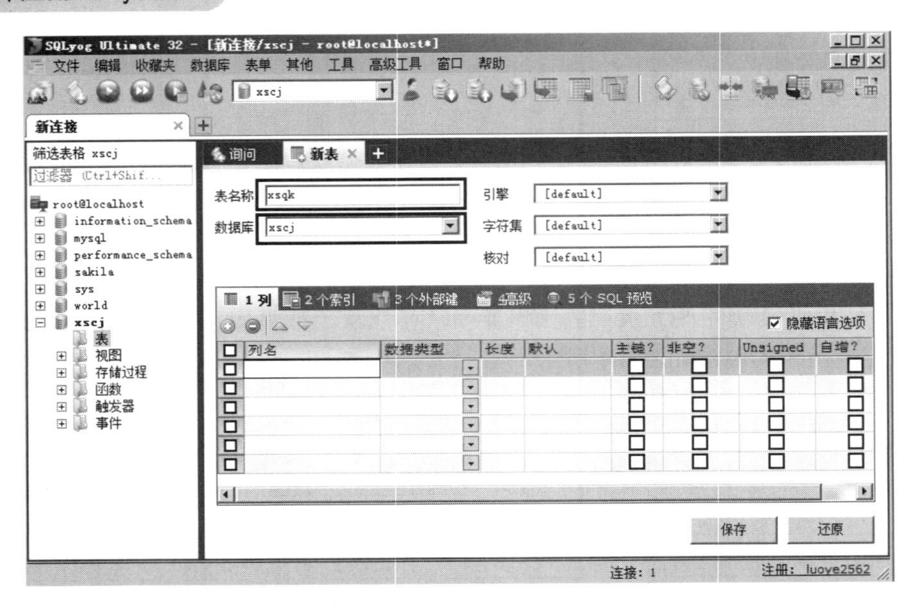

图 4.3　输入表名

在图 4.3 中，输入表的名称“xsqk”，并选择基于 XSCJ 数据库创建表。然后按表 4.4 所示的结构完成表结构的定义，定义完成后如图 4.4 所示。

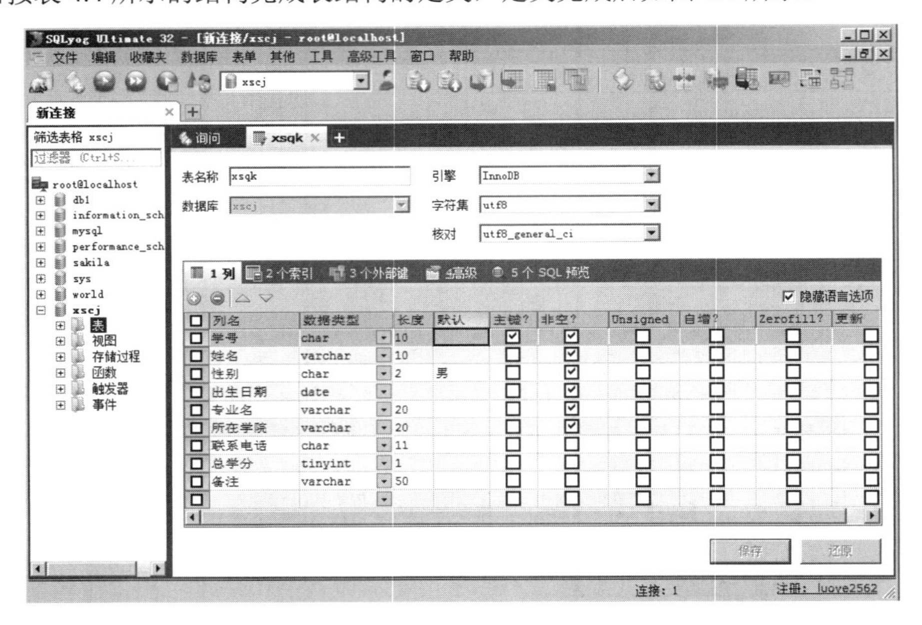

图 4.4　定义完成后的表结构

在图 4.4 定义表结构的过程中，其数据类型、长度、表属性及约束均参照表 4.4 所示来定义。在定义完表结构后，单击“保存”按钮，将表结构保存起来。

2. 在 Command line client 方式下定义表结构

在 Command line client 方式下定义表结构的语法如下：

```
CREATE TABLE table_name
```

```
(
    属性名 数据类型 [列约束条件] [默认值]
    属性名 数据类型 [列约束条件] [默认值]
    …
  [表约束条件]
  );
```

其中，CREATE TABLE 是创建表使用的关键字，table_name 参数表示所要创建的表名，在圆括号内是表的属性名及相应的数据类型，属性名在数据表中被称为字段名（列名），每列间用“,”分隔。

例 4.2 在 XSCJ 数据库中，创建一个名为 xs_kc1 的数据表，要求完成列的基本定义，其结构如表 4.5 所示。

表 4.5 xs_kc1 表的结构

列 名	数 据 类 型	长 度（字节）
学号	Char	10
课程号	Char	3
成绩	Tinyint	1
学分	Tinyint	1

创建 xs_kc1 数据表的 SQL 语句如下：

```
mysql> use xscj;
Database changed
mysql> create table xs_kc1(
    -> 学号 char(10),
    -> 课程号 char(3),
    -> 成绩 tinyint,
    -> 学分 tinyint);
Query OK, 0 rows affected (0.28 sec)
```

提示创建成功，可以用 SHOW TABLES 查看表是否已创建。

注意，在创建表之前，需要先选择数据库，否则会产生“ERROR 1046 (3D000): No database selected”的错误提示。另外，表名标识符要遵循第 3 章所述的“对象标识符的命名规则”。

4.2.3 表约束

一个数据库往往是由多个表组成的，如何实现表与表之间的关联关系、如何减少表数据在输入时的错误、如何防止非法数据的输入等，这些都可以通过建立表约束来实现。

如在图 4.4 的“学号”列上设置主键约束，这样就可以保证该列上不会出现空值和重复值；在表 4.5 的“学分”列上设置检查约束，保证输入学分在正确范围内等。通过表约束可以实现数据库中数据的一致性、完整性和有效性。

表约束包括主键约束、外键约束、非空约束、唯一性约束和默认约束。

1. 主键约束

主键是表中一列或多列的组合。主键用于唯一标识数据表中的一条记录。主键约束

（Primary Key Constraint）就是要求主键不能取空值，也不允许取重复值，主键约束对应的是实体完整性。主键结合外键后，可以定义不同数据表之间的关系，并且可以加快数据库查询的速度。在一个数据表中，只能定义一个主键，并且系统会自动为主键创建索引。

由表的一列组成的主键称为单字段主键，由表的多列组成的主键称为多字段联合主键。

（1）单字段主键

单字段主键的指定有两种方法，一种是在定义列的同时指定主键，另一种是在定义完所有列之后指定主键。

在定义列的同时指定主键的语法规则如下：

```
字段名 数据类型 primary key [默认值]
```

例 4.3 参照表 4.5 定义数据表 xs_kc1，要求指定“学号”列为主键。SQL 语句如下：

```
mysql> drop table if exists xs_kc1;
Query OK, 0 rows affected (0.28 sec)
```

先删除前面创建的表 xs_kc1，否则会提示表已存在。

```
mysql> create table xs_kc1(
    -> 学号 char(10) primary key,
    -> 课程号 char(3),
    -> 成绩 tinyint,
    -> 学分 tinyint);
Query OK, 0 rows affected (0.33 sec)
```

在定义完所有列之后指定主键的语法规则如下：

```
[CONSTRAINT <约束名> ] PRIMARY KEY [字段名]
```

完成例 4.3 的 SQL 语句如下：

```
mysql> drop table if exists xs_kc1;
Query OK, 0 rows affected (0.27 sec)
mysql> create table xs_kc1(
    -> 学号 char(10),
    -> 课程号 char(3),
    -> 成绩 tinyint,
    -> 学分 tinyint,
    -> constraint primary key(学号));
Query OK, 0 rows affected (0.41 sec)
```

（2）多字段联合主键

定义多字段联合主键的语法规则：

```
PRIMARY KEY [字段 1，字段 2，…字段 n]
```

例 4.4 参照表 4.5 定义数据表 xs_kc1，要求将“学号”“课程号”两列组成联合主键。SQL 语句如下：

```
mysql> drop table if exists xs_kc1;
Query OK, 0 rows affected (0.24 sec)
mysql> create table xs_kc1(
```

```
    -> 学号 char(10),
    -> 课程号 char(3),
    -> 成绩 tinyint,
    -> 学分 tinyint,
    -> constraint primary key(学号,课程号));
Query OK, 0 rows affected (0.52 sec)
```

多字段联合主键是指只有在定义完所有列之后指定联合主键的一种方式。

2. 外键约束

外键是指某个属性对本表来说，不是本表的主键或只是本表主键的一部分（本表主键是多字段联合主键的情况），但却是另外一个表的主键。

外键是用来在两个表的数据之间建立链接的一列或多列。一个表可以有一个或多个外键。外键对应的是参照完整性，用于保持数据的一致性和完整性。定义了外键之后，不允许删除另一个表中具有关联关系的行。一个表的外键可以为空值，如不为空值，则必须与另一个表中某个主键的值相同。

对于两个具有关联关系的表而言，主表是主键所在的表，从表是外键所在的表。当主表中的数据更新以后，从表中的数据也会自动更新。

如在数据库 XSCJ 建立的两个表：xsqk 表和 xs_kc1 表中，由于 xs_kc1 表的主键是由“学号”“课程号”组成的联合主键，而在 xsqk 表中，“学号”为主键，那么 xsqk 表和 xs_kc1 表就可以通过“学号”来建立起关联：xs_kc1 表的“学号”字段作为 xsqk 表的外键，xs_kc1 表为从表，xsqk 表为主表。

创建外键的语法规则：

```
[ CONSTRAINT <外键名>] FOREIGN KEY 字段名 1[，字段名 2，…]
REFERENCES <主表名> 主键列 1[，主键列 2…]
```

其中，“外键名”是定义的外键约束名；“字段名”是从表中定义为外键的列名；“主表名”是被从表所依赖的表名；“主键列”是主表中的主键列名。

例 4.5　在数据库 XSCJ 中，删除前面定义的 xs_kc1 表，然后参照表 4.5 定义数据表 xs_kc1，要求将“学号”和“课程号”两列组成联合主键，并将“学号”定义为外键，关联到 xsqk 表的主键“学号”。

SQL 语句如下：

```
mysql> drop table if exists xs_kc1;
Query OK, 0 rows affected (0.21 sec)
mysql> create table xs_kc1(
    -> 学号 char(10),
    -> 课程号 char(3),
    -> 成绩 tinyint,
    -> 学分 tinyint,
    -> constraint primary key(学号,课程号),
    -> constraint FK_xsqk_XH foreign key(学号) references xsqk(学号));
Query OK, 0 rows affected (0.53 sec)
```

注意，在进行外键关联时，需要确保从表的外键与主表的主键数据类型必须匹配，否则会出现错误：

```
mysql> create table xs_kc2(
    -> 学号 int,
    -> 课程号 char(3),
    -> 成绩 tinyint,
    -> 学分 tinyint,
    -> constraint primary key(学号,课程号),
    -> constraint FK_xsqk_XH foreign key(学号) references xsqk(学号));
ERROR 1215 (HY000): Cannot add foreign key constraint
```

在本表中定义的学号为 int 型，而在 xsqk 表中为 char(10)型，类型不匹配出错。

3. 非空约束

非空约束是指字段的值不能为空。对于指定了非空约束的字段，如果用户在添加数据时没有指定值，则数据库会报错。

空属性是声明该列的值在表中输入数据时可以不填，用 NULL 表示，如果不允许为空，则需要声明为 NOT NULL。

NULL 属性表示数值未知，不是零长度字符串，也不是数字 0，只表示没有输入其内容，可用于该列的值暂时未定，或不需要输入值的情况。

如果某列被定义为 NOT NULL 属性，但在表不插入数据时没有输入任何数据，则会弹出如下所示的错误。

```
mysql> use xscj
Database changed
mysql> INSERT INTO xsqk (学号,性别,出生日期,专业名,所在学院)VALUE('2016110405','1','2016-12-14','云计算','计算机学院')
 ERROR 1364 (HY000): Field '姓名' doesn't have a default value
```

这里产生了“ERROR 1364 (HY000): Field '姓名' doesn't have a default value”的提示，是由于在 xsqk 表中，姓名被定义为 NOT NULL，但这里在插入记录时，没有输入姓名，也没有缺省值。

4. 唯一性约束

用于保证列中不会出现重复的数据，在一个数据表上可以定义多个唯一性约束，定义了唯一性约束的列可以取空值。唯一性约束实现了实体完整性规则。

在 MySQL 中，主键约束和唯一性约束的区别是：唯一性约束的字段可以为 NULL，可以重复加入含有 NULL 的记录，但主键字段不能为 NULL；一个表中只能定义一个主键约束，但可以定义多个唯一性约束。

创建唯一性约束有两种方法，一种是在定义列之后立即指定唯一约束；另一种是在定义完所有列之后指定唯一约束。

在定义列之后立即指定唯一约束的语法规则：

```
字段名 数据类型 UNIQUE
```

例 4.6 以表 4.6 所示的结构，定义数据表 xsqk1，将姓名列指定为唯一。

表 4.6 xsqk 表的结构

列　名	数 据 类 型	长度（字节）	约　束
序号	int	4	
学号	char	10	主键
姓名	varchar	10	唯一

创建 xsqk1 数据表的 SQL 语句如下:

```
mysql> use xscj;
Database changed
mysql> create table xsqk1(
     -> 序号 int,
     -> 学号 char(10) primary key,
     -> 姓名 varchar(10) unique);
Query OK, 0 rows affected (0.34 sec)
```

在定义完所有列之后指定唯一约束的语法规则:

```
[CONSTRAINT  <约束名>] UNIQUE (<字段名>)
```

例 4.7 以表 4.6 的结构定义数据表 xsqk2，将姓名列指定为唯一。SQL 语句如下:

```
mysql> use xscj;
Database changed
mysql> create table xsqk2(
     -> 序号 int,
     -> 学号 char(10) primary key,
     -> 姓名 varchar(10),
     -> constraint UN_xsqk2_xm unique(姓名));
Query OK, 0 rows affected (0.37 sec)
```

5. 默认约束

默认约束用于指定某列的默认值。在 MySQL 的表中，可以给列设置默认值，如果某列已设置了默认值，用户在插入记录时，没有给该列输入数据，则系统自动将默认值填入该列。

定义默认约束的语法规则:

```
字段名 数据类型 DEFAULT 默认值
```

例 4.8 以表 4.7 所示的结构，定义 xsqk3 数据表，设置“性别”列的默认值为“男”。

表 4.7 xsqk3 表的结构

列　名	数 据 类 型	长　度（字节）	默 认 值	约　束
序号	int	4	无	
学号	char	10	无	主键
姓名	varchar	10	无	
性别	char	2	男	

创建 xsqk3 数据表的 SQL 语句如下:

```
mysql> use xscj;
Database changed
mysql> create table xsqk3(
    -> 序号 int,
    -> 学号 char(10) primary key,
    -> 姓名 varchar(10),
    -> 性别 char(2) default '男');
Query OK, 0 rows affected (0.30 sec)
```

4.2.4 设置表字段值自动增加

在数据表中，若想为表中插入的新记录自动生成唯一的编号，可以在表的主键上添加 AUTO_INCREMENT 关键字来实现。

使用 AUTO_INCREMENT 关键字的特点：

① 一个表只能有一个字段使用 AUTO_INCREMENT 关键字；

② 使用 AUTO_INCREMENT 关键字的字段是表的主键或主键的一部分；

③ AUTO_INCREMENT 关键字的字段可以是任务整数类型数据（Tinyint、Smallint、Int 和 Bigint）；

④ 默认情况下，AUTO_INCREMENT 关键字的字段的初始值为 1，每新增一条记录自动增加 1。

使用 AUTO_INCREMENT 关键字的语法规则：

```
字段名 数据类型 AUTO_INCREMENT
```

例 4.9 以表 4.8 所示结构，创建 xsqk4 数据表，设置序号列为自动增长。

表 4.8 xsqk4 数据表的结构

列　名	数 据 类 型	长度（字节）	自 动 增 长	约　束
序号	int	4	初值、增量均为 1	主键
姓名	varchar	10		
性别	char	2		

创建 xsqk4 数据表的 SQL 语句如下:

```
mysql> create table xsqk4(
    -> 序号 int primary key auto_increment,
    -> 姓名 varchar(10),
    -> 性别 char(2));
Query OK, 0 rows affected (0.35 sec)
```

在数据表 xsqk4 中，每增加一条记录，“序号”字段的值在添加记录后会自动增加，默认从 1 开始，每次递增 1。

4.2.5　表结构与表约束的综合定义

综合前面讲的表结构和表约束的定义方法，在 XSCJ 数据库中，用 Command line client 方式创建两张数据表：课程表 kc 和学生与课程表 xs_kc。

例 4.10　课程表 kc 的创建，按照如表 4.9 所示的结构创建课程表 kc。

表 4.9　课程表 kc 的表结构

列　名	数据类型	长　度（字节）	约　束		
			非空约束	默认值约束	主键约束
课程号	char	3	×	无	主键
课程名	varchar	20	×	无	
授课教师	varchar	10	√	无	
开课学期	tinyint	1	×	1	
学时	tinyint	1	×	无	
学分	tinyint	1	√	无	

在 XSCJ 中创建数据表 kc 的 SQL 语句如下:

```
mysql> use xscj
Database changed
mysql> create table kc(
    -> 课程号 char(3) primary key,
    -> 课程名 varchar(20) not null,
    -> 授课教师 varchar(10),
    -> 开课学期 tinyint not null default 1,
    -> 学时 tinyint not null,
    -> 学分 tinyint);
Query OK, 0 rows affected (0.33 sec)
```

例 4.11　学生课程表 xs_kc 的创建，按照如表 4.10 所示的结构创建学生课程表 xs_kc。

表 4.10　学生课程表 xs_kc 的表结构

列　名	数据类型	长　度（字节）	约　束			
			非空约束	默认值约束	主键约束	
学号	char	10	×	无	xsqk 表外键	联合主键
课程号	char	3	×	无	kc 表外键	
成绩	tinyint	1	√	无		
学分	tinyint	1	√	无		

在 XSCJ 中创建数据表 kc 的 SQL 语句如下:

```
mysql> use xscj
Database changed
mysql> create table xs_kc(
```

```
    -> 学号 char(10),
    -> 课程号 char(3),
    -> 成绩 tinyint,
    -> 学分 tinyint,
    -> primary key(学号,课程号),
    -> constraint FK_xskc_XH foreign key(学号) references xsqk(学号),
    -> constraint FK_xskc_KCH foreign key(课程号) references kc(课程号) );
Query OK, 0 rows affected (0.41 sec)
```

4.2.6 查看数据表结构

表结构创建完成后，为确保表的定义正确，可以查看表结构的定义。采用两种方式来查看，一种是通过工具软件的图形界面方查看；另一种是通过 MySQL Command line client 方式使用 DESCRIBE 和 SHOW CREATE TABLE 语句来查看。

通过工具软件 SQLyog 的图形界面方查看表结构，如图 4.4 所示的数据表 xsqk 结构。下面主要讲通过 MySQL Command line client 方式使用 DESCRIBE 和 SHOW CREATE TABLE 语句查看表结构的方法。

1. 通过 DESCRIBE 查看表基本结构

语法规则：

```
DESCRIBE 表名;
或 EDSC 表名;
```

例 4.12 通过 DESCRIBE 查看数据表 xs_kc 的基本结构，如图 4.5 所示。

```
mysql> desc xs_kc;
+--------+------------+------+-----+---------+-------+
| Field  | Type       | Null | Key | Default | Extra |
+--------+------------+------+-----+---------+-------+
| 学号   | char(10)   | NO   | PRI | NULL    |       |
| 课程号 | char(3)    | NO   | PRI | NULL    |       |
| 成绩   | tinyint(4) | YES  |     | NULL    |       |
| 学分   | tinyint(4) | YES  |     | NULL    |       |
+--------+------------+------+-----+---------+-------+
4 rows in set (0.02 sec)
```

图 4.5 查看数据表 xs_kc 的基本结构

各列的含义：“Field 列”是表 xs_kc 定义的字段名称；“Type 列”是字段类型及长度；“Null 列”表示某字段是否可以为空值；“Key 列”表示某字段是否为主键；“Default 列”表示该字段是否有缺省值；“Extra 列”表示某字段的附加信息。

2. 通过 SHOW CREATE TABLE 查看表详细结构

使用 SHOW CREATE TABLE 语句可以显示出创建表，使用的 SQL 语句以及所使用的存储引擎和字符编码，在加上参数“\G”之后，可以使所显示信息更加简洁。

```
SHOW CREATE TABLE 表名[\G];
```

例 4.13 使用 SHOW CREATE TABLE 查看数据表 xs_kc 的详细信息。

```
mysql> show create table xs_kc\G;
*************************** 1. row ***************************
```

```
        Table: xs_kc
Create Table: CREATE TABLE 'xs_kc' (
  '学号' char(10) NOT NULL,
  '课程号' char(3) NOT NULL,
  '成绩' tinyint(4) DEFAULT NULL,
  '学分' tinyint(4) DEFAULT NULL,
  PRIMARY KEY ('学号', '课程号'),
  KEY 'FK_xskc_KCH' ('课程号'),
  CONSTRAINT 'FK_xskc_KCH' FOREIGN KEY ('课程号') REFERENCES 'kc' ('课程号'),
  CONSTRAINT 'FK_xskc_XH' FOREIGN KEY ('学号') REFERENCES 'xsqk' ('学号')
) ENGINE=InnoDB DEFAULT CHARSET=utf8
1 row in set (0.00 sec)
```

通过以上两个查看命令的应用可见，它们的侧重点是不一样的，如果是查询表的基本结构，用 DESCRIBE 命令；如果是查看表创建时使用的语句以及存储引擎和字符编码，用 SHOW CREATE TABLE 命令。

4.3　表的修改

表的修改是对已定义的数据表结构的修改，修改表的操作包括：表名、字段名、字段数据类型、增加字段、删除字段、字段排列位置、外键约束以及表的存储引擎等。

表的修改可以在工具软件（如 SQLyog）中使用图形界面方式来完成，但对于 MySQL 的高级用户来说，则需要掌握命令行方式来完成.

下面先讲采用命令方式来实现表的各种修改操作，然后再讲通过工具软件 SQLyog 来实现对表的修改。

4.3.1　修改表名

修改表名的语法规则：

```
ALTER TABLE <旧表名> RENAME [TO] <新表名>;
```

例 4.14　将 XSCJ 数据库中的数据表 xsqk1 改名为 xsqk5。

在修改表名之前，先查看在 XSCJ 数据库中有哪些表，如图 4.6 所示。

使用 SQL 语句修改字段：

```
mysql> alter table xsqk1 rename xsqk5;
Query OK, 0 rows affected (0.26 sec)
```

然后再查看修改表名后的表，如图 4.7 所示。

比较图 4.6 和图 4.7 所列的数据表名可见，修改表名成功。

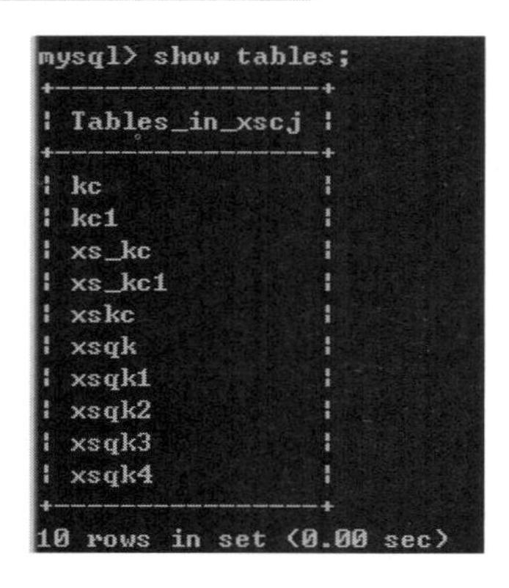

```
mysql> show tables;
+----------------+
| Tables_in_xscj |
+----------------+
| kc             |
| kc1            |
| xs_kc          |
| xs_kc1         |
| xskc           |
| xsqk           |
| xsqk1          |
| xsqk2          |
| xsqk3          |
| xsqk4          |
+----------------+
10 rows in set (0.00 sec)
```

图 4.6　修改之前的表名

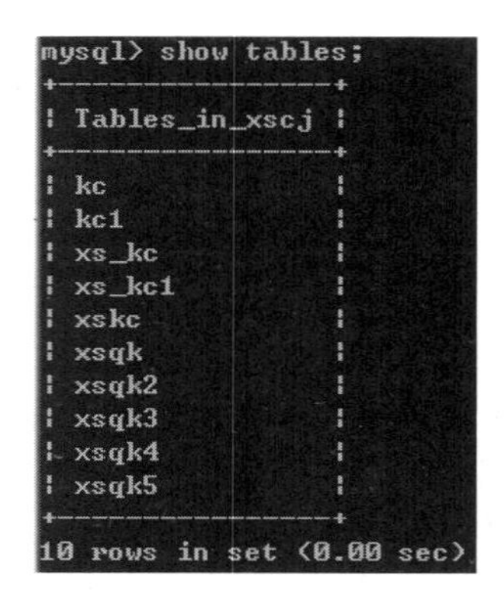

```
mysql> show tables;
+----------------+
| Tables_in_xscj |
+----------------+
| kc             |
| kc1            |
| xs_kc          |
| xs_kc1         |
| xskc           |
| xsqk           |
| xsqk2          |
| xsqk3          |
| xsqk4          |
| xsqk5          |
+----------------+
10 rows in set (0.00 sec)
```

图 4.7　修改之后的表名

4.3.2　修改字段名

修改字段名的语法规则：

```
ALTER TABLE <表名> CHANGE <原字段名> <新字段名> <新数据类型>;
```

其中“原字段名”指要修改的字段名，“新字段名”是修改后的字段名，“新数据类型”是指修改后字段的数据类型，如果数据类型没有修改，也需要加上原数据类型，不能为空。

例 4.15　将 xs_kc 表中的“课程号”字段名改为“课程编号”，数据类型不变。

在修改表名之前，先查看在数据表 xs_kc 的表基本结构，如图 4.8 所示。

```
mysql> desc xs_kc;
+----------+------------+------+-----+---------+-------+
| Field    | Type       | Null | Key | Default | Extra |
+----------+------------+------+-----+---------+-------+
| 学号     | char(10)   | NO   | PRI | NULL    |       |
| 课程号   | char(3)    | NO   | PRI | NULL    |       |
| 成绩     | tinyint(4) | YES  |     | NULL    |       |
| 学分     | tinyint(4) | YES  |     | NULL    |       |
+----------+------------+------+-----+---------+-------+
4 rows in set (0.00 sec)
```

图 4.8　修改字段名前的表结构

使用 SQL 语句修改字段名：

```
mysql> alter table xs_kc change 课程编号 课程号 char(3);
Query OK, 0 rows affected (0.12 sec)
```

然后再查看修改后的表基本结构，如图 4.9 所示。

```
mysql> desc xs_kc;
+------------+------------+------+-----+---------+-------+
| Field      | Type       | Null | Key | Default | Extra |
+------------+------------+------+-----+---------+-------+
| 学号       | char(10)   | NO   | PRI | NULL    |       |
| 课程编号   | char(3)    | NO   | PRI | NULL    |       |
| 成绩       | tinyint(4) | YES  |     | NULL    |       |
| 学分       | tinyint(4) | YES  |     | NULL    |       |
+------------+------------+------+-----+---------+-------+
4 rows in set (0.00 sec)
```

图 4.9　修改字段名后的表结构

对比图 4.7 和图 4.8 的 Field 列可见，“课程号”列名已改为“课程编号”。

4.3.3　修改字段数据类型

修改字段数据类型的语法规则：

```
ATLTER TABLE <表名> MODIFY <字段名> <数据类型>
```

这里的“数据类型”是指修改后的数据类型。

例 4.16　将数据表 xs_kc 中的学分字段的数据类型改为 Int 型。

```
mysql> alter table xs_kc modify 学分 int;
Query OK, 0 rows affected (0.77 sec)
```

然后再查看修改后的表基本结构，如图 4.10 所示。

```
mysql> desc xs_kc;
+----------+------------+------+-----+---------+-------+
| Field    | Type       | Null | Key | Default | Extra |
+----------+------------+------+-----+---------+-------+
| 学号     | char(10)   | NO   | PRI | NULL    |       |
| 课程编号 | char(3)    | NO   | PRI | NULL    |       |
| 成绩     | tinyint(4) | YES  |     | NULL    |       |
| 学分     | int(11)    | YES  |     | NULL    |       |
+----------+------------+------+-----+---------+-------+
4 rows in set (0.00 sec)
```

图 4.10　修改字段类型后的表结构

对比图 4.9 和图 4.10 的 Type 列可见，“学分”的数据类型已修改。

4.3.4　添加字段

添加字段的语法规则：

```
ALTER TABLE <表名> ADD <新字段名> <数据类型> [约束条件]
[FIRST] [AFTER 原有字段名]
```

其中，“FIRST”“AFTER 原有字段名”为可选参数，“FIRST”表示新加字段为表的第一个字段，“AFTER 原有字段名”表示在指定字段后添加新字段，如果这两个参数均缺省，则表示在所有字段之后添加新字段。

例 4.17　在数据表 xs_kc 的“课程编号”字段后新加一个名为“课程名称”的字段，要求数据类型为 varchar(20)，且不能取空值。

```
mysql> alter table xs_kc add 课程名称 varchar(20) not null after 课程编号;
Query OK, 0 rows affected (0.84 sec)
```

然后再查看修改后的表基本结构，如图 4.11 所示。

```
mysql> desc xs_kc;
+----------+-------------+------+-----+---------+-------+
| Field    | Type        | Null | Key | Default | Extra |
+----------+-------------+------+-----+---------+-------+
| 学号     | char(10)    | NO   | PRI | NULL    |       |
| 课程编号 | char(3)     | NO   | PRI | NULL    |       |
| 课程名称 | varchar(20) | NO   |     | NULL    |       |
| 成绩     | tinyint(4)  | YES  |     | NULL    |       |
| 学分     | int(11)     | YES  |     | NULL    |       |
+----------+-------------+------+-----+---------+-------+
5 rows in set (0.00 sec)
```

图 4.11　添加字段后的表结构

对比图 4.10 和图 4.11 可见，“课程名称”字段已添加到“课程编号”之后。

4.3.5 删除字段

删除字段的语法规则：

```
ALTER TABLE <表名> DROP <字段名>;
```

例 4.18 删除 xs_kc 表中的“课程名称”字段。

```
mysql> alter table xs_kc drop 课程名称;
Query OK, 0 rows affected (0.56 sec)
```

然后再查看删除字段后表的基本结构，如图 4.12 所示。

```
mysql> desc xs_kc;
+----------+------------+------+-----+---------+-------+
| Field    | Type       | Null | Key | Default | Extra |
+----------+------------+------+-----+---------+-------+
| 学号     | char(10)   | NO   | PRI | NULL    |       |
| 课程编号 | char(3)    | NO   | PRI | NULL    |       |
| 成绩     | tinyint(4) | YES  |     | NULL    |       |
| 学分     | int(11)    | YES  |     | NULL    |       |
+----------+------------+------+-----+---------+-------+
4 rows in set (0.00 sec)
```

图 4.12 删除字段后表的基本结构

对比图 4.11 和图 4.12 可见，“课程名称”字段已被删除了。

4.3.6 改变字段排列顺序

字段的排列位置由创建时字段录入的先后顺序所确定，但这个顺序是可以改变的。改变字段排列位置的语法规则：

```
ALTER TABLE <表名>  MODIFY <字段 1><数据类型> FIRST | AFTER <字段 2>;
```

其中，“字段 1”“数据类型”表示要修改的字段及数据类型，“FIRST”为可选参数，指将“字段 1”改变位置到其他字段之前；“AFTER”“字段 2”是指将“字段 1”改变到“字段 2”之后。

例 4.19 将 xs_kc 表中的“学号”字段排列到“课程编号”的后面。

```
mysql> alter table xs_kc modify 学号 char(10) after 课程编号;
Query OK, 0 rows affected (0.78 sec)
```

然后再查看改变字段排列顺序后表的基本结构，如图 4.13 所示。

```
mysql> desc xs_kc;
+----------+------------+------+-----+---------+-------+
| Field    | Type       | Null | Key | Default | Extra |
+----------+------------+------+-----+---------+-------+
| 课程编号 | char(3)    | NO   | PRI | NULL    |       |
| 学号     | char(10)   | NO   | PRI | NULL    |       |
| 成绩     | tinyint(4) | YES  |     | NULL    |       |
| 学分     | int(11)    | YES  |     | NULL    |       |
+----------+------------+------+-----+---------+-------+
4 rows in set (0.00 sec)
```

图 4.13 改变字段排列顺序后表的基本结构

对比图 4.12 和图 4.13 可见，字段顺序已被改变。

4.3.7　删除外键约束

表的外键约束一旦删除，则会解除主表和从表间的关联关系，删除外键约束的语法规则：

```
ALTER TABLE <表名>    DROP FOREIGN KEY <外键约束名>
```

其中，“外键约束名”是定义外键时所命的名称。

例 4.20　删除数据库 XSCJ 中的 xs_kc2 表中的外键约束。

在删除外键约束之前先查看 xs_kc2 表中所定义的外键约束名：

```
mysql> show create table xs_kc2\G;
*************************** 1. row ***************************
       Table: xs_kc2
Create Table: CREATE TABLE 'xs_kc2' (
  '学号' char(10) NOT NULL,
  '课程号' char(3) NOT NULL,
  '成绩' tinyint(4) DEFAULT NULL,
  '学分' tinyint(4) DEFAULT NULL,
  PRIMARY KEY ('学号', '课程号'),
  KEY 'FK_xskc_KCH2' ('课程号'),
  CONSTRAINT 'FK_xskc_KCH2' FOREIGN KEY ('课程号') REFERENCES 'kc' ('课程号'),
  CONSTRAINT 'FK_xskc_XH2' FOREIGN KEY ('学号') REFERENCES 'xsqk' ('学号')
) ENGINE=InnoDB DEFAULT CHARSET=utf8
1 row in set (0.00 sec)
```

可见，xs_kc2 表中定义有两个外键：FK_xskc_KCH2 和 FK_xskc_XH2。

```
mysql> alter table xs_kc2 drop foreign key FK_xskc_XH2;
Query OK, 0 rows affected (0.16 sec)
mysql> alter table xs_kc2 drop foreign key FK_xskc_KCH2;
Query OK, 0 rows affected (0.14 sec)
```

然后再查看在删除外键约束之后 xs_kc2 表的定义：

```
mysql> show create table xs_kc2\G;
*************************** 1. row ***************************
       Table: xs_kc2
Create Table: CREATE TABLE 'xs_kc2' (
  '学号' char(10) NOT NULL,
  '课程号' char(3) NOT NULL,
  '成绩' tinyint(4) DEFAULT NULL,
  '学分' tinyint(4) DEFAULT NULL,
  PRIMARY KEY ('学号', '课程号')
) ENGINE=InnoDB DEFAULT CHARSET=utf8
1 row in set (0.00 sec)
```

可见，xs_kc2 的外键约束已删除。

4.3.8　更改表的存储引擎

在3.4.6节中讲了不同存储引擎的特点和用途，MySQL数据库中需要使用不同的存储引擎。在4.3.7节中可以看到，表“xs_kc2”的存储引擎是“InnoDB”，如果需要修改为“MyISAM”，除了通过修改MySQL数据库管理系统的配置文件my.ini外，还可以使用SQL语句来修改。

更改表存储引擎的语法规则：

```
ALTER TABLE <表名> ENGINE=<存储引擎名>;
```

例4.21　将xs_kc2表的存储引擎改为MyISAM。

```
mysql> alter table xs_kc2 engine=myisam;
Query OK, 0 rows affected (0.51 sec)
Records: 0    Duplicates: 0    Warnings: 0
```

然后再查看修改存储引擎之后xs_kc2表的定义：

```
mysql> show create table xs_kc2\G;
*************************** 1. row ***************************
          Table: xs_kc2
Create Table: CREATE TABLE 'xs_kc2' (
   '学号' char(10) NOT NULL,
   '课程号' char(3) NOT NULL,
   '成绩' tinyint(4) DEFAULT NULL,
   '学分' tinyint(4) DEFAULT NULL,
   PRIMARY KEY ('学号', '课程号')
   ) ENGINE=MyISAM DEFAULT CHARSET=utf8
1 row in set (0.00 sec)
```

可见，存储引擎已改变成为MyISAM了。

4.3.9　使用工具软件SQLyog修改表

下面以数据库XSCJ中的数据表xs_kc2为例介绍如何使用工具软件SQLyog修改表。

在表xs_kc2上单击鼠标右键，在弹出的快捷菜单中选择“改变表”命令，如图4.14所示。单击该命令后，弹出如图4.15所示的界面。

可以对数据表进行各种操作，包括增加字段、删除字段、改变字段顺序、字段重命名、修改数据类型、字段长度、设置默认值、主键约束、非空约束和自增字段等，如图4.16所示。

选择“3个外部键”选项，用于设置外键约束，如图4.17所示。在“约束名”下输入外键约束名，这里输入“FK_xskc_XH1”；在引用列下选择作为外键的字段，这里选择“学号”字段；引用数据库默认为当前数据库XSCJ。然后在引用表下选择主键所在的表“xsqk2”和主键字段“学号”，如图4.18所示。

继续添加外键约束“FX_xskc_kch”，添加完成后单击“保存”按钮，如图4.19所示。

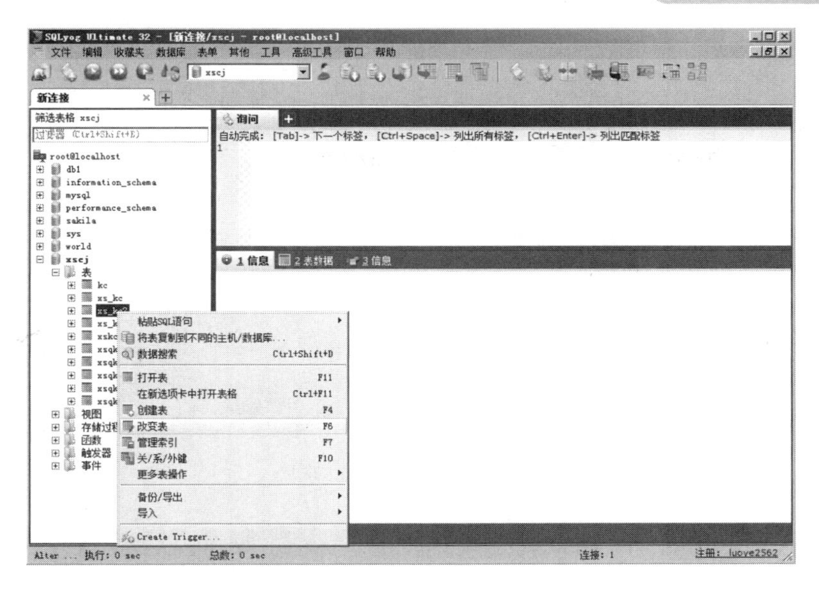

图 4.14　选择“改变表”命令

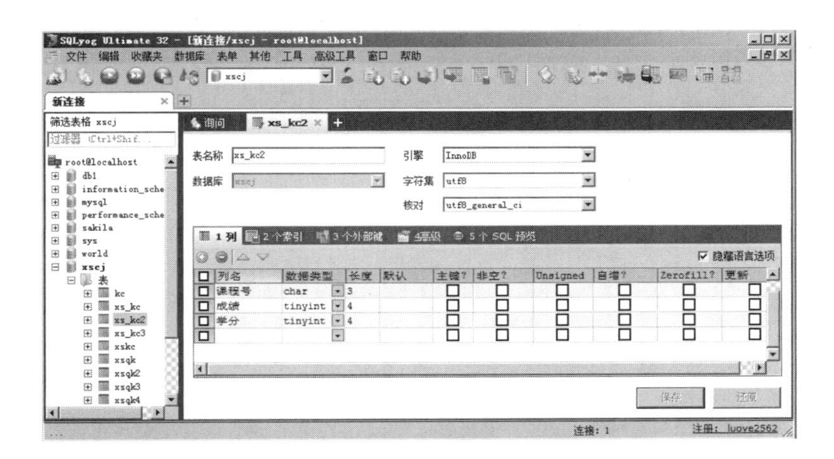

图 4.15　改变表的初始界面

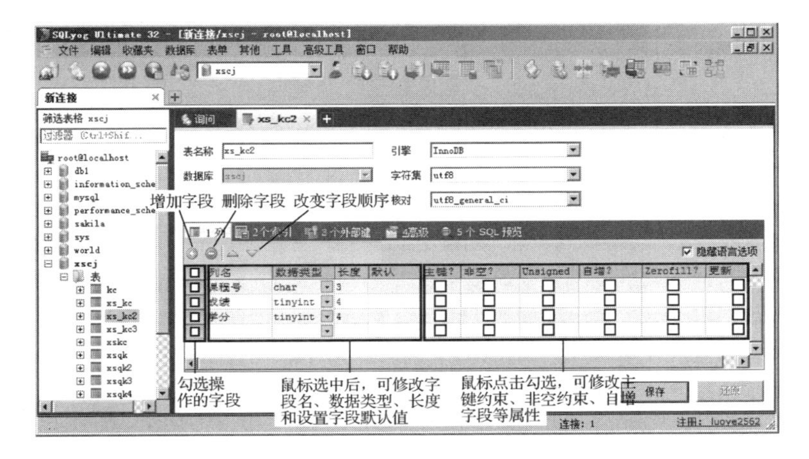

图 4.16　表的修改操作

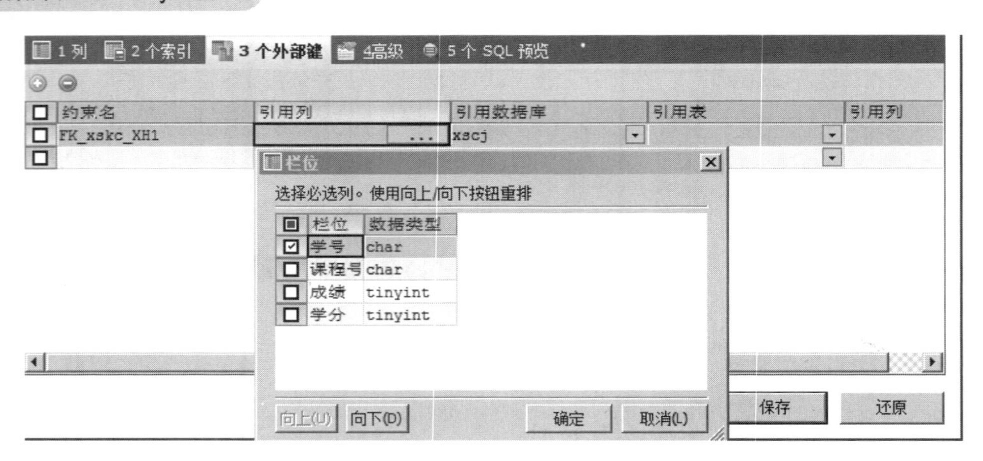

图 4.17　设置外键约束

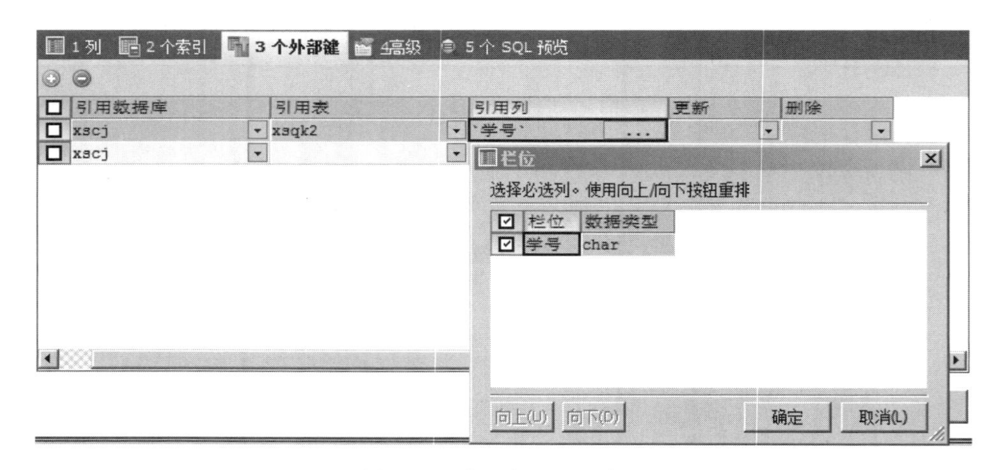

图 4.18　选主表和主键字段

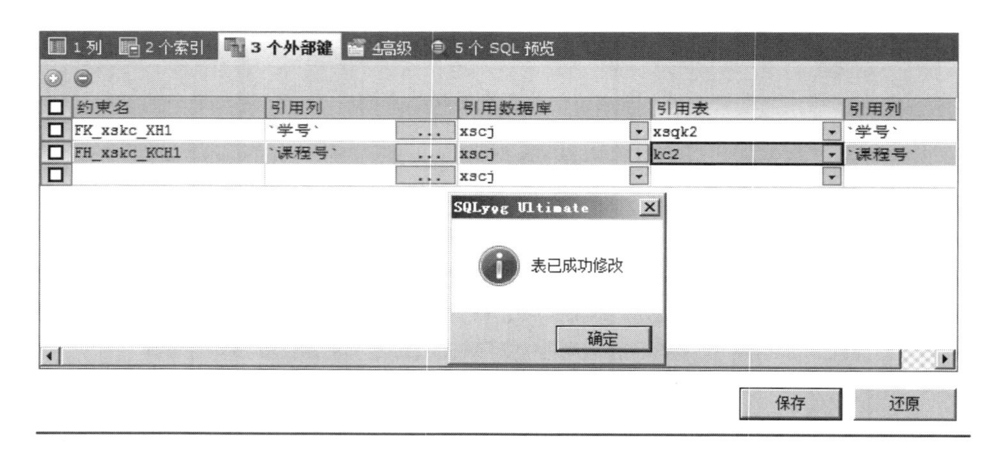

图 4.19　添加外键约束

在图 4.19 中，单击“确定”按钮，完成对外键约束的添加。通过以上的操作，可以很方便地完成对表修改和表约束的设置。

4.4　表的删除

将表从数据库中删除时，表的定义结构和表中的数据都会被删除，因此在删除前需要对表中的数据进行备份。

4.4.1　使用命令行方式删除表

删除数据表的语法规则：

```
DROP TABLE [IF EXISTS] 表 1，表 2，…;
```

其中，“IF EXISTS”参数用于判断后面所列的表（要删除的表）是否存在，如果后面所列的表不存在本 SQL 语句也可以顺利执行，会有警告提示，但如果没加上“IF EXISTS”参数，则会产生错误提示。

例 4.22　删除 XSCJ 数据库中的 xs_kc1 和 xs_kc4 表其中 XSCJ 数据库中不存在 xs_kc4 表。

先查看 XSCJ 据数库中有哪些表，如图 4.20 所示。

再使用 SQL 语句删除表：

```
mysql> drop table xs_kc1,xs_kc4;
ERROR 1051 (42S02): Unknown table 'xscj.xs_kc4'
```

由于没加上“IF EXISTS”参数则产生了错误提示（注意：xs_kc1 表已删除）。如果在删除表的 SQL 语句中加上“IF EXISTS”参数：

```
mysql> drop table if exists xs_kc1,xs_kc4;
Query OK, 0 rows affected, 1 warning (0.25 sec)
```

SQL 语句被顺利执行，但有警告提示产生。再次查看 XSCJ 据数库中的表，如图 4.21 所示。

```
mysql> show tables;
+----------------+
| Tables_in_xscj |
+----------------+
| kc             |
| kc1            |
| xs_kc          |
| xs_kc1         |
| xs_kc2         |
| xs_kc3         |
| xskc           |
| xsqk           |
| xsqk2          |
| xsqk3          |
| xsqk4          |
| xsqk5          |
+----------------+
12 rows in set (0.00 sec)
```

图 4.20　XSCJ 数据库中已存在的表

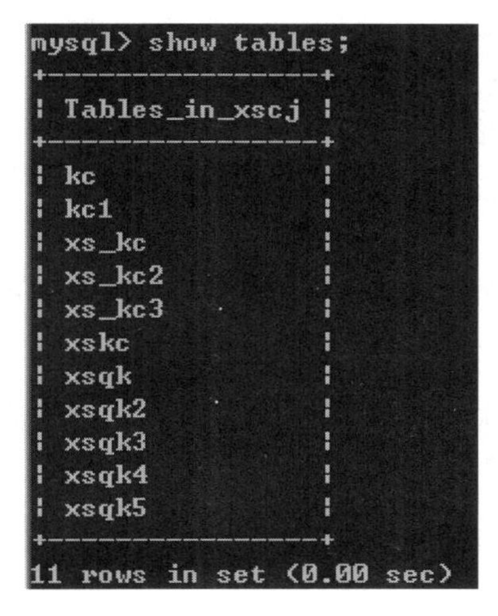

图 4.21　XSCJ 据数库中剩余的表

可见，在 XSCJ 数据库中，xs_kc1 表已被删除。

例 4.23 删除被关联的主表。

先查看 XSCJ 数据库中的表 kc1 的定义。

```
mysql> show create table kc1\G;
*************************** 1. row ***************************
       Table: kc1
Create Table: CREATE TABLE 'kc1' (
  '课程号' char(3) NOT NULL,
  '课程名' varchar(20) NOT NULL,
  '授课教师' varchar(10) DEFAULT NULL,
  '开课学期' tinyint(4) NOT NULL DEFAULT '1',
  '学时' tinyint(4) NOT NULL,
  '学分' tinyint(4) DEFAULT NULL,
  PRIMARY KEY ('课程号')
) ENGINE=InnoDB DEFAULT CHARSET=utf8
1 row in set (0.00 sec)
```

该表中“课程号”为该表主键。创建数据表 xs_kc4,使 xs_kc4 中的“课程号”列作为外键关联到主表 kc1 的“课程号”列。

```
mysql> create table xs_kc4(
    -> 学号 char(10),
    -> 课程号 char(3),
    -> 成绩 tinyint,
    -> 学分 tinyint,
    -> primary key(学号,课程号),
    -> constraint FK_xskc_KCH4 foreign key(课程号) references kc1(课程号) );
Query OK, 0 rows affected (0.36 sec)
```

然后，删除被关联的主表 kc1。

```
mysql> drop table kc1;
ERROR 1217 (23000): Cannot delete or update a parent row: a foreign key constraint fails
```

可见，当有两个表存在外键约束时，作为主表是不能被直接删除的，需要先解除外键约束后才能删除。

```
mysql> alter table xs_kc4 drop foreign key FK_xskc_KCH4;
Query OK, 0 rows affected (0.14 sec)
Records: 0  Duplicates: 0  Warnings: 0
```

删除外键约束后，再删除原主表 kc1:

```
mysql> drop table kc1;
Query OK, 0 rows affected (0.23 sec)
```

最后查看数据库 XSCJ 中的表还有哪些，结果如图 4.22 所示：

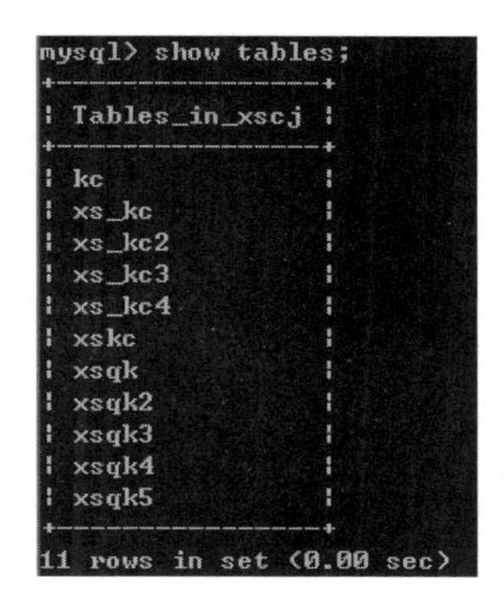

图 4.22　查看数据库 XSCJ 中的剩余表

可见，数据库 XSCJ 中的 kc1 表已被删除。

4.4.2　使用工具软件 SQLyog 删除表

在工具软件 SQLyog 中删除表的方法非常简单，在“对象浏览器”窗口中，用鼠标右键单击要删除的用户表 xs_kc4，在弹出的快捷菜单出选择“更多表操作”→“从数据库删除表”，如图 4.23 所示。

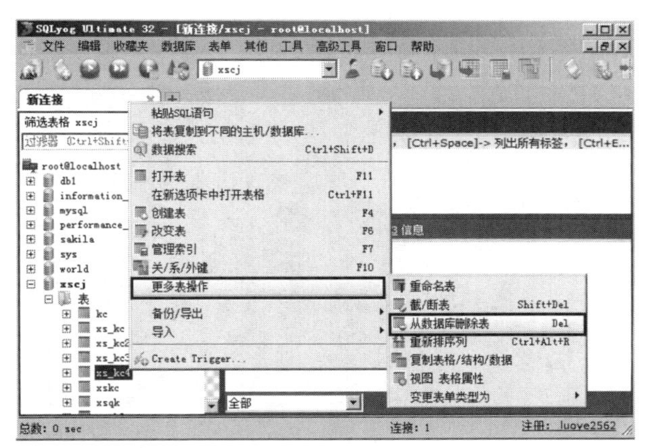

图 4.23　删除表

然后确认是否删除，如图 4.24 所示。单击“是”按钮确认删除后，如图 4.25 所示，xs_kc4 表已被删除。

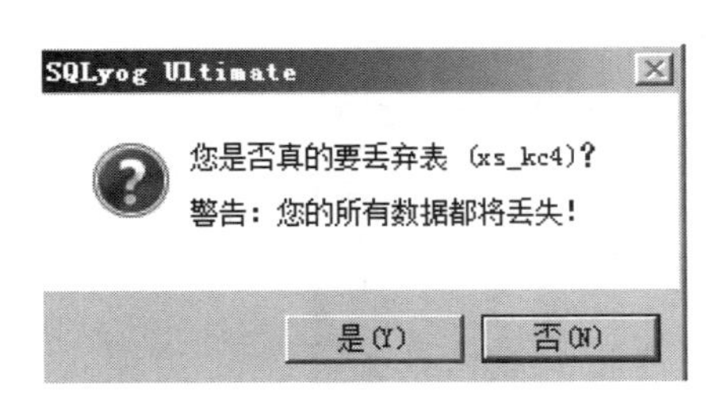

图 4.24　删除确认

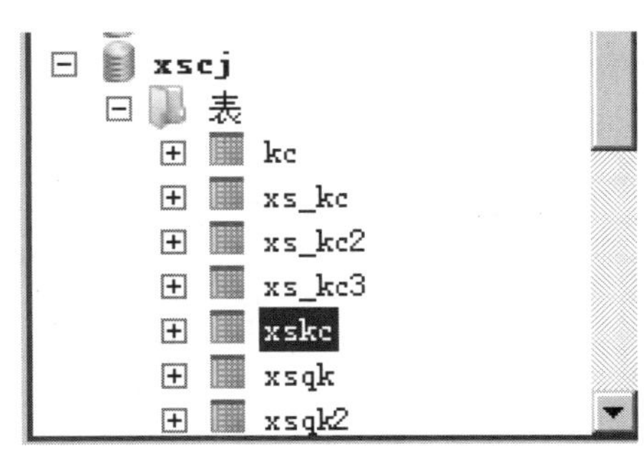

图 4.25　表删除成功

4.5 表数据操作

在创建完表的结构以后，就可以向表中添加数据了。本节主要讲述表数据的添加、更新和删除操作。

4.5.1 在 Command line client 模式下添加数据

在 Command line client 模式下向表中添加数据有三种方式：向表中的所有字段添加数据、向表中指定的字段添加数据、同时向表中添加多条记录。

1. 向表中的所有字段添加数据

向表中添加数据时，使用的是 INSERT 语句来实现，其语法规则是：

```
INSERT INTO 表名（字段名 1,字段名 2,…）
        VALUES(值 1,值 2,…);
```

其中，“字段名 1，字段名 2,…”是数据表中的字段名称，此处需列出表中所有字段的名称；“值 1,值 2,…”是每个字段的值，每个值的顺序和类型必须与对应字段相一致。

例 4.24 向数据库 XSCJ 中的 xsqk2 表添加数据。

先查看一下 xsqk2 表的结构，如图 4.26 所示。

```
mysql> use xscj;
Database changed
mysql> desc xsqk2;
+----------+-------------+------+-----+---------+-------+
| Field    | Type        | Null | Key | Default | Extra |
+----------+-------------+------+-----+---------+-------+
| 学号     | char(10)    | NO   | PRI | NULL    |       |
| 姓名     | varchar(10) | NO   |     | NULL    |       |
| 性别     | char(2)     | NO   |     | 男      |       |
| 出生日期 | date        | NO   |     | NULL    |       |
| 专业名   | varchar(20) | NO   |     | NULL    |       |
| 所在学院 | varchar(20) | NO   |     | NULL    |       |
| 联系电话 | char(11)    | YES  |     | NULL    |       |
| 总学分   | tinyint(1)  | YES  |     | NULL    |       |
| 备注     | varchar(50) | YES  |     | NULL    |       |
+----------+-------------+------+-----+---------+-------+
9 rows in set (0.00 sec)
```

图 4.26 xsqk2 表结构

根据 xsqk2 结构添加表数据：

```
mysql> insert into xsqk2(学号,姓名,性别,出生日期,专业名,所在学院,联系电话,总学分,备注)
    -> values('2016030101','王强','男','19980406','云计算','计算机学院','13555652224',null,null);
Query OK, 1 row affected (0.11 sec)
```

表数据添加成功后，可用 SQL 语句查看 xsqk2 表中的数据，如图 4.27 所示：

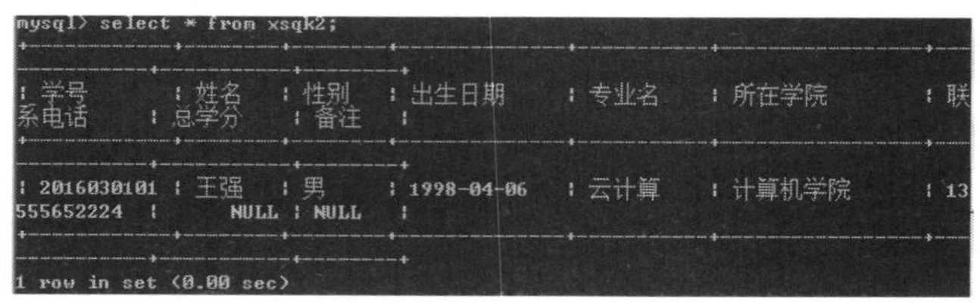

图 4.27 查看 xsqk2 表数据

可见，在 xsqk2 表中成功添加了一条记录，关于使用 Select 查询语句的方法，将在第 5 章讲述。注意，在使用 INSERT 语句添加记录时，表名后的字段顺序可以与表结构中的顺序不一致，只要求 VALUES 中值的顺序与 INSERT 语句中所列的顺序一致即可。

如果向表中所有字段添加数据时，在 INSERT 语句中可以不指定字段名，其语法规则是：

```
INSERT INTO 表名 VALUES(值 1，值 2…);
```

例 4.25 向数据库 XSCJ 中的 kc2 表添加数据。

先查看一下 kc2 表的结构，如图 4.28 所示。

```
mysql> desc kc2;
+----------+-------------+------+-----+---------+-------+
| Field    | Type        | Null | Key | Default | Extra |
+----------+-------------+------+-----+---------+-------+
| 课程号   | char(3)     | NO   | PRI | NULL    |       |
| 课程名   | varchar(20) | NO   |     | NULL    |       |
| 授课教师 | varchar(10) | YES  |     | NULL    |       |
| 开课学期 | tinyint(4)  | NO   |     | NULL    |       |
| 学时     | tinyint(4)  | NO   |     | NULL    |       |
| 学分     | tinyint(4)  | YES  |     | NULL    |       |
+----------+-------------+------+-----+---------+-------+
6 rows in set (0.00 sec)
```

图 4.28 kc2 表结构

根据 kc2 表的结构添加表数据：

```
mysql> insert into kc2 values('101','计算机文化基础','李平',1,48,3);
Query OK, 1 row affected (0.14 sec)
```

表数据添加成功后，可用 SQL 语句查看 kc2 表中的数据，如图 4.29 所示。

```
mysql> select * from kc2;
+--------+----------------+----------+----------+------+-----
----+
| 课程号 | 课程名         | 授课教师 | 开课学期 | 学时 | 学
分  |
+--------+----------------+----------+----------+------+-----
----+
| 101    | 计算机文化基础 | 李平     |        1 |   48 |
   3 |
+--------+----------------+----------+----------+------+-----
----+
1 row in set (0.00 sec)
```

图 4.29 查看 kc2 表数据

2. 向表中指定的字段添加数据

向表中指定字段添加数据时，可以使用 INSERT 语句来实现，其语法规则是：

```
INSERT INTO 表名（字段名 1,字段名 2,…）
        VALUES(值 1,值 2,…);
```

其中，“字段名 1，字段名 2,…”是数据表中的部分字段名称；“值 1,值 2,…”是每个字段的值，每个值的顺序和类型必须与对应字段相一致，需要注意的是，有缺省值约束的列除外（可以不添加数据，由系统赋予用户设定的缺省值），添加数据时所指定的字段必须包含所有不能取空值的列。另外，添加数据时要保证参照完整性规则。

例 4.26 向数据库 XSCJ 中的 xs_kc2 表添加数据。

先查看一下 xs_kc2 表的结构，如图 4.30 所示。

```
mysql> desc xs_kc2;
+--------+------------+------+-----+---------+-------+
| Field  | Type       | Null | Key | Default | Extra |
+--------+------------+------+-----+---------+-------+
| 学号   | char(10)   | NO   | PRI | NULL    |       |
| 课程号 | char(3)    | NO   | PRI | NULL    |       |
| 成绩   | tinyint(4) | YES  |     | NULL    |       |
| 学分   | tinyint(4) | YES  |     | NULL    |       |
+--------+------------+------+-----+---------+-------+
4 rows in set (0.06 sec)
```

图 4.30　xs_kc2 的表结构

根据 xs_kc2 结构添加表数据，由于“成绩”和“学分”两列可以取空值，在此只添加“学号”、“课程号”和“成绩”三列的值：

```
mysql> insert into xs_kc2(学号,课程号,成绩)
    -> values('2016030102','102',null);
ERROR 1452 (23000): Cannot add or update a child row: a foreign key constraint fails ('xscj'.'xs_kc2', CONSTRAINT 'FK_xskc_XH1' FOREIGN KEY ('学号') REFERENCES
'xsqk' ('学号'))
```

产生了外键参照错误，在图 4.18 中可见，xs_kc2 作为从表，其“学号”是主表 xsqk2 的主键“学号”的外键，“课程号”是主表 kc2 的主键“课程号”的外键，由于主表 xsqk2 的主键“学号”和主表 kc2 的主键“课程号”均不存在本次添加的值，则产生了参照完整性错误。

下面重新向表 xs_kc2 添加数据：

```
mysql> insert into xs_kc2 (学号,课程号,成绩)
    -> values('2016030101','101',null);
Query OK, 1 row affected (0.09 sec)
```

可见，在满足参照完整性规则的条件下才能正确添加数据。

表数据添加成功后，可用 SQL 语句查看 xs_kc2 表中的数据，如图 4.31 所示。

```
mysql> select * from xs_kc2;
+------------+--------+------+------+
| 学号       | 课程号 | 成绩 | 学分 |
+------------+--------+------+------+
| 2016030101 | 101    | NULL | NULL |
+------------+--------+------+------+
1 row in set (0.00 sec)
```

图 4.31　查看 xs_kc2 表数据

3. 同时向表中添加多条记录

向表中一次添加多条记录在实际应用中经常用到，添加记录时只是值在变化，这样可以简化 SQL 语句，提高记录添加效率。其语法规则是：

```
INSERT INTO table_name[字段 1，字段 2…)]
    Values(值 1，值 2，…), (值 1，值 2，…),…(值 1，值 2，…);
```

例 4.27　向 xsqk2 表添加多条记录。

```
mysql> insert into xsqk2(学号,姓名,性别,出生日期,专业名,所在学院)
    -> values ('2016020102','成刚','男','19970206','计算机信息管理','计算机学院'
),('2016030103','李英','女','19981011','信息安全','计算机学院'),('2016030104','
赵林','男','19971111','网络技术','计算机学院');
```

```
Query OK, 3 rows affected (0.13 sec)
Records: 3    Duplicates: 0    Warnings: 0
```

xsqk2 表数据添加成功后，可用 SQL 语句查看表中的数据，如图 4.32 所示。

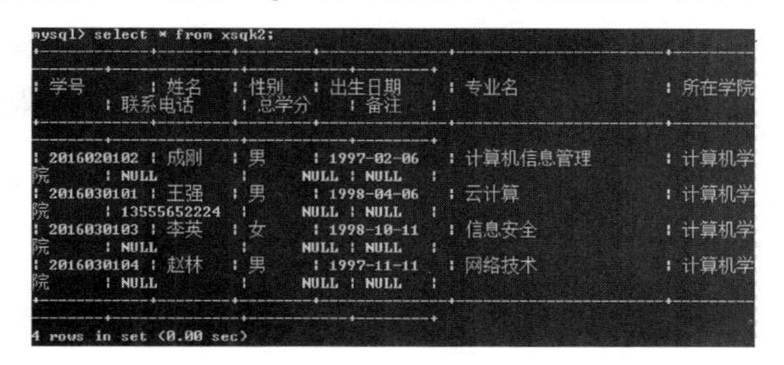

图 4.32　查看 xsqk2 表数据

从图 4.32 可见，已成功添加了三个记录到 xsqk2 表中。

4.5.2　使用工具软件 SQLyog 添加数据

虽然 MySQL 数据库的命令模式在软件开发代码编写过程中比采用工具软件进行操作更为常用，但对于 MySQL 数据库初始数据的录入，采用工具软件的图形化界面操作更为简单高效。下面介绍通过工具软件 SQLyog 向表中添加数据。

在例 4.1、例 4.10 和例 4.11 中，分别建立了学生情况表 xsqk、课程表 kc 和学生课程表 xs_kc 三张表。这三张表中，学生课程表 xs_kc 是从表，其“学号”列是 xsqk 表中“学号”列的外键，“课程号”是 kc 表中 “课程号”列的外键。在本节中将通过图形化方式为这三张表输入初始数据。

例 4.28　通过工具软件 SQLyog 向 xs_kc 表添加数据。

由于 xs_kc 表是 xsqk 表和 kc 表的从表，其外键的值依赖于 xsqk 表和 kc 表中主键的值，因此，应该先向 xsqk 表和 kc 表输入数据，然后才能向 xs_kc 表输入数据。

在 SQLyog 的“对象浏览器”窗格中，单击鼠标右键 “xsqk”表，如图 4.33 所示。

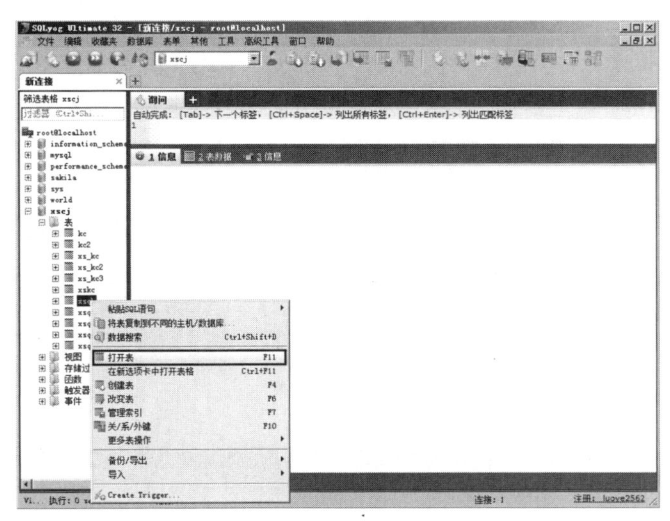

图 4.33　打开 xsqk 表

在图 4.33 中，选择“打开表”命令，得到如图 4.34 所示的录入记录界面。

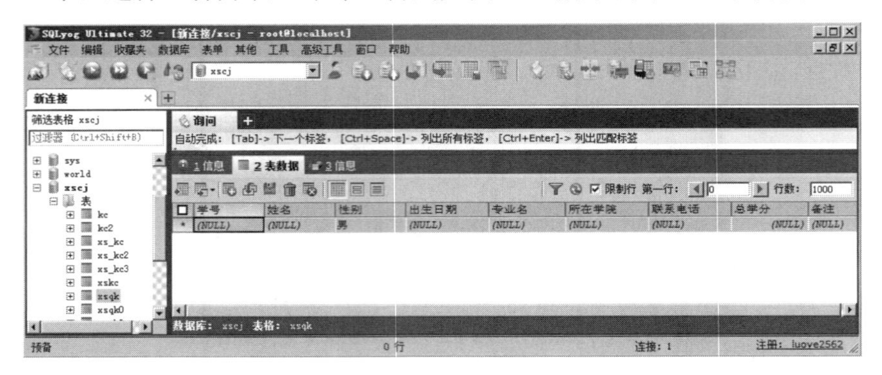

图 4.34　录入记录界面

在图 4.34 中，用鼠标单击“学号”列下的单元格后，即可输入学号的值，这里输入“2016110101”，如图 4.35 所示。

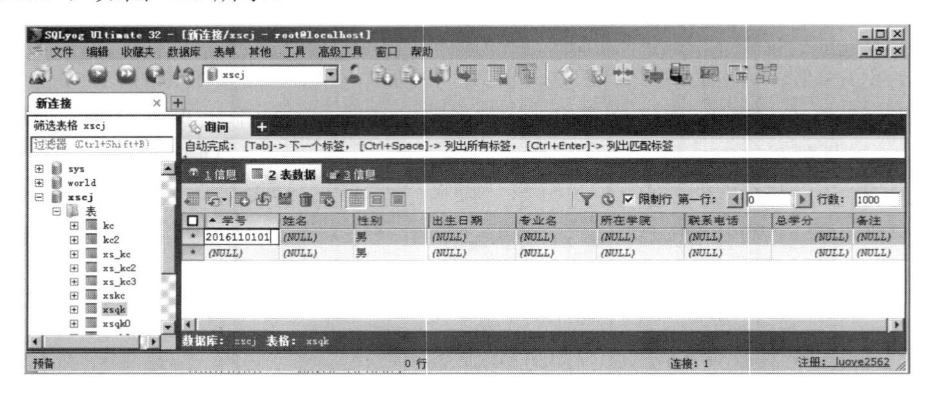

图 4.35　数据录入

按同样的方法，录入其余列的数据，注意要确保所有具有非空约束的列都要输入数据，并且数据类型、长度应与结构定义时的要求一致，否则会有错误提示。

每一行就是一条记录，当一条记录输完后，用鼠标单击下一行（如果没有提示错误，系统自动将上一条记录保存到表中），继续录入下一条记录，如图 4.36 所示。

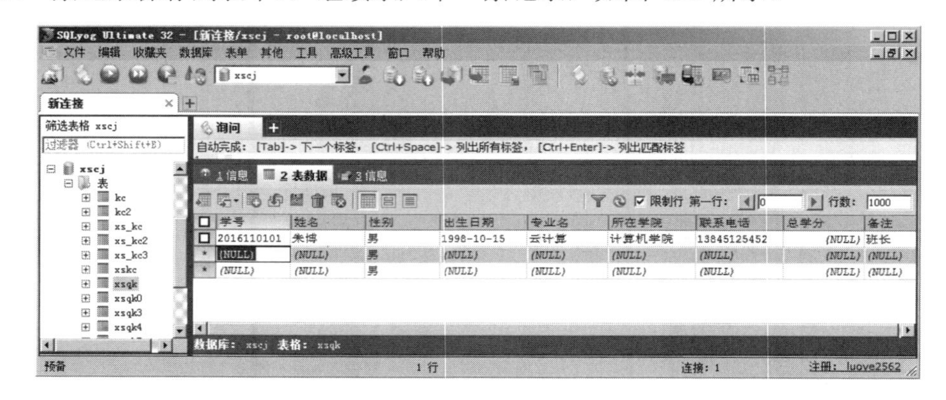

图 4.36　录入下一条记录

完成录入的记录，如图 4.37 所示。

学号	姓名	性别	出生日期	专业名	所在学院	联系电话	总学分	备注
2016110101	朱博	男	1998-10-15	云计算	计算机学院	13845125452	(NULL)	班长
2016110102	龙婷秀	女	1998-11-05	云计算	计算机学院	13512456254	(NULL)	(NULL)
2016110103	张庆国	男	1999-01-09	云计算	计算机学院	13710425255	(NULL)	(NULL)
2016110104	张小博	男	1998-04-06	云计算	计算机学院	13501056042	(NULL)	(NULL)
2016110105	钟鹏香	女	1998-05-03	云计算	计算机学院	13605126565	(NULL)	(NULL)
2016110106	李家琪	男	1998-04-07	云计算	计算机学院	13605078782	(NULL)	(NULL)
2016110201	曹科梅	女	1998-06-09	信息安全	计算机学院	13465215623	(NULL)	(NULL)
2016110202	江杰	男	1999-02-06	信息安全	计算机学院	13520556252	(NULL)	(NULL)
2016110203	肖勇	男	1998-04-12	信息安全	计算机学院	13756156524	(NULL)	(NULL)
2016110204	周明悦	女	1998-05-18	信息安全	计算机学院	15846662514	(NULL)	(NULL)
2016110205	蒋亚男	女	1998-04-06	信息安全	计算机学院	13801201304	(NULL)	(NULL)
2016110301	李娟	女	1998-08-24	网络工程	计算机学院	13305047552	(NULL)	学习委员
2016110302	成兰	女	1999-01-06	网络工程	计算机学院	13815463563	(NULL)	(NULL)
2016110303	李图	男	1998-11-15	网络工程	计算机学院	13625456655	(NULL)	(NULL)
2016110401	陈勇	男	1997-12-23	机器人设计	计算机学院	13725522255	(NULL)	生活委员
2016110403	程蓓蕾	男	1998-08-16	机器人设计	计算机学院	13515645666	(NULL)	体育委员
2016110404	赵真	女	1998-04-06	机器人设计	计算机学院	13615565325	(NULL)	(NULL)

图 4.37　学生情况表 xsqk 的数据

按同样的方法，录入课程表 kc 的数据，录入完成后如图 4.38 所示。

课程号	课程名	授课教师	开课学期	学时	学分
101	计算机文化基础	李平	1	32	2
102	计算机硬件基础	童华	1	80	5
103	程序设计基础	王印	2	64	4
104	计算机网络	王可均	2	64	4
105	云计算基础	郎景成	2	64	4
106	云操作系统	李月	3	64	4
107	数据库	陈一波	3	64	4
108	网络技术实训	张成本	3	40	2
109	云系统实施与维护	唐成林	4	64	4
110	云存储与备份	路一业	4	64	4
111	云安全技术	李华华	4	80	5
112	Phthon程序设计	周治伟	5	64	4
114	JAVA程序设计	(NULL)	(NULL)	(NULL)	(NULL)

图 4.38　课程表 kc 的数据

在添加完主表 xsqk 和 kc 的数据后，就可以向从表 xs_kc 添加数据了。

在 SQLyog 的“对象浏览器”窗格中，单击鼠标右键“xs_kc”表，然后选择弹出的快捷菜单中的“打开表”命令，得到如图 4.39 所示的录入数据界面。

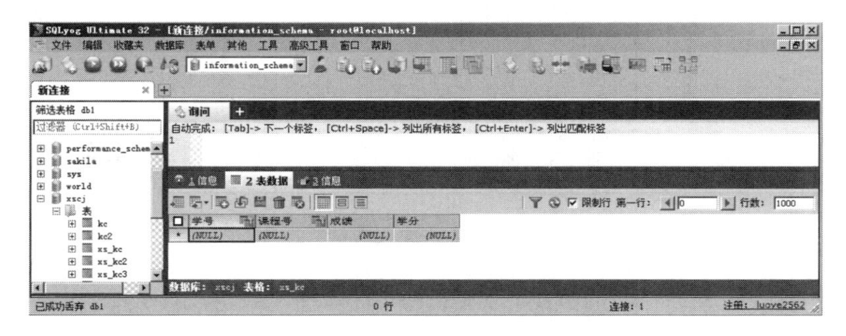

图 4.39　录入数据界面

在图 4.39 中，单击“学号”列下的单元格后，再单击右边的“ ... ”按钮，将弹出如图 4.40 所示的选择“学号”界面。

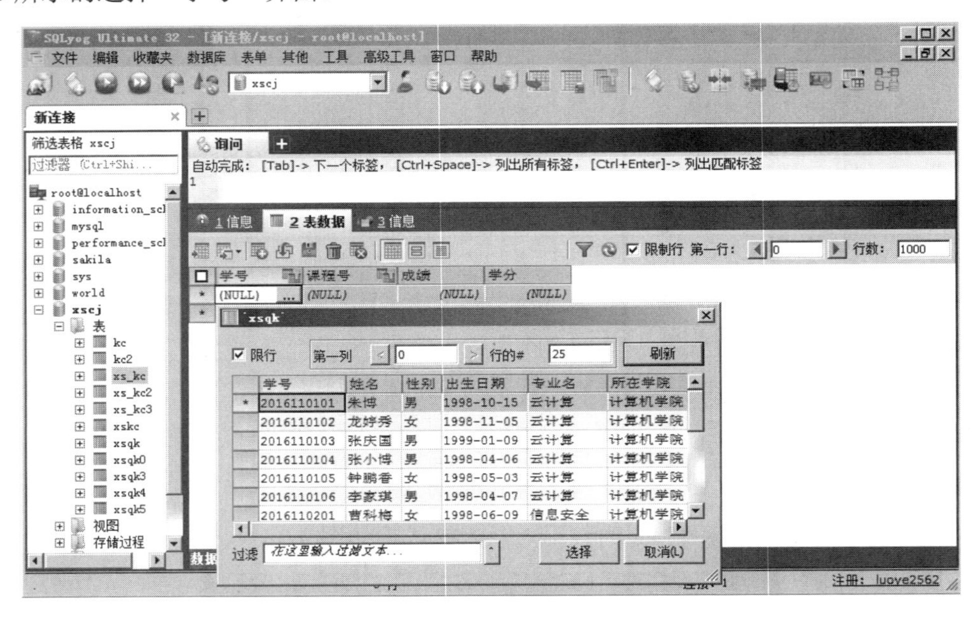

图 4.40　选择“学号”界面

这里为什么会弹出“学号”选择界面呢？是因为 xs_kc 表是主表 xsqk 的从表，作为外键列的值只能由主表中主键列的值提供。

从弹出的学号选择框中选择一个学号，这里选择“2016110101”，然后按同样的操作选择“课程号”。在输入“成绩”时，由于“成绩”列没有主表参照，因此可直接输入数据，如图 4.41 所示。

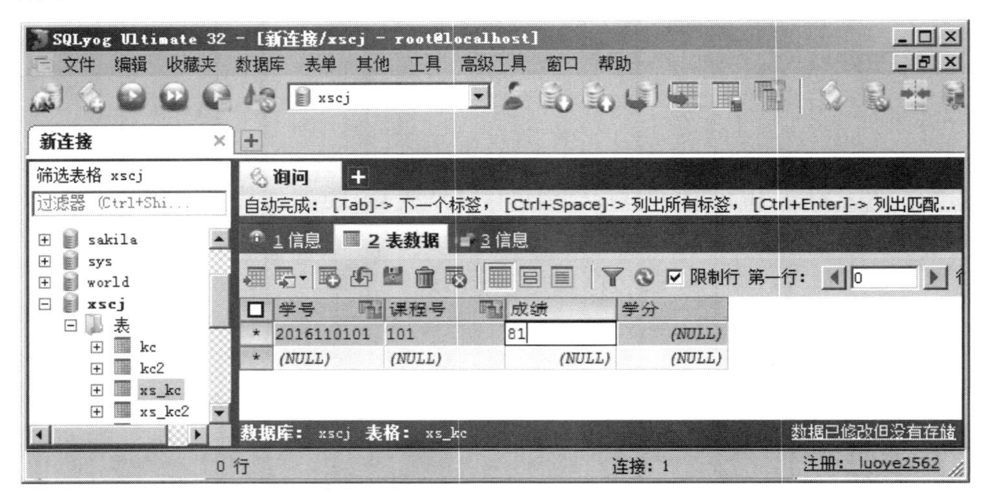

图 4.41　输入成绩

继续录入学生课程表 xs_kc 的数据，录入完成后如图 4.42 所示。

学号	课程号	成绩	学分
2016110101	101	83	2
2016110101	102	64	5
2016110101	103	58	0
2016110102	102	67	5
2016110102	103	65	4
2016110103	101	78	2
2016110104	103	54	0
2016110105	101	65	2
2016110105	105	67	4
2016110106	102	57	0
2016110201	106	78	4
2016110202	106	81	4
2016110202	107	85	4
2016110203	108	61	2
2016110204	109	18	0
2016110301	110	63	4

图 4.42　学生课程表 xs_kc 的数据

4.5.3　更新数据

更新数据是指对表中存在的数据进行修改。比如学生的成绩，由于某种原因需要进行更新，在 MySQL 中可以通过 Command Line Client 模式和工具软件的方式进行更新。

1. 使用 Command Line Client 模式更新数据

语法规则：

```
UPDATE 表名 SET 字段名 1=值 1[字段名 2=值 2，…]
    [WHERE 条件表达式];
```

其中，“字段名”是用于指定要更新的字段名称，“值”是该字段更新后的新数据。“WHERE 条件表达式”用于指定更新数据需要满足的条件，是可选项，如果缺省则更新指定表的所有记录。

例 4.29　假设在某次考试中由于试题原因，需要将所有课程号为“101”的成绩加上 2 分。

首先，查看所有课程号为“101”的记录情况，如图 4.43 所示。

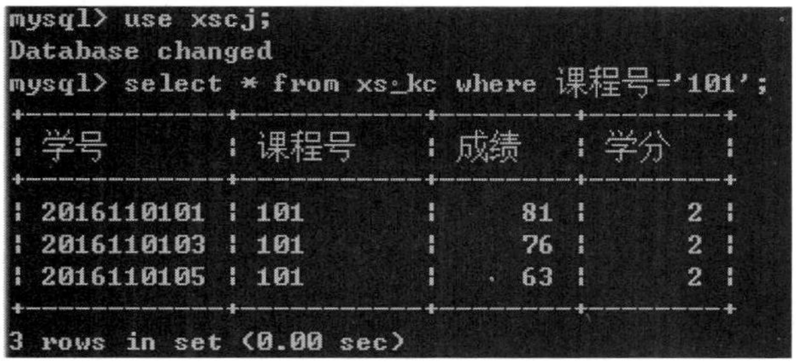

```
mysql> use xscj;
Database changed
mysql> select * from xs_kc where 课程号='101';
+------------+--------+------+------+
| 学号       | 课程号 | 成绩 | 学分 |
+------------+--------+------+------+
| 2016110101 | 101    |   81 |    2 |
| 2016110103 | 101    |   76 |    2 |
| 2016110105 | 101    |   63 |    2 |
+------------+--------+------+------+
3 rows in set (0.00 sec)
```

图 4.43　查看课程号为“101”的记录

然后，执行 SQL 语句，为所有课程号为“101”的成绩加上 2 分。

```
mysql> update xs_kc set 成绩=成绩+2 where 课程号=101;
Query OK, 3 rows affected (0.09 sec)
Rows matched: 3    Changed: 3    Warnings: 0
```

最后查看更新后的结果，如图 4.44 所示。

```
mysql> select * from xs_kc where 课程号='101';
+------------+----------+--------+--------+
| 学号       | 课程号   | 成绩   | 学分   |
+------------+----------+--------+--------+
| 2016110101 | 101      |     83 |      2 |
| 2016110103 | 101      |     78 |      2 |
| 2016110105 | 101      |     65 |      2 |
+------------+----------+--------+--------+
3 rows in set (0.00 sec)
```

图 4.44　查看更新后的结果

从图 4.37 中可以看到，课程号为“101”的记录成绩都增加了 2 分，更新完成。

2. 使用工具软件 SQLyog 更新表数据

在 SQLyog 中，打开要修改的表，找到要修改的记录，然后可以在该记录上直接修改该数据内容，修改完毕后，只需要将光标从该记录上移开，定位到其他记录上，MySQL 会自动保存修改的数据。

例 4.30　由于学生姓名改变，需要修改学生信息表 xsqk 中的姓名信息。

首先打开 xsqk 表，找到要修改的学生姓名（这里需要将学号为“2016110101”的学生姓名由“朱博”改名为“朱军”），然后用鼠标单击姓名“朱博”选项，如图 4.45 所示。

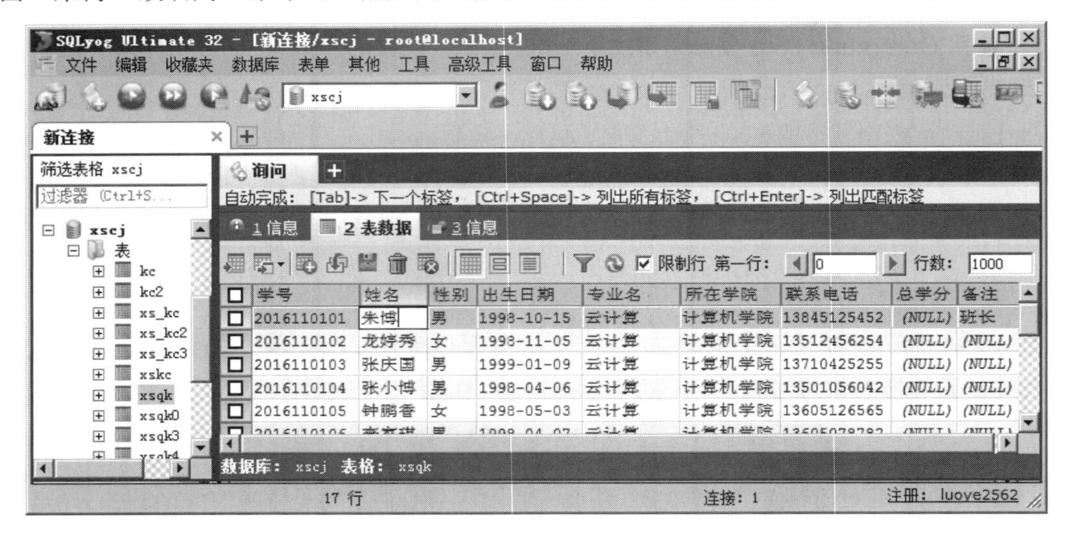

图 4.45　打开 xsqk 表并定位

在图 4.45 中，输入“朱军”后，将光标定位到其他记录即修改完毕，如图 4.46 所示。

如果在输入“朱军”后，还未定位到其他记录前，想放弃修改，则按“Esc”键即可取消该修改，回到修改前的状态。

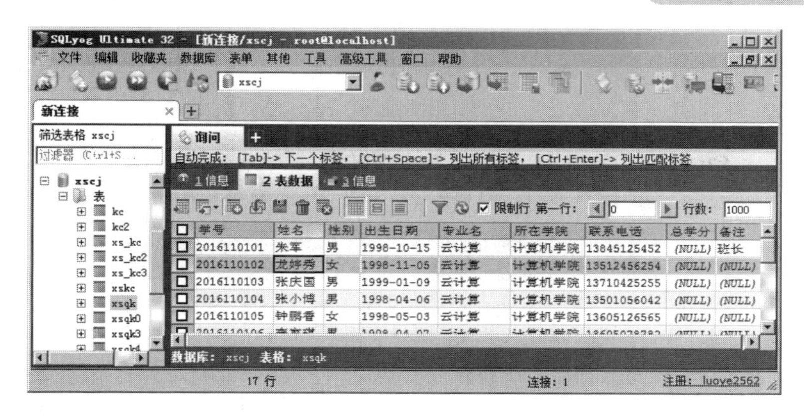

图 4.46 记录修改完成

4.5.4 删除数据

删除数据是指对表中存在的数据进行删除。比如某个学生由于学分不够，被学校退学，那么需要在学生信息表中将其信息删除。在 MySQL 中可以通过 Command Line Client 模式和工具软件的方式进行删除。

需要注意的是，如果删除的记录是主表中的记录，并且该记录被从表的外键所参照，则可先删除从表中的参照记录，然后再删除主表中的记录；或者通过删除外键约束，来解除从表对主表的依赖关系，否则将会提示删除失败。

1. 使用 Command Line Client 模式删除数据

语法规则：

```
DELETE FROM 表名 [WHERE 条件表达式];
```

其中，“表名”是用于指定要更新的字段名称“WHERE 条件表达式”用于指定删除数据需要满足的条件，是可选项，如果缺省则删除指定表的所有记录。

例 4.31 假设学号为“2016110204”的学生由于学分原因被退学处理，则需要将其信息从学生信息表 xsqk 中删除。

首先，查看所有学号为“2016110204”的记录情况，如图 4.47 所示。

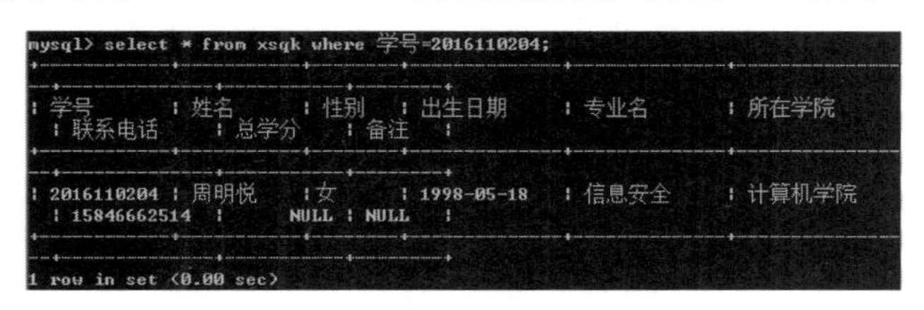

```
mysql> select * from xsqk where 学号=2016110204;
+------------+--------+------+------------+----------+------------+
| 学号       | 姓名   | 性别 | 出生日期   | 专业名   | 所在学院   |
 | 联系电话    | 总学分 | 备注 |
+------------+--------+------+------------+----------+------------+
| 2016110204 | 周明悦 | 女   | 1998-05-18 | 信息安全 | 计算机学院 |
 | 15846662514 |   NULL | NULL |
+------------+--------+------+------------+----------+------------+
1 row in set (0.00 sec)
```

图 4.47 在 xsqk 表中查看记录

从图 4.40 可见，在 xsqk 表中存在一条学号为“2016110204”的学生记录，下面使用 SQL 语句删除这条记录。

```
mysql> delete from xsqk where 学号=2016110204;
ERROR 1451 (23000): Cannot delete or update a parent row: a foreign key constraint fails ('xscj'.'xs_kc', CONSTRAINT 'FK_xskc_XH' FOREIGN KEY ('学号') REFERENCES 'xsqk' ('学号'))
```

提示由于有外键参照，删除失败。查看 xs_kc 表中学号为“2016110204”的所有记录，如图 4.48 所示。

```
mysql> select * from xs_kc where 学号=2016110204;
+------------+--------+------+------+
| 学号       | 课程号 | 成绩 | 学分 |
+------------+--------+------+------+
| 2016110204 | 109    |   18 |    0 |
+------------+--------+------+------+
1 row in set (0.00 sec)
```

图 4.48　在 xs_kc 表中查看记录

从图 4.48 可见，在从表中有一条学号为“2016110204”的记录，如果直接把主表中学号为“2016110204”的记录删除，则违反了参照完整性规则，因此应先删除从表中的该记录：

```
mysql> delete from xs_kc where 学号=2016110204;
Query OK, 1 row affected (0.09 sec)
```

提示删除成功后，再删除主表中的学号为“2016110204”的记录：

```
mysql> delete from xsqk where 学号=2016110204;
Query OK, 1 row affected (0.28 sec)
```

删除成功，下面再查看是否还有学号为“2016110204”的记录：

```
mysql> select * from xsqk where 学号=2016110204;
Empty set (0.00 sec)
```

可见，在学生情况表 xsqk 中，已没有学号为“2016110402”的学生记录了，删除完毕。

注意，在删除命令中只输入“delete from xsqk”，而省掉了 where 子句，则会删除 xsqk 表中的所有记录。

2. 使用工具软件 SQLyog 删除表数据

使用工具软件 SQLyog 删除表数据非常简单，但需要注意的是，与使用 Command Line Client 模式删除数据一样，需要先删除从表中的参照记录，然后才能删除主表中的记录。

例 4.32　由于某专业的课程计划调整，该专业不再开设“计算机硬件基础”这门课程，现需要将这门课程从课程表 kc 中删除，可以使用工具软件 SQLyog 来完成删除操作。

首先打开课程表 kc，勾选“计算机硬件基础”所在行前面的复选框，如图 4.49 所示。

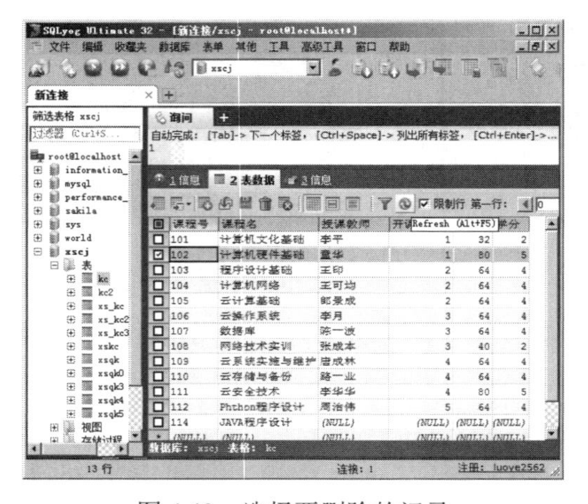

图 4.49　选择要删除的记录

然后单击工具栏上的“ ”按钮，即可完成对该记录的删除。如果要一次性删除多条记录，则把需要删除记录前的复选框都勾选上，然后单击工具栏上的“ ”按钮即可。

课后习题

一、填空题

1．MySQL 修改表的关键字是________，更新表的关键字是________。

2．在数据表中，若想为表中插入的新记录自动生成唯一的编号，可以在表的主键上添加关键字________来实现。

3．MySQL 中修改表结构的关键字是________。

4．存储逻辑值有两种状态，即________和________。

5．将一个列设置为主键的关键字是________。

6．________型数据表示不定长字符型数据，________型数据表示定长字符数据。

7．________称为二进制大对象，是一个可以存储二进制文件的容器。

8．在 Command line client 模式下，可以使用________命令来查看表是否已创建。

9．对于两个具有关联关系的表而言，________是主键所在的表，当主表中的数据更新以后，从表中的数据也会自动更新。

10．向表中添加数据时，使用的是________语句来实现。

11．将 xs_kc2 表的存储引擎改为 MyISAM 的 SQL 语句是________。

12．查看 xs_kc2 表结构的定义的 SQL 语句是________。

13．查看表基本结构的关键字是________。

14. 字段的排列位置由创建时字段________的先后次序所确定，但这个顺序是可以改变的。

二、选择题：

1.用MySQL的ALTER TABLE 语句删除其中某个列的约束条件需要用到的关键字是(　　)。

A．ADD　　B．DELETE　　C．MODIFY　　D．DROP

2．下面哪种数字数据类型不可以存储十进制数 300？(　　)

A．bigint　　B．int　　C．tinyint　　D．smallint

3．关于主键和外键的描述，下列选项中正确的是（　　）。

A．在一个表中最多只有一外键，可以定义多个主键

B．在一个表中只能定义一个主键，可以定义多个外键

C．在定义主键与外键约束时，应先定义外键后定义主键

D．在定义主键与外键约束时，应先定义主键后定义外键

4．MySQL 中对数据进行操作的关键字主要有 SELECT、INSERT、UPDATE 和 DELETE 等，其中使用最多的关键字是（　　）。

A．　INSERT　　B．UPDATE　　C．DELETE　　D．SELETE

5．关于 MySQL 数据库中对表的行和列叙述正确的是（　　）。

A．表中的行是有序的，列是无序的

B．表中的列和行都是有序的

C．表中的行是无序的，列是有序的

D．表中的行和列都是无序的

6．定义外键约束的关键字是（　　）

A．PRIMARY KEY　　B．UNIQUE

C．FOREIGN KEY　　D．CHECK

7．下面的说法哪个是正确的？（　　）

A．主键列的值可以有重复值

B．一次不能向表中添加多条记录

C．可以使用复制的方法一次将多条记录添加到表中

D．删除数据表的关键字是 DELETE

三、简答题

1．约束的类型主要有哪些？

2．主键约束与外键约束主要的区别是什么？

3．删除主表中的记录要注意什么？

课外实践

任务一　创建“XSCJ1”数据库。

任务二　创建学生表“XS”和成绩表“CJ”。要求：在数据库 XSCJ1 中创建，其表结构如图 4.50 和图 4.51 所示。

Field	Type	Null	Key	Default	Extra
学号	char(10)	NO	PRI	NULL	
姓名	varchar(10)	NO	UNI	NULL	
性别	char(2)	NO		男	
出生日期	date	NO		NULL	
专业名	varchar(20)	NO		NULL	
所在学院	varchar(20)	NO		NULL	
联系电话	char(11)	YES		NULL	
总学分	tinyint(1)	YES		NULL	
备注	varchar(50)	YES	MUL	NULL	

图 4.50　XS 表的结构

Field	Type	Null	Key	Default	Extra
学号	char(10)	NO	PRI	NULL	
课程号	char(3)	NO	PRI	NULL	
成绩	tinyint(4)	YES		NULL	
学分	tinyint(4)	YES		NULL	

图 4.51　CJ 表的结构

按上述表结构，分别在命令行模式下和在工具软件 SQLyog 中练习建表，并设置主键及约束。在 CJ 表中，要求设“成绩”字段的取值范围是 0～100 分，CJ 表的学号作为外键，参照 XS 表的学号。

任务三　分别向 XS 表和 CJ 输入如图 4.52 和图 5.53 所示的数据：

学号	姓名	性别	出生日期	专业名	所在学院	联系电话	总学分	备注
2016110102	龙婷秀	女	1998-11-05	云计算	计算机学院	13512456254	(NULL)	(NULL)
2016110103	张庆国	男	1999-01-09	云计算	计算机学院	13710425255	(NULL)	(NULL)
2016110104	张小博	男	1998-04-06	云计算	计算机学院	13501056042	(NULL)	(NULL)
2016110105	钟鹏香	女	1998-05-03	云计算	计算机学院	13605126565	(NULL)	(NULL)
2016110106	李家琪	男	1998-04-07	云计算	计算机学院	13605078782	(NULL)	(NULL)
2016110201	曹科梅	女	1998-06-09	信息安全	计算机学院	13465215623	(NULL)	(NULL)
2016110202	江杰	男	1999-02-06	信息安全	计算机学院	13520556252	(NULL)	(NULL)
2016110203	肖勇	男	1998-04-12	信息安全	计算机学院	13756156524	(NULL)	(NULL)
2016110204	周明悦	女	1998-05-18	信息安全	计算机学院	15846662514	(NULL)	(NULL)
2016110205	蒋亚男	女	1998-04-06	信息安全	计算机学院	13801201304	(NULL)	(NULL)
2016110301	李娟	女	1998-08-24	网络工程	计算机学院	13305047552	(NULL)	学习委员
2016110302	成兰	女	1999-01-06	网络工程	计算机学院	13815463563	(NULL)	(NULL)

图 4.52　XS 表数据

学号	课程号	成绩	学分
2016110101	101	83	2
2016110101	102	64	5
2016110101	103	58	0
2016110102	102	67	5
2016110102	103	65	4
2016110103	101	78	2
2016110104	103	54	0
2016110105	101	65	2
2016110105	105	67	4
2016110106	102	57	0
2016110201	106	78	4
2016110202	106	81	4
2016110202	107	85	4
2016110203	108	61	2

图 4.53　CJ 表数据

任务四　更新表中的记录。要求将学号为“2016110102”，课程号为“102”的成绩，改为“73”；将专业名“云计算”改为“云计算与大数据”。

任务五　删除表中的记录。要求删除所有 CJ 表中成绩不及格学生的记录；删除 XS 表中学号为“2016110205”的学生记录。

第5章 数据查询

【学习目标】

- 掌握各种运算符使用的方法
- 掌握基本数据查询的方法
- 掌握条件数据查询的方法
- 掌握排序查询结果的方法
- 掌握聚合函数查询的方法
- 掌握分类汇总查询的方法
- 掌握多表查询的方法
- 掌握子查询和合并查询的方法

5.1 运算符

在 MySQL 中对数据进行查询时，会经常用到各种运算符，以实现对表中字段或数据进行运算，满足用户的不同需求。常用的运算符分为算术运算符、比较运算符、逻辑运算符和位运算符 4 种。

5.1.1 算术运算符

算术运算符是 MySQL 中最常用的运算符，包括加、减、乘、除和求模（取余）5 种。MySQL 所支持的算术运算符如表 5.1 所示。

表 5.1 算术运算符

运 算 符	作 用	表 达 形 式
+	加法	x1+x2
-	减法	x1-x2

续表

运 算 符	作 用	表 达 形 式
*	乘法	x1*x2
/ 或 DIV	除法	x1/x2 或 x1 DIV x2
% 或 MOD	求模	x1%x2 或 x1 MOD x2

例 5.1 执行 SQL 语句演示各种算术运算符的使用。

运算结果如图 5.1 所示。

```
mysql> select 成绩 原成绩,
    -> 成绩+2 成绩加,
    -> 成绩-2 成绩减,
    -> 成绩*1.05 成绩乘,
    -> 成绩/1.1 成绩除,
    -> 成绩%10 求模示例
    -> from xs_kc;
+--------+--------+--------+--------+---------+----------+
| 原成绩 | 成绩加 | 成绩减 | 成绩乘 | 成绩除  | 求模示例 |
+--------+--------+--------+--------+---------+----------+
|     83 |     85 |     81 |  87.15 | 75.4545 |        3 |
|     64 |     66 |     62 |  67.20 | 58.1818 |        4 |
|     58 |     60 |     56 |  60.90 | 52.7273 |        8 |
|     67 |     69 |     65 |  70.35 | 60.9091 |        7 |
|     65 |     67 |     63 |  68.25 | 59.0909 |        5 |
|     78 |     80 |     76 |  81.90 | 70.9091 |        8 |
|     54 |     56 |     52 |  56.70 | 49.0909 |        4 |
|     65 |     67 |     63 |  68.25 | 59.0909 |        5 |
|     67 |     69 |     65 |  70.35 | 60.9091 |        7 |
|     57 |     59 |     55 |  59.85 | 51.8182 |        7 |
|     78 |     80 |     76 |  81.90 | 70.9091 |        8 |
|     81 |     83 |     79 |  85.05 | 73.6364 |        1 |
|     85 |     87 |     83 |  89.25 | 77.2727 |        5 |
|     61 |     63 |     59 |  64.05 | 55.4545 |        1 |
|     18 |     20 |     16 |  18.90 | 16.3636 |        8 |
|     63 |     65 |     61 |  66.15 | 57.2727 |        3 |
+--------+--------+--------+--------+---------+----------+
16 rows in set (0.00 sec)
```

图 5.1 算术运算符的使用

例 5.2 关于除数为 0 的情况：在进行算术除（x1/x2 或 x1 DIV x2）和求模运算（x1%x2 或 x1 MOD x2）时，如果 x2 为 0，返回结果为 NULL。

运算结果如图 5.2 所示。

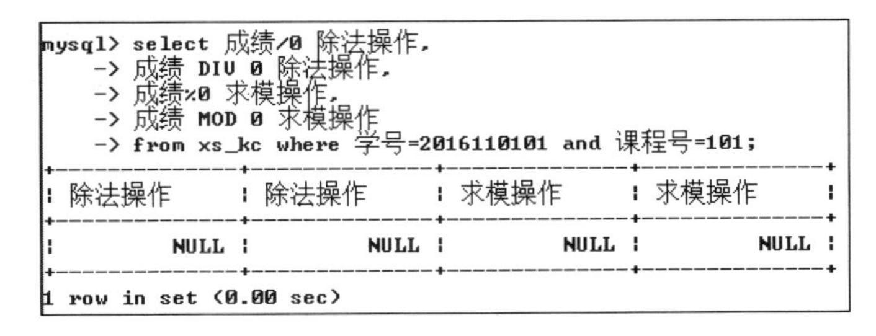

```
mysql> select 成绩/0 除法操作,
    -> 成绩 DIV 0 除法操作,
    -> 成绩%0 求模操作,
    -> 成绩 MOD 0 求模操作
    -> from xs_kc where 学号=2016110101 and 课程号=101;
+----------+----------+----------+----------+
| 除法操作 | 除法操作 | 求模操作 | 求模操作 |
+----------+----------+----------+----------+
|     NULL |     NULL |     NULL |     NULL |
+----------+----------+----------+----------+
1 row in set (0.00 sec)
```

图 5.2 结果为 NULL

说明： 关于例 5.1 和例 5.2 中所用到的 select、from 和 where，都属于查询语句的关键字，将在本章后面介绍其详细用法。

5.1.2 比较运算符

比较运算符也是常用的运算符之一，主要用于 SQL 语句的 WHERE 子句中比较两个或多个值。比较运算符包括>、<、=或<=>、>=、<=、<>或!=、IN、BETWEEN AND、IS NULL、LIKE、GREATEST、LEAST。MySQL 所支持的比较运算符如表 5.2 所示。

表 5.2 比较运算符

运 算 符	作 用	表 达 形 式
>	大于	x1>x2
<	小于	x1<x2
= 或<=>	等于	x1=x2 或 x1<=>x2
>=	大于等于	x1>=x2
<=	小于等于	x1<=x2
<> 或!=	不等于	x1<>x2 或 x1！=x2
IN	列表查询	x1 IN x2
BETWEEN AND	查询指定范围	x1 BETWEEN m AND n
IS NULL	判断是否为空	x1 IS NULL
LIKE	使用通配符模糊查询	x1 LIKE 表达式
GREATEST	返回多个值中的最大值	GREATEST(x1,x2,…)
LEAST	返回多个值中的最小值	LEAST(x1,x2,…)

在这里只对部分比较运算符的功能进行举例介绍，更具体的用法将在后面学习查询的时候详细讲解。

例 5.3 比较运算符>、<、=、>=、<=和<>可以实现数字、字符串和表达式的比较，如果比较结果成立，则返回值为 1，否则返回值为 0。

运算结果如图 5.3、图 5.4 所示。

```
mysql> select 1>2,1<2,1=2,'abc'>'bcd','abc'<'bcd','abc'='bcd';
+-----+-----+-----+-------------+-------------+-------------+
| 1>2 | 1<2 | 1=2 | 'abc'>'bcd' | 'abc'<'bcd' | 'abc'='bcd' |
+-----+-----+-----+-------------+-------------+-------------+
|   0 |   1 |   0 |           0 |           1 |           0 |
+-----+-----+-----+-------------+-------------+-------------+
1 row in set (0.00 sec)
```

图 5.3 “>、<、=” 运算符

```
mysql> select 1>=1+2,1<=1+2,1<>1+2,'abc'>='bcd','abc'<='bcd','abc'<>'bcd';
+--------+--------+--------+--------------+--------------+--------------+
| 1>=1+2 | 1<=1+2 | 1<>1+2 | 'abc'>='bcd' | 'abc'<='bcd' | 'abc'<>'bcd' |
+--------+--------+--------+--------------+--------------+--------------+
|      0 |      1 |      1 |            0 |            1 |            1 |
+--------+--------+--------+--------------+--------------+--------------+
1 row in set (0.00 sec)
```

图 5.4 “>=、<=、<>” 运算符

“=”“<=>”比较运算符在一般情况下，作用是相同的，都是根据比较运算符两边的ASCII码来判断，它们唯一的区别是“=”不能比较空值，而“<=>”可以，另外，“!=”“<>”这两个运算符都不能操作NULL。

例 5.4 使用比较运算符“=、<=>、!=、<>”比较空值。

运算结果如图5.5所示。

```
mysql> select null=null,null<=>null,null!=null,null<>null;
+-----------+-------------+------------+------------+
| null=null | null<=>null | null!=null | null<>null |
+-----------+-------------+------------+------------+
|      NULL |           1 |       NULL |       NULL |
+-----------+-------------+------------+------------+
1 row in set (0.00 sec)
```

图5.5 “=、<=>、!=、<>”运算符

注意，“>、<、>=、<=”这些运算符也不能比较空值。

例 5.5 使用IS NULL运算符来判断是否为空值。

运算结果如图5.6所示。

```
mysql> select 'abc' is null,null is null;
+---------------+--------------+
| 'abc' is null | null is null |
+---------------+--------------+
|             0 |            1 |
+---------------+--------------+
1 row in set (0.00 sec)
```

图5.6 “IS NULL”运算符

例 5.6 使用BETWEEN AND运算符来判断“a”是否在“a”到“z”之间，数字4是否在1到10之间。

运算结果如图5.7所示。

```
mysql> select 'a' between 'a' and 'z','a' between 'b' and 'z',4 between 1 and 10
;
+-------------------------+-------------------------+--------------------+
| 'a' between 'a' and 'z' | 'a' between 'b' and 'z' | 4 between 1 and 10 |
+-------------------------+-------------------------+--------------------+
|                       1 |                       0 |                  1 |
+-------------------------+-------------------------+--------------------+
1 row in set (0.00 sec)
```

图5.7 “BETWEEN AND”运算符

例 5.7 使用GREATEST运算符和LEAST运算符获取一组数字和字符的最大值和最小值。

运算结果如图5.8所示。

```
mysql> select greatest(1,5,4),greatest('a','b','c'),least(1,5,4),least('a','b','
c');
+-----------------+-----------------------+--------------+--------------------+
| greatest(1,5,4) | greatest('a','b','c') | least(1,5,4) | least('a','b','c') |
+-----------------+-----------------------+--------------+--------------------+
|               5 | c                     |            1 | a                  |
+-----------------+-----------------------+--------------+--------------------+
1 row in set (0.00 sec)
```

图5.8 “GREATEST、LEAST”运算符

5.1.3 逻辑运算符

逻辑运算就是指与或非运算和异或运算，也是 MySQL 中常用的运算之一，通常用于多条件的判断。MySQL 所支持的逻辑运算符如表 5.3 所示。

表 5.3 逻辑运算符

运 算 符	作 用	表 达 形 式
AND（&&）	与	x1 AND x2
OR（||）	或	x1 OR x2
NOT（！）	非	NOT x1
XOR	异或	x1 XOR x2

1. 逻辑与

逻辑与运算符可以用“AND”或“&&”来表示，只有当两个操作数均不为 0 时，结果才是 1，否则结果为 0；当操作数 NULL 与非 0 数相与时，结果为 NULL，否则结果为 0。

例 5.8 对（1，0）、（0，0）、（1，2）、（NULL，1）、（NULL，0）五组操作数进行逻辑与运算。

运算结果如图 5.9 所示。

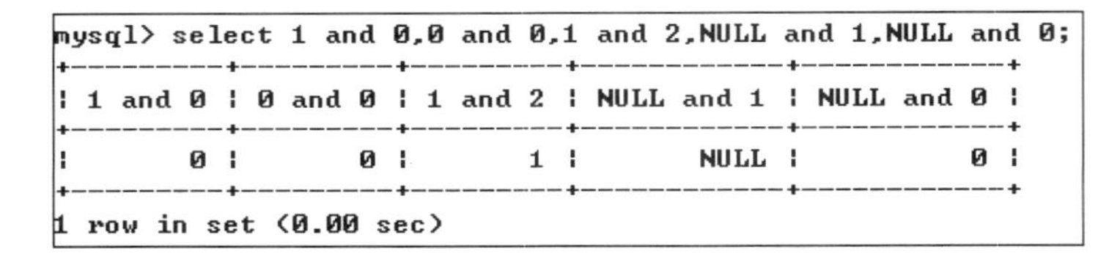

```
mysql> select 1 and 0,0 and 0,1 and 2,NULL and 1,NULL and 0;
+---------+---------+---------+------------+------------+
| 1 and 0 | 0 and 0 | 1 and 2 | NULL and 1 | NULL and 0 |
+---------+---------+---------+------------+------------+
|       0 |       0 |       1 |       NULL |          0 |
+---------+---------+---------+------------+------------+
1 row in set (0.00 sec)
```

图 5.9 AND 运算

2. 逻辑或

逻辑或运算符可用“OR”或“||”来表示，只有当两个操作数均为 0 时，结果才为 0，否则结果为 1；当操作数 NULL 与 0 相与时，结果为 NULL，否则结果为 1。

例 5.9 对（1，0），（0，0），（1，2），（NULL，1），（NULL，0）五组操作数进行逻辑或运算。

运算结果如图 5.10 所示。

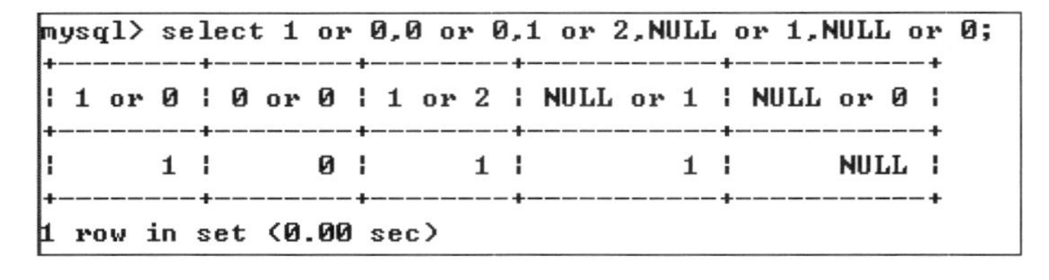

```
mysql> select 1 or 0,0 or 0,1 or 2,NULL or 1,NULL or 0;
+--------+--------+--------+-----------+-----------+
| 1 or 0 | 0 or 0 | 1 or 2 | NULL or 1 | NULL or 0 |
+--------+--------+--------+-----------+-----------+
|      1 |      0 |      1 |         1 |      NULL |
+--------+--------+--------+-----------+-----------+
1 row in set (0.00 sec)
```

图 5.10 OR 运算

3. 逻辑非

逻辑非运算符可以用“NOT”或“！”来表示。逻辑非运算只有一个操作数，当操作数为 0 时，结果为 1；当操作数为非 0 时，结果为 0；当操作数为 NULL 时，结果仍为 NULL。

例 5.10　对“1，0，NULL”三个操作数进行逻辑非运算。

运算结果如图 5.11 所示。

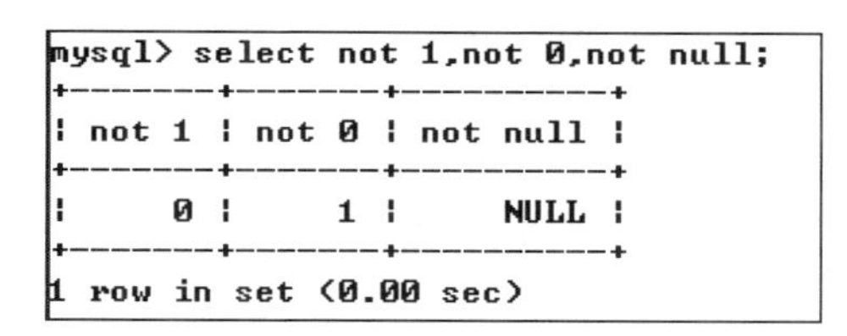

```
mysql> select not 1,not 0,not null;
+-------+-------+----------+
| not 1 | not 0 | not null |
+-------+-------+----------+
|     0 |     1 |     NULL |
+-------+-------+----------+
1 row in set (0.00 sec)
```

图 5.11　NOT 运算

4．逻辑异或

逻辑异或运算符可用“XOR”表示，当两个操作数同为 0 或同为非 0 时，结果为 0；当两个操作数中只有一个为 0 时，结果为 1；当两个操作数中有一个为 NULL 时，结果为 NULL。

例 5.11　对（1，0）、（0，0）、（1，2）、（NULL，1）、（NULL，0）五组操作数进行异或运算。

运算结果如图 5.12 所示。

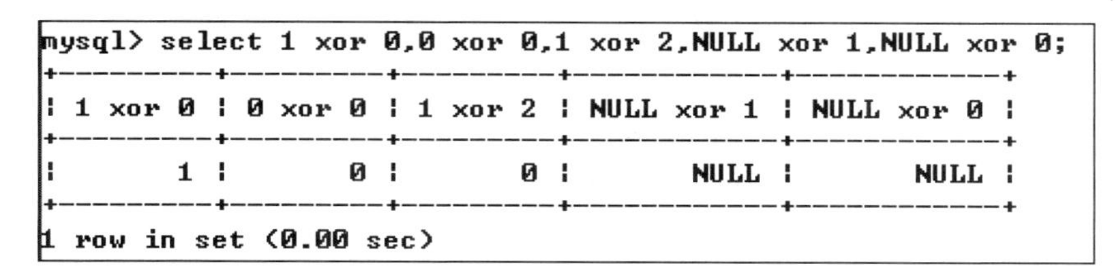

```
mysql> select 1 xor 0,0 xor 0,1 xor 2,NULL xor 1,NULL xor 0;
+---------+---------+---------+------------+------------+
| 1 xor 0 | 0 xor 0 | 1 xor 2 | NULL xor 1 | NULL xor 0 |
+---------+---------+---------+------------+------------+
|       1 |       0 |       0 |       NULL |       NULL |
+---------+---------+---------+------------+------------+
1 row in set (0.00 sec)
```

图 5.12　XOR 运算

5.1.4　位运算符

位运算符主要是用于操作二进制操作数的，包括按位与、按位或、按位取反、按位异或、按位左移、按位右移六个运算符。MySQL 所支持的位运算符如表 5.4 所示。

表 5.4　位运算符

运　算　符	作　　用	表 达 形 式
&	按位与	x1 & x2
|	按位或	x1 | x2
~	按位取反	~x1
^	按位异或	x1 ^ x2
<<	按位左移	x1 << x2
>>	按位右移	x1 >> x2

1．按位与

按位与用于二进制操作数的比较，当两二进制位都为 1 时，该位结果为 1，否则该位结果为 0。

例 5.12　使用按位与位运算符计算（12，13）、（1，10）两组数的值。

运算结果如图 5.13 所示。

```
mysql> select 12&13,1&10;
+-------+------+
| 12&13 | 1&10 |
+-------+------+
|    12 |    0 |
+-------+------+
1 row in set (0.00 sec)
```

图 5.13　按位与

分析：这里的三组数计算机默认是十进制数，在进行按位与的时候，是按其对应的二进制数来进行操作的，分析过程如下：

```
         12: 1 1 0 0        1 : 0 0 0 1
按位与   13: 1 1 0 1        10: 1 0 1 0
        ─────────────      ─────────────
         12←—1 1 0 0        0←—0 0 0 0
```

2. 按位或

按位或用于二进制操作数的比较，当两二进制位都为 0 时，该位结果为 0，否则该位结果为 1。

例 5.13　使用按位或位运算符计算（12，13）、（1，10）两组数的值。

运算结果如图 5.14 所示。

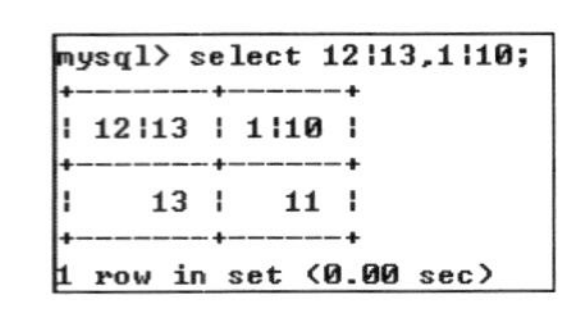

```
mysql> select 12|13,1|10;
+-------+------+
| 12|13 | 1|10 |
+-------+------+
|    13 |   11 |
+-------+------+
1 row in set (0.00 sec)
```

图 5.14　按位或

分析过程如下：

```
         12: 1 1 0 0        1 : 0 0 0 1
按位或   13: 1 1 0 1        10: 1 0 1 0
        ─────────────      ─────────────
         13←—1 1 0 1        11←—1 0 1 1
```

3. 按位取反

对二进制的每一位，如果该位为 0，取反后该位为 1；如果该位为 1，取反后该位为 0。由于取反运算后的数据是一个 64 位无符号整数，可用 BIN 函数来查看按位取反后的二进制数。

例 5.14　对 10 进行按位取反运算。

运算结果如图 5.15 所示。

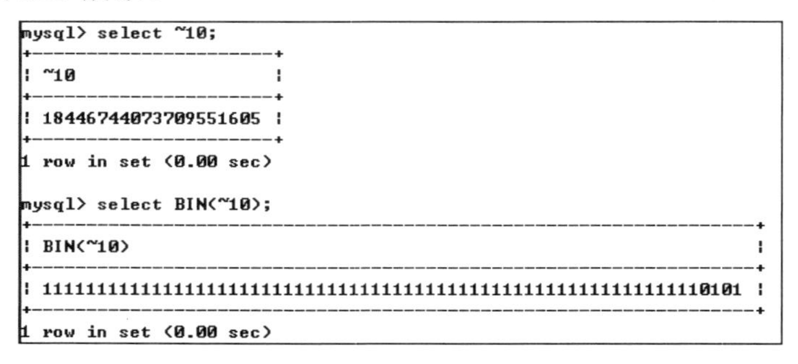

```
mysql> select ~10;
+----------------------+
| ~10                  |
+----------------------+
| 18446744073709551605 |
+----------------------+
1 row in set (0.00 sec)

mysql> select BIN(~10);
+------------------------------------------------------------------+
| BIN(~10)                                                         |
+------------------------------------------------------------------+
| 1111111111111111111111111111111111111111111111111111111111110101 |
+------------------------------------------------------------------+
1 row in set (0.00 sec)
```

图 5.15　按位取反

分析：从图 5.15 可见，虽然 10 的二进制是 1010，只有四位二进制数，但是 MySQL 中用了 8 个字节（64 位）表示该数，这使得在 1010 的前面还有 60 个 0，按位取反后这 60 个 0 变成 60 个 1，因此在用 BIN 函数查看时，可见到前面有连续的 60 个 1，转换成十进制为 18446744073709551605。

4. 按位异或

按位异或用于二进制操作数的比较，当两个对应二进制位相同时，结果为 0，否则为 1。

例 5.15 使用按位异或位运算符计算（12，13）、（1，10）两组数的值。

运算结果如图 5.16 所示。

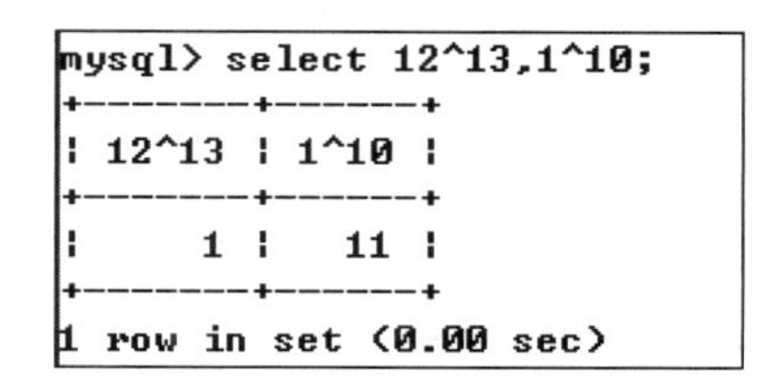

```
mysql> select 12^13,1^10;
+-------+------+
| 12^13 | 1^10 |
+-------+------+
|     1 |   11 |
+-------+------+
1 row in set (0.00 sec)
```

图 5.16 按位异或

分析过程如下：

按位异或

12：1 1 0 0　　　1：0 0 0 1
13：1 1 0 1　　　10：1 0 1 0
1←0 0 0 1　　　11←1 0 1 1

5. 按位左移和按位右移

按位左移和按位右移都是对单一操作数运算的，用于将二进制数左移或右移指定的位数。在左移过程中，左边的数据将被移除，右边补 0；在右移过程中，右边的数将被移除，左边补 0。

例 5.16 把 10 向左和向右分别移一位、移两位。

运算结果如图 5.17 所示。

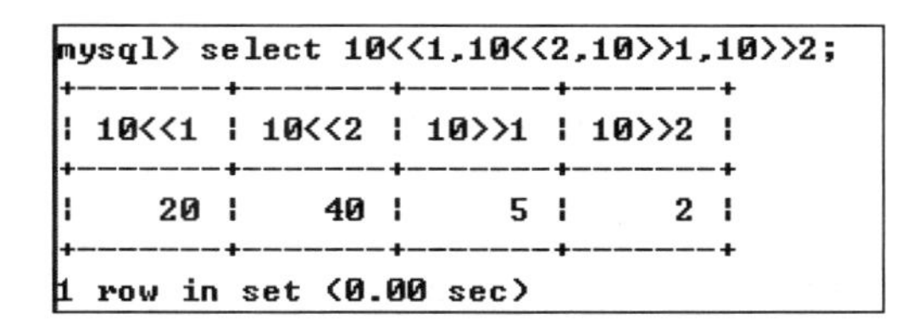

```
mysql> select 10<<1,10<<2,10>>1,10>>2;
+-------+-------+-------+-------+
| 10<<1 | 10<<2 | 10>>1 | 10>>2 |
+-------+-------+-------+-------+
|    20 |    40 |     5 |     2 |
+-------+-------+-------+-------+
1 row in set (0.00 sec)
```

图 5.17 按位左移和按位右移

分析过程如下：

按位左移

10：00001010　　　10：00001010
20←00010100　　　40←00101000

按位右移

10：00001010　　　10：00001010
5←00000101　　　2←00000010

5.2 简单数据查询

数据查询是对数据表的重要操作，用户对数据库的应用在很大程度上是通过查询来实现的。通过查询可以得到数据表中的信息和统计结果。比如，网购时查询商品信息、查询银行卡余额、查询电话费余额等。

在第 3 章讲了关于数据库的操作，在第 4 章讲了数据表的操作，在本节及以后讲述的数据查询，就是基于第 3 章所建立的数据库“XSCJ”和第 4 章所建立的数据表：“学生情况表 xsqk”、“课程表 kc”以及“学生和课程表 xs_kc”三个表来进行的，关于这几个表的数据，详见 4.5.2 节中所添加的数据。

从实现查询功能的复杂程度，可以把查询分为简单数据查询和复杂数据查询两种。简单数据查询是指查询条件和查询语句比较少的查询，而复杂数据查询是在简单数据查询的基础上，灵活地实现更多功能的查询，包括使用聚合函数查询、分类汇总查询、多表查询、组合查询以及子查询等。

5.2.1 基本查询

1. 查询全表数据

查询全表数据的语法规则：

```
SELECT * FROM 表名;
或 SELECT 所查询表的所有字段 FROM 表名;
```

例 5.17 在工具软件 SQLyog 中查询学生情况表 xsqk 的全部数据。

由于本表字段较多，所以在所选择的工具软件 SQLyog 中查询，以使结果显示更整齐。在 SQLyog 中查询的过程：

首先用鼠标左键单击“对象浏览器”中的数据库“XSCJ”选项，表示调用 XSCJ 数据库，或者在右边的“询问”窗口中，输入“USE XSCJ;”表示调用表数据库；

然后输入查询语句“SELECT * FROM xsqk;”，如图 5.18 所示。

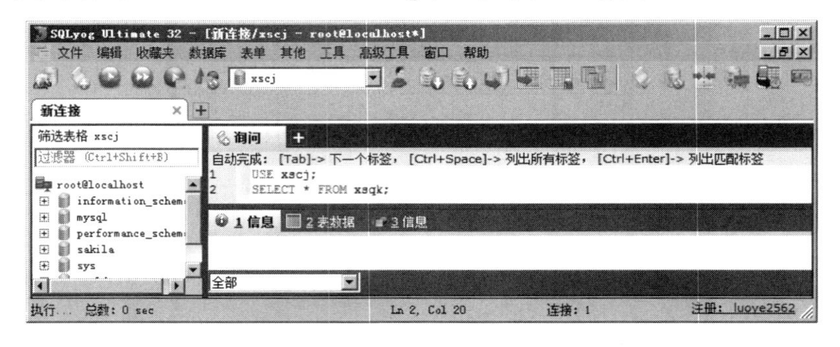

图 5.18 输入查询语句

然后单击工具条上的“ ”按钮执行查询语句，查询语句及查询结果如图 5.19 所示。

例 5.18 使用命令行方式查询学生课程表 xs_kc 的全表信息。

查询语句：

```
mysql> use xscj;
Database changed
mysql> select * from xs_kc;
```

学号	姓名	性别	出生日期	专业名	所在学院	联系电话	总学分	备注
2016110101	朱军	男	1998-10-15	云计算	计算机学院	13845125452	(NULL)	班长
2016110102	龙婷秀	女	1998-11-05	云计算	计算机学院	13512456254	(NULL)	(NULL)
2016110103	张庆国	男	1999-01-09	云计算	计算机学院	13710425255	(NULL)	(NULL)
2016110104	张小博	男	1998-04-06	云计算	计算机学院	13501056042	(NULL)	(NULL)
2016110105	钟鹏香	女	1998-05-03	云计算	计算机学院	13605126565	(NULL)	(NULL)
2016110106	李家琪	男	1998-04-07	云计算	计算机学院	13605078782	(NULL)	(NULL)
2016110201	曹科梅	女	1998-06-09	信息安全	计算机学院	13465215623	(NULL)	(NULL)
2016110202	江杰	男	1999-02-06	信息安全	计算机学院	13520556252	(NULL)	(NULL)
2016110203	肖勇	男	1998-04-12	信息安全	计算机学院	13756156524	(NULL)	(NULL)
2016110204	周明悦	女	1998-05-18	信息安全	计算机学院	15846662514	(NULL)	(NULL)
2016110205	蒋亚男	女	1998-04-06	信息安全	计算机学院	13801201304	(NULL)	(NULL)
2016110301	李娟	女	1998-08-24	网络工程	计算机学院	13305047552	(NULL)	学习委员
2016110302	成兰	女	1999-01-06	网络工程	计算机学院	13815463563	(NULL)	(NULL)
2016110303	李图	男	1998-11-15	网络工程	计算机学院	13625456655	(NULL)	(NULL)
2016110401	陈勇	男	1997-12-23	机器人设计	计算机学院	13725522255	(NULL)	生活委员
2016110403	程蓓蕾	男	1998-08-16	机器人设计	计算机学院	13515645666	(NULL)	体育委员
2016110404	赵真	女	1998-04-06	机器人设计	计算机学院	13615565325	(NULL)	(NULL)

图 5.19　对 xsqk 的全表查询结果

对 xs_kc 的全表查询结果如图 5.20 所示。

```
+------------+--------+------+------+
| 学号       | 课程号 | 成绩 | 学分 |
+------------+--------+------+------+
| 2016110101 | 101    |   83 |    2 |
| 2016110101 | 102    |   64 |    5 |
| 2016110101 | 103    |   58 |    0 |
| 2016110102 | 102    |   67 |    5 |
| 2016110102 | 103    |   65 |    4 |
| 2016110103 | 101    |   78 |    2 |
| 2016110104 | 103    |   54 |    0 |
| 2016110105 | 101    |   65 |    2 |
| 2016110105 | 105    |   67 |    4 |
| 2016110106 | 102    |   57 |    0 |
| 2016110201 | 106    |   78 |    4 |
| 2016110202 | 106    |   81 |    4 |
| 2016110202 | 107    |   85 |    4 |
| 2016110203 | 108    |   61 |    2 |
| 2016110204 | 109    |   18 |    0 |
| 2016110301 | 110    |   63 |    4 |
+------------+--------+------+------+
16 rows in set (0.03 sec)
```

图 5.20　对 xs_kc 的全表查询结果

2. 查询指定字段的数据

查询全表数据的语法规则：

```
SELECT 字段列表 FROM 表名;
```

例 5.19　在工具软件 SQLyog 中查询课程表 kc 中的数据，要求只查询“课程号，课程名，授课教师，开课学期，学时”这些字段（少了“学分”字段）。

在 SQLyog 中，用鼠标单击“询问”右边的“+”按钮，在弹出的快捷菜单中单击“新查询编辑器”选项，然后输入查询语句，只是这次可以省掉“USE XSCJ;”语句，因为上次查询时已调用 XSCJ 数据库了。

查询语句及查询结果如图 5.21 所示。

```
SELECT 课程号,课程名,授课教师,开课学期,学时 FROM kc;
```

课程号	课程名	授课教师	开课学期	学时
101	计算机文化基础	李平	1	32
102	计算机硬件基础	童华	1	80
103	程序设计基础	王印	2	64
104	计算机网络	王可均	2	64
105	云计算基础	郎景成	2	64
106	云操作系统	李月	3	64
107	数据库	陈一波	3	64
108	网络技术实训	张成本	3	40
109	云系统实施与维护	唐成林	4	64
110	云存储与备份	路一业	4	64
111	云安全技术	李华华	4	80
112	Phthon程序设计	周治伟	5	64
114	JAVA程序设计	(NULL)	(NULL)	(NULL)

图 5.21　对 kc 的指定字段查询结果

在查询指定字段时，应注意所指定的字段在查询的表中应全部包含，否则会产生查询错误。

例 5.20　在 xs_kc 表中查询姓名、学号、课程号、成绩。

查询语句：

```
mysql> select 姓名,学号,课程号,成绩 from xs_kc;
ERROR 1054 (42S22): Unknown column '姓名' in 'field list'
```

执行结果显示：“姓名”在字段列表中是未知列。说明 xs_kc 表中没有“姓名”字段。

3. 避免重复数据查询

有时查询出的结果会产生重复数据，但用户对重复的数据并不需要，此时可以采用关键字 DISTINCT 来避免重复的查询结果。

语法规则：

```
SELECT DISTINCT 列名 FROM 表名
```

例 5.21　查看 xs_kc 表中，有哪些课程被学生选修了，要求显示出被选修的课程号。

在没有使用关键字 DISTINCT 的情况下，查询语句及查询结果如图 5.22 所示。

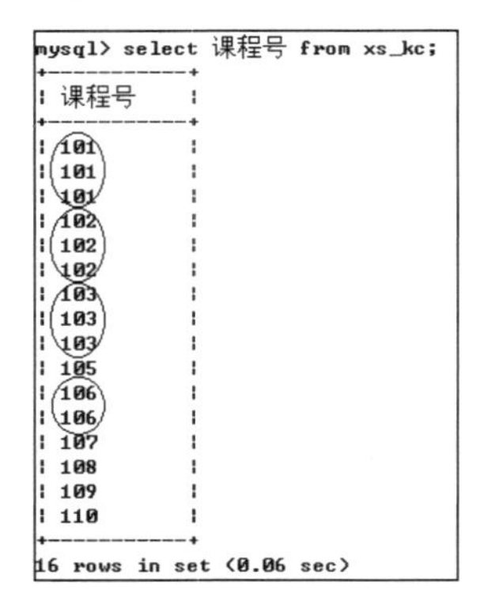

```
mysql> select 课程号 from xs_kc;
+--------+
| 课程号 |
+--------+
| 101    |
| 101    |
| 101    |
| 102    |
| 102    |
| 102    |
| 103    |
| 103    |
| 103    |
| 105    |
| 106    |
| 106    |
| 107    |
| 108    |
| 109    |
| 110    |
+--------+
16 rows in set (0.06 sec)
```

图 5.22　有重复记录

从图 5.22 可见有很多记录是重复的，而用户查询的目的是看有哪些课程被学生选修了。可以使用关键字 DISTINCT 来实现，查询语句及查询结果如图 5.23 所示。

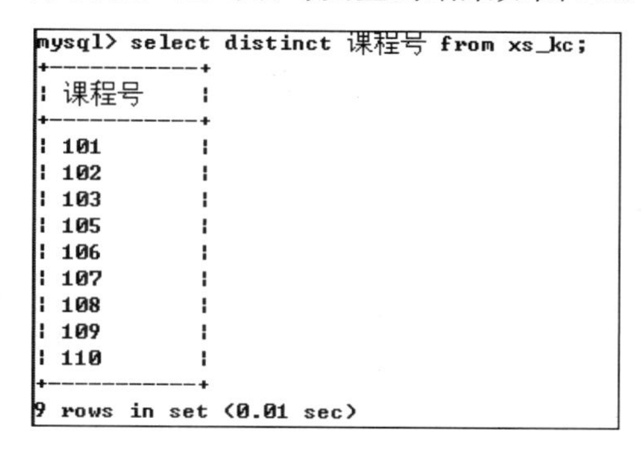

```
mysql> select distinct 课程号 from xs_kc;
+-----------+
| 课程号    |
+-----------+
| 101       |
| 102       |
| 103       |
| 105       |
| 106       |
| 107       |
| 108       |
| 109       |
| 110       |
+-----------+
9 rows in set (0.01 sec)
```

图 5.23　没有重复记录

4. 为查询结果增加计算列

例 5.22　查看 xs_kc 表中的信息，要求查询更新后的成绩，更新方式有两种：一种是原成绩加 5 分，另一种是原成绩的 110%。

查询语句及查询结果如图 5.24 所示。

```
mysql> select 学号,课程号,成绩,成绩+5,成绩*1.1
    -> from xs_kc;
+------------+-----------+--------+---------+-----------+
| 学号       | 课程号    | 成绩   | 成绩+5  | 成绩*1.1  |
+------------+-----------+--------+---------+-----------+
| 2016110101 | 101       |     83 |      88 |      91.3 |
| 2016110101 | 102       |     64 |      69 |      70.4 |
| 2016110101 | 103       |     58 |      63 |      63.8 |
| 2016110102 | 102       |     67 |      72 |      73.7 |
| 2016110102 | 103       |     65 |      70 |      71.5 |
| 2016110103 | 101       |     78 |      83 |      85.8 |
| 2016110104 | 103       |     54 |      59 |      59.4 |
| 2016110105 | 101       |     65 |      70 |      71.5 |
| 2016110105 | 105       |     67 |      72 |      73.7 |
| 2016110106 | 102       |     57 |      62 |      62.7 |
| 2016110201 | 106       |     78 |      83 |      85.8 |
| 2016110202 | 106       |     81 |      86 |      89.1 |
| 2016110202 | 107       |     85 |      90 |      93.5 |
| 2016110203 | 108       |     61 |      66 |      67.1 |
| 2016110204 | 109       |     18 |      23 |      19.8 |
| 2016110301 | 110       |     63 |      68 |      69.3 |
+------------+-----------+--------+---------+-----------+
16 rows in set (0.00 sec)
```

图 5.24　为查询结果增加计算列

5. 改变查询结果中的列名

在默认情况下，数据查询结果中所显示的列名就是在创建表时使用的列名，但是对于某些情况使用新名称会更直观，特别是对某些使用了英文名称列名的情况更是如此。

语法规则：

```
SELECT 列名 1 as 新列名 1，列名 2 as 新列名 2，… FROM 表名
```

例 5.23　在例 5.22 中，把查询结果中“成绩”对应的列名改为“原成绩”，把“成绩+5”对应的列名改为“原成绩+5”，把“成绩*1.1”对应的列名改为“原成绩*1.1”。

查询语句及查询结果如图 5.25 所示。

```
mysql> select 学号,课程号,成绩 as '原成绩',成绩+5 as '原成绩+5',成绩*1.1 as '原
成绩*1.1'
    -> from xs_kc;
+------------+--------+--------+----------+------------+
| 学号       | 课程号 | 原成绩 | 原成绩+5 | 原成绩*1.1 |
+------------+--------+--------+----------+------------+
| 2016110101 | 101    |     83 |       88 |       91.3 |
| 2016110101 | 102    |     64 |       69 |       70.4 |
| 2016110101 | 103    |     58 |       63 |       63.8 |
| 2016110102 | 102    |     67 |       72 |       73.7 |
| 2016110102 | 103    |     65 |       70 |       71.5 |
| 2016110103 | 101    |     78 |       83 |       85.8 |
| 2016110104 | 103    |     54 |       59 |       59.4 |
| 2016110105 | 101    |     65 |       70 |       71.5 |
| 2016110105 | 105    |     67 |       72 |       73.7 |
| 2016110106 | 102    |     57 |       62 |       62.7 |
| 2016110201 | 106    |     78 |       83 |       85.8 |
| 2016110202 | 106    |     81 |       86 |       89.1 |
| 2016110202 | 107    |     85 |       90 |       93.5 |
| 2016110203 | 108    |     61 |       66 |       67.1 |
| 2016110204 | 109    |     18 |       23 |       19.8 |
| 2016110301 | 110    |     63 |       68 |       69.3 |
+------------+--------+--------+----------+------------+
16 rows in set (0.00 sec)
```

图 5.25　改变查询结果中的列名

5.2.2　条件查询

前面所讲的都是指查询数据表中的所有记录，但在实际应用中，用户可能只要求查询部分满足某种条件的数据。此时就需要在 SELECT 语句中加入 WHERE 子句来指定查询条件，过滤掉不符合条件的记录。

条件查询的语法规则：

```
SELECT 列名 1，列名 2，…
FROM 表名
WHERE 查询条件
```

在 WHERE 后的查询条件中，包括比较条件、逻辑条件、模糊匹配条件、列表条件以及空值判断等。

1. 使用比较条件查询

比较条件查询会使用到 5.1.2 节中讲的运算符号。

例 5.24　查询 xs_kc 表中成绩不及格的学生记录。

查询语句及查询结果如图 5.26 所示。

```
mysql> select * from xs_kc
    -> where 成绩<60;
+------------+--------+------+------+
| 学号       | 课程号 | 成绩 | 学分 |
+------------+--------+------+------+
| 2016110101 | 103    |   58 |    0 |
| 2016110104 | 103    |   54 |    0 |
| 2016110106 | 102    |   57 |    0 |
| 2016110204 | 109    |   18 |    0 |
+------------+--------+------+------+
4 rows in set (0.00 sec)
```

图 5.26　查询成绩不及格的信息

例 5.25　查询 xsqk 表中在 1998 年 9 月 1 日以后出生的学生信息，要求显示出学号、姓名、性别、出生日期和专业名字段。

查询语句及查询结果如图 5.27 所示。

```
mysql> select 学号,姓名,性别,出生日期,专业名
    -> from xsqk
    -> where 出生日期>='1998-9-1';
+------------+--------+------+------------+----------+
| 学号       | 姓名   | 性别 | 出生日期   | 专业名   |
+------------+--------+------+------------+----------+
| 2016110101 | 朱军   | 男   | 1998-10-15 | 云计算   |
| 2016110102 | 龙婷秀 | 女   | 1998-11-05 | 云计算   |
| 2016110103 | 张庆国 | 男   | 1999-01-09 | 云计算   |
| 2016110202 | 江杰   | 男   | 1999-02-06 | 信息安全 |
| 2016110302 | 成兰   | 女   | 1999-01-06 | 网络工程 |
| 2016110303 | 李图   | 男   | 1998-11-15 | 网络工程 |
+------------+--------+------+------------+----------+
6 rows in set (0.00 sec)
```

图 5.27　查询 1998 年 9 月 1 日以后出生的学生信息

例 5.26　使用比较运算符 BETWEEN　AND 查询 1999 年 1 月出生的学生信息，要求显示出学号、姓名、性别、出生日期和专业名字段。

查询语句及查询结果如图 5.28 所示。

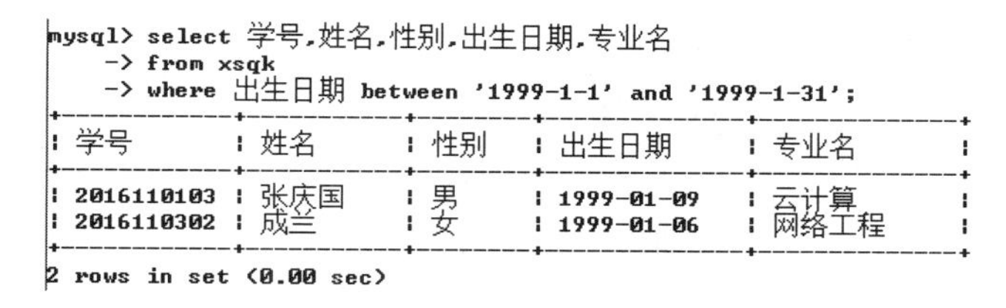

```
mysql> select 学号,姓名,性别,出生日期,专业名
    -> from xsqk
    -> where 出生日期 between '1999-1-1' and '1999-1-31';
+------------+--------+------+------------+----------+
| 学号       | 姓名   | 性别 | 出生日期   | 专业名   |
+------------+--------+------+------------+----------+
| 2016110103 | 张庆国 | 男   | 1999-01-09 | 云计算   |
| 2016110302 | 成兰   | 女   | 1999-01-06 | 网络工程 |
+------------+--------+------+------------+----------+
2 rows in set (0.00 sec)
```

图 5.28　使用 BETWEEN AND 查询

例 5.27　使用 NOT BETWEEN AND 查询不在 1998 年出生的学生信息，要求显示出学号、姓名、性别、出生日期和专业名字段。

查询语句及查询结果如图 5.29 所示。

```
mysql> SELECT 学号,姓名,性别,出生日期,专业名
    -> FROM xsqk
    -> WHERE 出生日期 NOT BETWEEN '1998-1-1' AND '1998-12-31';
+------------+--------+------+------------+------------+
| 学号       | 姓名   | 性别 | 出生日期   | 专业名     |
+------------+--------+------+------------+------------+
| 2016110103 | 张庆国 | 男   | 1999-01-09 | 云计算     |
| 2016110202 | 江杰   | 男   | 1999-02-06 | 信息安全   |
| 2016110302 | 成兰   | 女   | 1999-01-06 | 网络工程   |
| 2016110401 | 陈勇   | 男   | 1997-12-23 | 机器人设计 |
+------------+--------+------+------------+------------+
4 rows in set (0.00 sec)
```

图 5.29　使用 NOT BETWEEN AND 查询

2. 使用逻辑条件查询

当查询的限制条件比较多时，可以使用逻辑条件进行查询，逻辑条件查询会用到 5.1.3 节中讲的运算符号。

例 5.28　查询专业名为“云计算”，性别为“男”的学生信息，要求显示出学号、姓名、性别和专业名字段。

查询语句及查询结果如图 5.30 所示。

```
mysql> select 学号,姓名,性别,专业名
    -> from xsqk
    -> where 专业名='云计算' and 性别='男';
+------------+--------+------+--------+
| 学号       | 姓名   | 性别 | 专业名 |
+------------+--------+------+--------+
| 2016110101 | 朱军   | 男   | 云计算 |
| 2016110103 | 张庆国 | 男   | 云计算 |
| 2016110104 | 张小博 | 男   | 云计算 |
| 2016110106 | 李家琪 | 男   | 云计算 |
+------------+--------+------+--------+
4 rows in set (0.00 sec)
```

图 5.30　查询云计算专业男生的信息

例 5.29　查询成绩在 60 分到 70 分之间的学生信息。

查询语句及查询结果如图 5.31 所示。

```
mysql> select * from xs_kc
    -> where 成绩>=60 and 成绩<=70;
+------------+--------+------+------+
| 学号       | 课程号 | 成绩 | 学分 |
+------------+--------+------+------+
| 2016110101 | 102    |   64 |    5 |
| 2016110102 | 102    |   67 |    5 |
| 2016110102 | 103    |   65 |    4 |
| 2016110105 | 101    |   65 |    2 |
| 2016110105 | 105    |   67 |    4 |
| 2016110203 | 108    |   61 |    2 |
| 2016110301 | 110    |   63 |    4 |
+------------+--------+------+------+
7 rows in set (0.00 sec)
```

图 5.31　查询成绩在 60 分到 70 分之间的学生信息

比较例 5.29 与例 5.26 可见，使用 AND 设置查询条件与使用 BETWEENT AND 设置查询条件作用相同。

例 5.30　在 xs_kc 表中查询课程号为“102”“105”“106”的学生成绩信息。

查询语句及查询结果如图 5.32 所示。

```
mysql> select * from xs_kc
    -> where 课程号='102' or 课程号='105' or 课程号='106';
+------------+--------+------+------+
| 学号       | 课程号 | 成绩 | 学分 |
+------------+--------+------+------+
| 2016110101 | 102    |   64 |    5 |
| 2016110102 | 102    |   67 |    5 |
| 2016110105 | 105    |   67 |    4 |
| 2016110106 | 102    |   57 |    0 |
| 2016110201 | 106    |   78 |    4 |
| 2016110202 | 106    |   81 |    4 |
+------------+--------+------+------+
6 rows in set (0.00 sec)
```

图 5.32　查询课程号为“102”“105”“106”的学生成绩信息

3. 使用模糊匹配条件查询

在条件查询中，比较常见的是模糊查询。模糊查询用于查询条件不完全确定的情况。如用户想找一本关于 SQL SERVER 2012 的教材，但又不清楚该教材的完整名称；或者用户不需要精确查询，如想查找所有姓张的学生信息等。

为了进行模糊匹配查询，MySQL 提供了 LIKE 关键字配合通配符来实现。其中通配符有两个，一个是“%”代表从 0 个到任意多个字符，另一个是“_”代表某一个字符。另外，可以将 LIKE 关键字结合逻辑非运算符 NOT 或！进行查询。

例 5.31　在工具软件 SQLyog 中，查询 kc 表中课程名中包含有“计算”两个字的课程信息。

查询语句及查询结果如图 5.33 所示。

询问 +

自动完成：[Tab]-> 下一个标签，[Ctrl+Space]-> 列出所有标签，[Ctrl+Enter]-

```
1   SELECT * FROM kc
2   WHERE 课程名 LIKE '%计算%';
```

1 结果　2 个配置文件　3 信息　4 表数据　5 信息

（只读）

课程号	课程名	授课教师	开课学期	学时	学分
101	计算机文化基础	李平	1	32	2
102	计算机硬件基础	童华	1	80	5
104	计算机网络	王可均	2	64	4
105	云计算基础	郎景成	2	64	4

图 5.33　查询课程名中包含有“计算”两个字的课程信息

例 5.32　在工具软件 SQLyog 中，查询 xsqk 表中所有不姓张的学生信息。

查询语句及查询结果如图 5.34 所示。

询问　询问 ×　+

自动完成：[Tab]-> 下一个标签，[Ctrl+Space]-> 列出所有标签，[Ctrl+Enter]-> 列出匹配标签

```
1   SELECT * FROM xsqk
2   WHERE 姓名 NOT LIKE '张%';
```

1 结果　2 个配置文件　3 信息　4 表数据　5 信息

（只读）　限制行 第一行：0

学号	姓名	性别	出生日期	专业名	所在学院	联系电话	总学分	备注
2016110101	朱军	男	1998-10-15	云计算	计算机学院	13845125452	(NULL)	班长
2016110102	龙婷秀	女	1998-11-05	云计算	计算机学院	13512456254	(NULL)	(NULL)
2016110105	钟鹏香	女	1998-05-03	云计算	计算机学院	13605126565	(NULL)	(NULL)
2016110106	李家琪	男	1998-04-07	云计算	计算机学院	13605078782	(NULL)	(NULL)
2016110201	曹科梅	女	1998-06-09	信息安全	计算机学院	13465215623	(NULL)	(NULL)
2016110202	江杰	男	1999-02-06	信息安全	计算机学院	13520556252	(NULL)	(NULL)
2016110203	肖勇	男	1998-04-12	信息安全	计算机学院	13756156524	(NULL)	(NULL)
2016110204	周明悦	女	1998-05-18	信息安全	计算机学院	15846662514	(NULL)	(NULL)
2016110205	蒋亚男	女	1998-04-06	信息安全	计算机学院	13801201304	(NULL)	(NULL)
2016110301	李娟	女	1998-08-24	网络工程	计算机学院	13305047552	(NULL)	学习委员
2016110302	成兰	女	1999-01-06	网络工程	计算机学院	13815463563	(NULL)	(NULL)
2016110303	李图	男	1998-11-15	网络工程	计算机学院	13625456655	(NULL)	(NULL)
2016110401	陈勇	男	1997-12-23	机器人设计	计算机学院	13725522255	(NULL)	生活委员
2016110403	程蓓蕾	男	1998-08-16	机器人设计	计算机学院	13515645666	(NULL)	体育委员
2016110404	赵真	女	1998-04-06	机器人设计	计算机学院	13615565325	(NULL)	(NULL)

图 5.34　查询所有不姓张的学生信息

例 5.33　在工具软件 SQLyog 中，查询 xsqk 表中所有电话号码第 2、3 位是“3”“8”的学生信息。

查询语句及查询结果如图 5.35 所示。

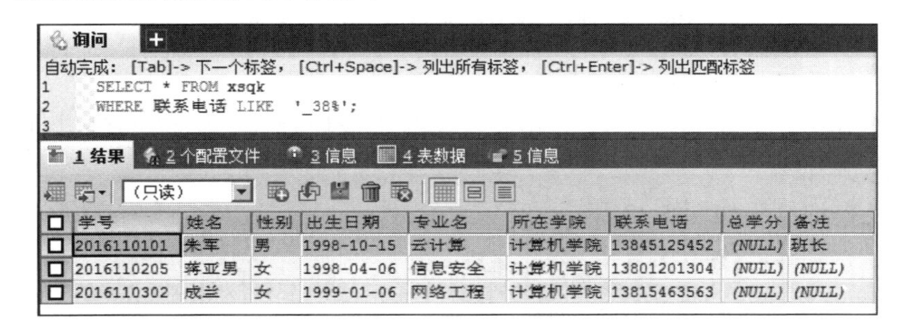

询问 +

自动完成：[Tab]-> 下一个标签，[Ctrl+Space]-> 列出所有标签，[Ctrl+Enter]-> 列出匹配标签

```
1   SELECT * FROM xsqk
2   WHERE 联系电话 LIKE  '_38%';
3
```

1 结果　2 个配置文件　3 信息　4 表数据　5 信息

（只读）

学号	姓名	性别	出生日期	专业名	所在学院	联系电话	总学分	备注
2016110101	朱军	男	1998-10-15	云计算	计算机学院	13845125452	(NULL)	班长
2016110205	蒋亚男	女	1998-04-06	信息安全	计算机学院	13801201304	(NULL)	(NULL)
2016110302	成兰	女	1999-01-06	网络工程	计算机学院	13815463563	(NULL)	(NULL)

图 5.35　查询电话号码第 2、3 位是“3” “8”的学生信息

4. 使用列表条件查询

使用 BETWEEN AND 可以查询一个连续的区间，对于列值的取值范围不是一个连续的区间的，在 MySQL 中提供了一个使用关键字 IN 的列表查询，IN 查询相当于多个 OR 运算符连接的查询条件的一种简化。

例 5.34 使用 IN 查询，在 xs_kc 表中查询课程号为“102”“105”“106”的学生成绩信息。

查询语句及查询结果如图 5.36 所示。

```
mysql> select * from xs_kc
    -> where 课程号 in('102','105','106');
+------------+--------+------+------+
| 学号       | 课程号 | 成绩 | 学分 |
+------------+--------+------+------+
| 2016110101 | 102    |   64 |    5 |
| 2016110102 | 102    |   67 |    5 |
| 2016110105 | 105    |   67 |    4 |
| 2016110106 | 102    |   57 |    0 |
| 2016110201 | 106    |   78 |    4 |
| 2016110202 | 106    |   81 |    4 |
+------------+--------+------+------+
6 rows in set (0.00 sec)
```

图 5.36 使用 IN 查询课程号为“102”“105”“106”的学生成绩信息

比较例 5.34 与例 5.30 可见，IN 查询和多个 OR 运算符连接的查询都可以完成相同的功能。

在使用 IN 查询时，如果查询集中存在有 NULL，则不会影响查询；如果使用 NOT IN 时，查询集中存在有 NULL，则不会有任何查询结果。

例 5.35 使用 IN 查询，在 xs_kc 表中查询课程号为“102”“105”“106”“NULL”的学生成绩信息。

查询语句及查询结果如图 5.37 所示。

```
mysql> select * from xs_kc
    -> where 课程号 in('102','105','106',NULL);
+------------+--------+------+------+
| 学号       | 课程号 | 成绩 | 学分 |
+------------+--------+------+------+
| 2016110101 | 102    |   64 |    5 |
| 2016110102 | 102    |   67 |    5 |
| 2016110105 | 105    |   67 |    4 |
| 2016110106 | 102    |   57 |    0 |
| 2016110201 | 106    |   78 |    4 |
| 2016110202 | 106    |   81 |    4 |
+------------+--------+------+------+
6 rows in set (0.00 sec)
```

图 5.37 使用 IN 查询带有 NULL 的查询集

可见，查询的结果与例 5.34 相同。

例 5.36 使用 IN 查询，在 xs_kc 表中查询不包含课程号为“102”“105”“106”“NULL”的学生成绩信息。

查询语句及查询结果如图 5.38 所示。

```
mysql> select * from xs_kc
    -> where 课程号 not in('102','105','106',NULL);
Empty set (0.00 sec)
```

图 5.38 使用 NOT IN 查询带有 NULL 的查询集

可见，采用关键字 NOT IN 的查询，当查询集中存在 NULL 时查询结果为空。

5. 使用空值条件查询

MySQL 中提供了关键字 IS NULL 的空值查询，用来查询某字段为空值的记录；还可以使用 NOT IN NULL 查询非空值字段。

例 5.37 在 kc 表中查询还没有指定授课教师的课程号和课程名。

查询语句及查询结果如图 5.39 所示。

```
mysql> select 课程号,课程名 from kc
    -> where 授课教师 is null;
+-----------+------------------+
| 课程号    | 课程名           |
+-----------+------------------+
| 114       | JAVA程序设计     |
+-----------+------------------+
1 row in set (0.00 sec)
```

图 5.39 查询还没有指定授课教师的课程号和课程名

例 5.38 在 xsqk 表中，查询所有班委的姓名、性别、专业名和班委职务。

查询语句及查询结果如图 5.40 所示。

```
mysql> select 姓名,性别,专业名,备注 as 班委职务 from xsqk
    -> where 备注 is not null;
+-----------+--------+----------------+--------------+
| 姓名      | 性别   | 专业名         | 班委职务     |
+-----------+--------+----------------+--------------+
| 朱军      | 男     | 云计算         | 班长         |
| 李娟      | 女     | 网络工程       | 学习委员     |
| 陈勇      | 男     | 机器人设计     | 生活委员     |
| 程蓓蕾    | 男     | 机器人设计     | 体育委员     |
+-----------+--------+----------------+--------------+
4 rows in set (0.00 sec)
```

图 5.40 查询所有班委的姓名、性别、专业名和班委职务

5.2.3 排序查询结果

使用条件查询能找到符合用户需求的数据记录，但是查询出的结果在默认情况下是按最初添加到数据表中的顺序来显示的，这种显示结果的方式可能并不满足用户的需求，比如查询学生成绩时，需要将成绩按从低到高的顺序进行排序。

排序查询结果的语法规则：

```
SELECT 字段列表
FROM 表名
WHERE 查询条件
ORDER BY {列名 1|列号 [ASC | DESC ]} ,[{列名 2|列号[ASC | DESC ]}], …
```

其中，“列名 1”，“列名 2”…表示需要排序的字段；“列号”表示该列在 SELECT 子句指定的列表中的相对顺序号；“ASC”表示对排序字段按升序进行排序（默认）；“DESC”表示对排序字段按降序进行排序。

在关键字 ORDER BY 后，可以设置单个或多个排序字段。

1. 按单字段排序

如果在关键字 ORDER BY 后只有一个字段进行排序，那就是单字段排序。

例 5.39 查询 xsqk 表的记录，要求显示出学号、姓名、性别、出生日期四个字段，并按出生日期升序排列。

查询语句及查询结果如图 5.41 所示。

```
mysql> select 学号,姓名,性别,出生日期 from xsqk
    -> order by 4;
+------------+--------+------+------------+
| 学号       | 姓名   | 性别 | 出生日期   |
+------------+--------+------+------------+
| 2016110401 | 陈勇   | 男   | 1997-12-23 |
| 2016110104 | 张小博 | 男   | 1998-04-06 |
| 2016110205 | 蒋亚男 | 女   | 1998-04-06 |
| 2016110404 | 赵真   | 女   | 1998-04-06 |
| 2016110106 | 李家琪 | 男   | 1998-04-07 |
| 2016110203 | 肖勇   | 男   | 1998-04-12 |
| 2016110105 | 钟鹏香 | 女   | 1998-05-03 |
| 2016110204 | 周明悦 | 女   | 1998-05-18 |
| 2016110201 | 曹科梅 | 女   | 1998-06-09 |
| 2016110403 | 程倍蕾 | 男   | 1998-08-16 |
| 2016110301 | 李娟   | 女   | 1998-08-24 |
| 2016110101 | 朱军   | 男   | 1998-10-15 |
| 2016110102 | 龙婷秀 | 女   | 1998-11-05 |
| 2016110303 | 李图   | 男   | 1998-11-15 |
| 2016110302 | 成兰   | 女   | 1999-01-06 |
| 2016110103 | 张庆国 | 男   | 1999-01-09 |
| 2016110202 | 江杰   | 男   | 1999-02-06 |
+------------+--------+------+------------+
17 rows in set (0.00 sec)
```

图 5.41 按单字段升序排列

从图 5.41 可见，升序排列是系统默认的，也可以不加参数 ASC；“order by 4”中的“4”指的是在所列出的字段列表 “学号、姓名、性别、出生日期”中，“出生日期”排在第 4 个位置，这里也可以直接用“order by 出生日期”。

例 5.40 在 xs_kc 表中查询选修了课程号为“101”的记录，要求按成绩进行降序排列。

查询语句及查询结果如图 5.42 所示。

```
mysql> select * from xs_kc
    -> where 课程号='101'
    -> order by 成绩 DESC;
+------------+--------+------+------+
| 学号       | 课程号 | 成绩 | 学分 |
+------------+--------+------+------+
| 2016110101 | 101    |   83 |    2 |
| 2016110103 | 101    |   78 |    2 |
| 2016110105 | 101    |   65 |    2 |
+------------+--------+------+------+
3 rows in set (0.02 sec)
```

图 5.42 按单字段降序排列

2. 按多字段排序

当关键字 ORDER BY 子句指定了多个列时，系统按照指定列的先后顺序排序，只有当前面列出现相同值时，才按后面列的顺序排序。

例 5.41 查询 xs_kc 表中的记录，并先按课程号升序排列，当课程号相同时，再按成绩降序排列。

查询语句及查询结果如图 5.43 所示。

```
mysql> select * from xs_kc
    -> order by 课程号 ASC,
    -> 成绩 DESC;
+------------+--------+------+------+
| 学号       | 课程号 | 成绩 | 学分 |
+------------+--------+------+------+
| 2016110101 | 101    |   83 |    2 |
| 2016110103 | 101    |   78 |    2 |
| 2016110105 | 101    |   65 |    2 |
| 2016110102 | 102    |   67 |    5 |
| 2016110101 | 102    |   64 |    5 |
| 2016110106 | 102    |   57 |    0 |
| 2016110102 | 103    |   65 |    4 |
| 2016110101 | 103    |   58 |    0 |
| 2016110104 | 103    |   54 |    0 |
| 2016110105 | 105    |   67 |    4 |
| 2016110202 | 106    |   81 |    4 |
| 2016110201 | 106    |   78 |    4 |
| 2016110202 | 107    |   85 |    4 |
| 2016110203 | 108    |   61 |    2 |
| 2016110204 | 109    |   18 |    0 |
| 2016110301 | 110    |   63 |    4 |
+------------+--------+------+------+
16 rows in set (0.00 sec)
```

图 5.43　按多字段排序

5.3　复杂数据查询

前面介绍的查询中，查询结果都是数据表的原始数据，但在实际应用中，可能需要得到对原数据表中数据进行汇总计算的结果。例如，要查询学生的平均成绩、最高成绩、最低成绩、总成绩、男生女生的人数、各专业的人数等。在 MySQL 中提供了复杂数据查询的方法，包括使用聚合函数查询、分类汇总查询、多表查询、子查询以及组合查询等。

5.3.1　使用聚合函数查询

聚合函数可以对一组值进行计算，并返回一个值，常用的聚合函数包括：SUM、AVG、MAX、MIN、COUNT 等。

语法规则：

```
SELECT 聚合函数（列名）
    FROM 表名
    [WHERE  条件]
```

其中“聚合函数”指的是 SUM、COUNT、AVG、MAX、MIN 中的一个，“列名”是被计算列名称。

1. SUM 函数

SUM 函数表示返回指定列之和，或符合特定条件的指定列之和。

例 5.42　计算 xs_kc 表中成绩列的总和，并将查询结果中的列名设为“总成绩”。

查询语句及查询结果如图 5.44 所示。

```
mysql> select sum(成绩) as 总成绩 from xs_kc;
+-----------+
| 总成绩    |
+-----------+
|      1044 |
+-----------+
1 row in set (0.00 sec)
```

图 5.44　成绩列的总和

从图 5.44 可见，SUM 函数对“成绩”这一组数值进行了计算，并返回了一个结果值。

例 5.43　计算 xs_kc 表中学号为 2016110101 的学生所选课程的成绩总和，并将查询结果中的列名设为“学号 2016110101 总成绩”。

查询语句及查询结果如图 5.45 所示。

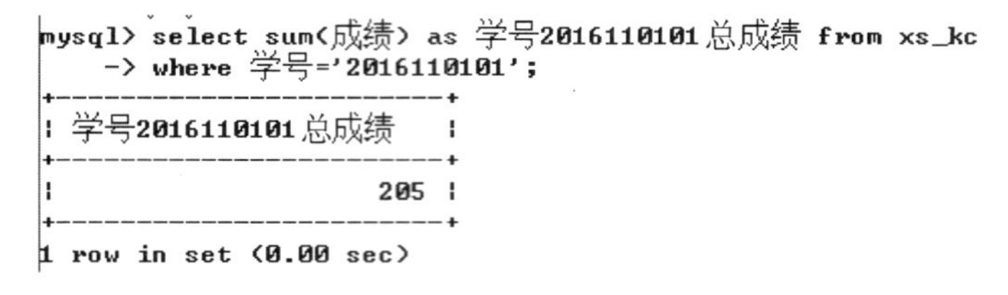

图 5.45　指定学号的成绩总和

2. COUNT 函数

COUNT 函数用来实现统计数据记录的条数，有两种使用方式来实现该统计函数：

COUNT(*)方式，用于实现对表中记录进行统计，不管表字段中包含的是 NULL 值，还是非 NULL 值；

COUNT(字段名)方式，用于实现对指定字段的记录进行统计，并忽略 NULL 值。

例 5.44　统计 kc 表中所录入的课程数量。

查询语句及查询结果如图 5.46 所示。

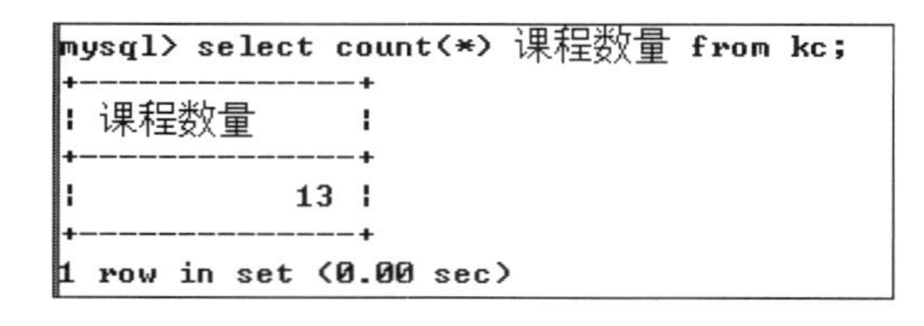

图 5.46　统计 kc 表中所录入的课程数量

例 5.45　统计 xsqk 表中班委的人数。

查询语句及查询结果如图 5.47 所示。

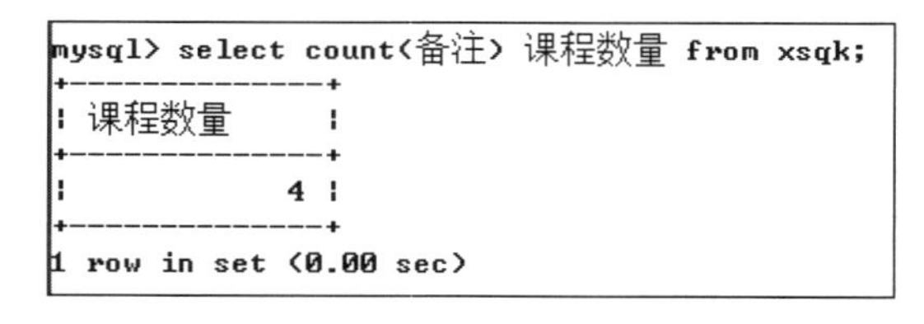

图 5.47　统计 xsqk 表中班委的人数

当在 SELECT 语句中使用了 WHERE 子句时，COUNT 函数可返回指定条件的数据记录行数。

例 5.46 统计 xsqk 表中男生的人数。

查询语句及查询结果如图 5.48 所示。

```
mysql> select count(学号) 男生人数 from xsqk
    -> where 性别='男';
+----------------+
| 男生人数       |
+----------------+
|              9 |
+----------------+
1 row in set (0.00 sec)
```

图 5.48 统计 xsqk 表中男生的人数

注意，这里要计算出男生的人数，可以使用“学号”列作为 COUNT 函数的参数，因为学号列是 xsqk 表的主键，能唯一标识每一条记录，也可以用“*”作为 COUNT 函数的参数。

3. AVG 函数

AVG 函数用于计算指定字段的平均值或符合特定条件的指定字段平均值，在计算时忽略值为 NULL 的记录；不忽略值为 0 的记录。

为了在使用 AVG 函数中演示指定字段值为 NULL 和值为 0 的情况，在此先查看表 xskc 中学生学号为 2016110101 的成绩情况，如图 5.49 所示。

```
mysql> select * from xskc where 学号='2016110101';
+------------+----------+--------+--------+
| 学号       | 课程号   | 成绩   | 学分   |
+------------+----------+--------+--------+
| 2016110101 | 101      |     84 |   NULL |
| 2016110101 | 102      |     68 |   NULL |
| 2016110101 | 104      |     74 |   NULL |
| 2016110101 | 111      |   NULL |   NULL |
| 2016110101 | 112      |      0 |   NULL |
+------------+----------+--------+--------+
5 rows in set (0.00 sec)
```

图 5.49 查看 xskc 中学生学号为 2016110101 的成绩情况

例 5.47 计算 xskc 表中学号为 2016110101 的学生平均成绩。

在不忽略值为 0 的记录情况下，查询语句及查询结果如图 5.50 所示。

```
mysql> select avg(成绩) 平均成绩 from xskc where 学号='2016110101';
+----------------+
| 平均成绩       |
+----------------+
|           56.5 |
+----------------+
1 row in set (0.00 sec)
```

图 5.50 不忽略值为 0 的平均成绩

从图 5.49 中可以计算，该学生一共选修了 5 门课程，其中三门课程有非 0 的成绩，总分是 84+68+74=226，求出的平均成绩是 56.5，56.5*4=226，可见，AVG 函数求平均时不忽略值为 0 的记录，只忽略了 NULL 的记录。如果需要计算有非 0 成绩的平均分，加上特定条件来查询即可。

例 5.48 计算 xskc 表中学号为 2016110101 的学生非 0 成绩的平均分。

查询语句及查询结果如图 5.51 所示。

```
mysql> select avg(成绩) 平均成绩 from xskc
    -> where 学号='2016110101' and not 成绩=0;
+-------------------+
| 平均成绩          |
+-------------------+
| 75.33333333333333 |
+-------------------+
1 row in set (0.00 sec)
```

图 5.51　忽略值为 0 的平均成绩

可见，在加上“not 成绩=0”的限制条件后就可计算出非 0 成绩的平均分了。

4. MAX 函数

MAX 函数可以返回指定字段的最大值或符合特定条件的指定字段最大值。

例 5.49　查询 xs_kc 表中课程号为“101”的学生最好成绩。

查询语句及查询结果如图 5.52 所示。

```
mysql> select max(成绩) 最好成绩 from xs_kc where 课程号='101';
+--------------+
| 最好成绩     |
+--------------+
|           83 |
+--------------+
1 row in set (0.00 sec)
```

图 5.52　查询最好成绩

5. MIN 函数

MIN 函数可以返回指定字段的最小值或符合特定条件的指定字段最小值。

例 5.50　查询 xs_kc 表中课程号为“101”的学生最低成绩。

查询语句及查询结果如图 5.53 所示。

```
mysql> select min(成绩) 最低成绩 from xs_kc where 课程号='101';
+--------------+
| 最低成绩     |
+--------------+
|           65 |
+--------------+
1 row in set (0.00 sec)
```

图 5.53　查询最低成绩

5.3.2　分类汇总查询

一个聚合函数只能返回一个汇总数据，但在实际应用中，用户需要得到不同类别的汇总数据，MySQL 中提供了分类汇总查询方法，可以按指定的列将数据分成多个类别，然后按类别进行汇总。按实现的查询功能不同，可分为简单分类查询、统计功能分类查询、多字段分类查询和采用 HAVING 子句的分类查询。

1. 简单分类查询

语法规则：

```
SELECT 字段列表 FROM 表名 WHERE 条件
GROUP BY 列名 1[,…n]
```

分类的依据是按 GROUP BY 子句中指定的列名来对数据记录进行分类。

例 5.51　在 xs_kc 表中，按选修的课程号对所有选修情况进行分类。

查询语句及查询结果如图 5.54 所示。

```
mysql> select * from xs_kc group by 课程号;
+------------+--------+------+------+
| 学号       | 课程号 | 成绩 | 学分 |
+------------+--------+------+------+
| 2016110101 | 101    |   83 |    2 |
| 2016110101 | 102    |   64 |    5 |
| 2016110101 | 103    |   58 |    0 |
| 2016110105 | 105    |   67 |    4 |
| 2016110201 | 106    |   78 |    4 |
| 2016110202 | 107    |   85 |    4 |
| 2016110203 | 108    |   61 |    2 |
| 2016110204 | 109    |   18 |    0 |
| 2016110301 | 110    |   63 |    4 |
+------------+--------+------+------+
9 rows in set (0.00 sec)
```

图 5.54　按选修的课程号对所有选修情况进行分类

注意，在使用关键字 GROUP BY 进行分类时，如果所分类的字段没有重复值，则会显示整个表中的每一条记录，这样的分组查询与没有使用分组查询结果是一样的，没有实际意义。如在 xsqk 表中，按学号进行分类查询，由于学号没有重复值，所以查询结果与没有使用分组查询结果是一样的。

2. 统计功能分类查询

从例 5.51 可见，如果只进行简单分类查询，是没有太大意义的。可以将分类查询与统计函数一起使用，以实现统计功能的分类查询。

语法规则：

```
SELECT GROUP_CONCAT(列名)   FROM  表名  WHERE  条件
GROUP BY  列名 1[,…n];
```

其中，GROUP_CONCAT()函数可以显示出每个分组中指定的字段值。

例 5.52　查询 xs_kc 表，按课程号进行分组，并显示出选修该课程的学生学号。

查询语句及查询结果如图 5.55 所示。

```
mysql> select 课程号, group_concat(学号) 学号
    -> from xs_kc
    -> group by 课程号;
+--------+----------------------------------+
| 课程号 | 学号                             |
+--------+----------------------------------+
| 101    | 2016110101,2016110103,2016110105 |
| 102    | 2016110101,2016110102,2016110106 |
| 103    | 2016110101,2016110102,2016110104 |
| 105    | 2016110105                       |
| 106    | 2016110201,2016110202            |
| 107    | 2016110202                       |
| 108    | 2016110203                       |
| 109    | 2016110204                       |
| 110    | 2016110301                       |
+--------+----------------------------------+
9 rows in set (0.06 sec)
```

图 5.55　按课程号进行分组并显示出选修该课程的学号

在本例的基础上，如果还要统计出每门课程有多少人选修，可使用 COUNT()函数。查询语句及查询结果如图 5.56 所示。

```
mysql> select 课程号, group_concat(学号) 学号,count(学号) 选修人数
    -> from xs_kc
    -> group by 课程号;
+----------+----------------------------------+----------+
| 课程号   | 学号                             | 选修人数 |
+----------+----------------------------------+----------+
| 101      | 2016110101,2016110103,2016110105 |        3 |
| 102      | 2016110101,2016110102,2016110106 |        3 |
| 103      | 2016110101,2016110102,2016110104 |        3 |
| 105      | 2016110105                       |        1 |
| 106      | 2016110201,2016110202            |        2 |
| 107      | 2016110202                       |        1 |
| 108      | 2016110203                       |        1 |
| 109      | 2016110204                       |        1 |
| 110      | 2016110301                       |        1 |
+----------+----------------------------------+----------+
9 rows in set (0.00 sec)
```

图 5.56　按课程号进行分组并显示出选修该课程的学号和选修人数

3. 多字段分类查询

在 MySQL 中进行分类查询时，除了可以对一个字段进行分类查询外，还可以对多个字段进行分类。

语法规则：

```
SELECT 字段列表 FROM 表名
WHERE 条件
GROUP BY 列名 1，列名 2，…;
```

在 GROUP BY 子句中，按照列出的列名先后次序进行分类。

例 5.53　查询 xsqk 表，先按性别进行分类，然后再查不同性别的学生学了哪些不同的专业。

查询语句及查询结果如图 5.57 所示。

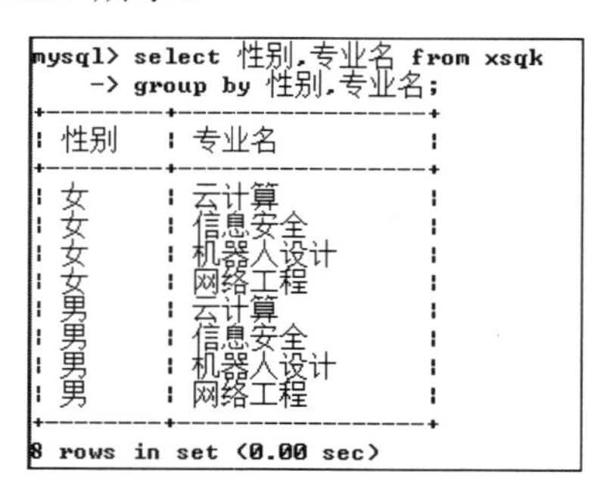

```
mysql> select 性别,专业名 from xsqk
    -> group by 性别,专业名;
+------+------------+
| 性别 | 专业名     |
+------+------------+
| 女   | 云计算     |
| 女   | 信息安全   |
| 女   | 机器人设计 |
| 女   | 网络工程   |
| 男   | 云计算     |
| 男   | 信息安全   |
| 男   | 机器人设计 |
| 男   | 网络工程   |
+------+------------+
8 rows in set (0.00 sec)
```

图 5.57　多字段分类查询

例 5.54　在例 5.53 的基础上，再显示出有哪些学生选了相应的专业，并统计出各专业的人数。

完成本例的功能可结合 GROUP_CONCAT()函数和 COUNT()函数来实现。查询语句及查询结果如图 5.58 所示。

```
mysql> select 性别,专业名,group_concat(姓名) 姓名,count(姓名) 人数
    -> from xsqk
    -> group by 性别,专业名;
+------+------------+------------------------------+------+
| 性别 | 专业名     | 姓名                         | 人数 |
+------+------------+------------------------------+------+
| 女   | 云计算     | 龙婷秀,钟鹏香                |    2 |
| 女   | 信息安全   | 曹科梅,周明悦,蒋亚男         |    3 |
| 女   | 机器人设计 | 赵真                         |    1 |
| 女   | 网络工程   | 李娟,成兰                    |    2 |
| 男   | 云计算     | 朱军,张庆国,张小博,李家琪    |    4 |
| 男   | 信息安全   | 江杰,肖勇                    |    2 |
| 男   | 机器人设计 | 陈勇,程蓓蕾                  |    2 |
| 男   | 网络工程   | 李图                         |    1 |
+------+------------+------------------------------+------+
8 rows in set (0.00 sec)
```

图 5.58 结合统计函数的多字段分类查询

4. 采用 HAVING 子句的分类查询

在 MySQL 中如果想实现分组的条件限制，采用 WHERE 是不能够实现的，因为 WHERE 子句用于实现条件限制数据记录，而不能对分组后的数据记录进行限制。MySQL 中提供了 HAVING 来实现条件限制分组数据记录。

语法规则：

```
SELECT 字段列表 FROM 表名
WHERE 条件
GROUP BY 列名 1，列名 2，…;
HAVING 条件;
```

其中，HAVING 子句后的条件就是对分组数据记录的限定条件。

例 5.55 在 xs_kc 表中统计每门课程的平均成绩。

查询语句及查询结果如图 5.59 所示。

```
mysql> select 课程号,avg(成绩) 平均成绩
    -> from xs_kc
    -> group by 课程号;
+--------+----------+
| 课程号 | 平均成绩 |
+--------+----------+
| 101    |  75.3333 |
| 102    |  62.6667 |
| 103    |  59.0000 |
| 105    |  67.0000 |
| 106    |  79.5000 |
| 107    |  85.0000 |
| 108    |  61.0000 |
| 109    |  18.0000 |
| 110    |  63.0000 |
+--------+----------+
9 rows in set (0.00 sec)
```

图 5.59 统计每门课程的平均成绩

在本例中，显示了所有课程的平均成绩，但如果要求显示平均成绩等于大于 60 分的课程号、平均成绩，并要求显示出选修了该课程的学号和统计出人数，就需要使用 HAVING 子句来实现。

例 5.56 在 xs_kc 表中统计平均成绩大于等于 60 分的课程号，并要求显示出选修了该课程的平均成绩、学号和统计出相应的人数。

查询语句及查询结果如图 5.60 所示。

```
mysql> select 课程号,avg(成绩) 平均成绩,group_concat(学号) 学号,count(学号) 人数

    -> from xs_kc
    -> group by 课程号
    -> having avg(成绩)>=60;
+--------+----------+--------------------------------+------+
| 课程号 | 平均成绩 | 学号                           | 人数 |
+--------+----------+--------------------------------+------+
| 101    |  75.3333 | 2016110101,2016110103,2016110105 |    3 |
| 102    |  62.6667 | 2016110101,2016110102,2016110106 |    3 |
| 105    |  67.0000 | 2016110105                     |    1 |
| 106    |  79.5000 | 2016110201,2016110202          |    2 |
| 107    |  85.0000 | 2016110202                     |    1 |
| 108    |  61.0000 | 2016110203                     |    1 |
| 110    |  63.0000 | 2016110301                     |    1 |
+--------+----------+--------------------------------+------+
7 rows in set (0.00 sec)
```

图 5.60　采用 HAVING 子句的分类查询

5.3.3　多表查询

前面所讲述的查询方法都是针对一个表的，但是，实际应用中的数据查询往往在一个表中是无法完成的，需要用到多个表的连接才能实现需要的查询功能，比较常见的是通过两张表之间的主/外键关系进行连接。连接查询就是把多个表中的行按给定的条件进行连接生成新表。

连接查询分为内连接查询和外连接查询。

1. 内连接查询

内连接是将多个表中的共享列值进行比较，把多个表中满足连接条件的记录横向连接起来，作为查询结果。内连接分为自连接、等值连接和非等值连接。

（1）自连接

自连接是一种特殊的等值连接，所谓自连接就是指表与其自身进行连接。

例 5.57　在 xsqk 表中，使用自连接方式来查询每个学生的姓名、性别和专业名。

查询语句及查询结果如图 5.61 所示。

```
mysql> select x.姓名,x.性别,z.专业名
    -> from xsqk x,xsqk z
    -> where x.学号=z.学号;
+--------+------+------------+
| 姓名   | 性别 | 专业名     |
+--------+------+------------+
| 朱军   | 男   | 云计算     |
| 龙婷秀 | 女   | 云计算     |
| 张庆国 | 男   | 云计算     |
| 张小博 | 男   | 云计算     |
| 钟鹏香 | 女   | 云计算     |
| 李家琪 | 男   | 云计算     |
| 曹科梅 | 女   | 信息安全   |
| 江杰   | 男   | 信息安全   |
| 肖勇   | 男   | 信息安全   |
| 周明悦 | 女   | 信息安全   |
| 蒋亚男 | 女   | 信息安全   |
| 李娟   | 女   | 网络工程   |
| 成三   | 女   | 网络工程   |
| 李图   | 男   | 网络工程   |
| 陈勇   | 男   | 机器人设计 |
| 程蓓蕾 | 男   | 机器人设计 |
| 赵真   | 女   | 机器人设计 |
+--------+------+------------+
17 rows in set (0.01 sec)
```

图 5.61　自连接

由图 5.61 可见，语句“form xsqk x,xsqk z”采用了表的别名机制，就是为表 xsqk 取别名“x”和“z”。两个表进行连接的语句是“where x.学号=z.学号”，两表连接的语法规则是“where 表1.列名=表 2.列名”。在这里是自连接，用的都是 xsqk 表自身，也可以使用不同的两个表，但要

求这两个表一个为主表，另一个为从表，它们利用外键参照关系实现表的连接。

上述语句采用的是 MySQL 的语法形式，也可以采用 ANSI 连接的语法形式来实现：

```
mysql> select x.姓名,x.性别,z.专业名
    -> from xsqk x inner join xsqk z
    -> on x.学号=z.学号;
```

它们完成的功能完全一样。

（2）等值连接

等值连接就是在关键字 where 后的匹配条件中，利用等于关系符“=”使得两张表中相同字段的值相等作为连接条件来实现的连接。

例 5.58 查询不及格学生的学号、姓名、课程号和成绩信息。

分析，由于在 XSCJ 数据库中的 xsqk 表、kc 表和 xs_kc 表都不能独自提供本例要求查询的所有列，因此在查询之前需要确定以下内容：

需要查询字段来自于哪些表。本例中，学号、姓名来自于 xsqk 表，学号、课程号、成绩来自于 xs_kc 表；

这些表之间是如何关联的。本例中，xsqk 表和 xs_kc 表可通过共享列“学号”进行关联；

最后再确定查询条件。本例中，查询条件是 xsqk 表和 xs_kc 表的共享列“学号”相等，这样才能确保查询结果的每一条记录都是针对同一个学生的，另一个条件是“成绩<60”。

查询语句及查询结果如图 5.62 所示。

```
mysql> select xsqk.学号,姓名,课程号,成绩
    -> from xsqk,xs_kc
    -> where xsqk.学号=xs_kc.学号 and 成绩<60;
+------------+--------+--------+------+
| 学号       | 姓名   | 课程号 | 成绩 |
+------------+--------+--------+------+
| 2016110101 | 朱军   | 103    |   58 |
| 2016110104 | 张小博 | 103    |   54 |
| 2016110106 | 李家琪 | 102    |   57 |
| 2016110204 | 周明悦 | 109    |   18 |
+------------+--------+--------+------+
4 rows in set (0.00 sec)
```

图 5.62 等值连接

当引用的列存在于多个表时，必须用“表名.列名”的形式明确要显示的是哪个表的字段，如本例中的学号列，都在前面加上了表名。

上述语句采用的是 MySQL 自身的语法形式，也可以采用 ANSI 连接的语法形式来实现：

```
mysql> select xsqk.学号,姓名,课程号,成绩
    -> from xsqk inner join xs_kc
    -> on xsqk.学号=xs_kc.学号
    -> where 成绩<60;
```

它们完成的功能完全一样。

在例 5.58 中，实现的是两个表的连接，下面举例来讲述如何实现三个表的等值连接。

例 5.59 查询不及格学生的学号、姓名、课程号、授课教师和成绩信息。

由于需要查询的字段信息涉及 xsqk 表、kc 表和 xs_kc 表，所以需要将这三张表进行等值连接。

查询语句及查询结果如图 5.63 所示。

```
mysql> select xsqk.学号,姓名,kc.课程号,授课教师,成绩
    -> from xsqk,xs_kc,kc
    -> where xsqk.学号=xs_kc.学号 and kc.课程号=xs_kc.课程号 and 成绩<60;
+------------+--------+--------+----------+------+
| 学号       | 姓名   | 课程号 | 授课教师 | 成绩 |
+------------+--------+--------+----------+------+
| 2016110101 | 朱军   | 103    | 王印     |   58 |
| 2016110104 | 张小博 | 103    | 王印     |   54 |
| 2016110106 | 李家琪 | 102    | 童华     |   57 |
| 2016110204 | 周明悦 | 109    | 唐成林   |   18 |
+------------+--------+--------+----------+------+
4 rows in set (0.05 sec)
```

图 5.63　三张表的等值连接

采用 ANSI 的语法形式：

```
mysql> select xsqk.学号,姓名,kc.课程号,授课教师,成绩
    -> from xsqk inner join xs_kc on xsqk.学号=xs_kc.学号
    -> inner join kc on kc.课程号=xs_kc.课程号
    -> where 成绩<60;
```

它们完成的功能完全一样。

（3）不等值连接

不等值连接与等值连接相比，就是把匹配的关系运算符“=”改为“>、>=、<、<=和!=”。

例 5.60　查询 xs_kc 表，要求显示出每个学生的两门课程成绩。

分析：按一般的查询方式，只能在一行上显示出一个课程号和成绩，只有用到别名方式，才能显示出两列课程号和成绩。

查询语句及查询结果如图 5.64 所示。

```
mysql> select A.学号,A.课程号,A.成绩,B.课程号,B.成绩
    -> from xs_kc A,xs_kc B
    -> where A.学号=B.学号;
+------------+--------+------+--------+------+
| 学号       | 课程号 | 成绩 | 课程号 | 成绩 |
+------------+--------+------+--------+------+
| 2016110101 | 101    |   83 | 101    |   83 |
| 2016110101 | 101    |   83 | 102    |   64 |
| 2016110101 | 101    |   83 | 103    |   58 |
| 2016110101 | 102    |   64 | 101    |   83 |
| 2016110101 | 102    |   64 | 102    |   64 |
| 2016110101 | 102    |   64 | 103    |   58 |
| 2016110101 | 103    |   58 | 101    |   83 |
| 2016110101 | 103    |   58 | 102    |   64 |
| 2016110101 | 103    |   58 | 103    |   58 |
| 2016110102 | 102    |   67 | 102    |   67 |
| 2016110102 | 102    |   67 | 103    |   65 |
| 2016110102 | 103    |   65 | 102    |   67 |
| 2016110102 | 103    |   65 | 103    |   65 |
| 2016110103 | 101    |   78 | 101    |   78 |
| 2016110104 | 103    |   54 | 103    |   54 |
| 2016110105 | 101    |   65 | 101    |   65 |
| 2016110105 | 101    |   65 | 105    |   67 |
| 2016110105 | 105    |   67 | 101    |   65 |
| 2016110105 | 105    |   67 | 105    |   67 |
| 2016110106 | 102    |   57 | 102    |   57 |
| 2016110201 | 106    |   78 | 106    |   78 |
| 2016110202 | 106    |   81 | 106    |   81 |
| 2016110202 | 106    |   81 | 107    |   85 |
| 2016110202 | 107    |   85 | 106    |   81 |
| 2016110202 | 107    |   85 | 107    |   85 |
| 2016110203 | 108    |   61 | 108    |   61 |
| 2016110204 | 109    |   18 | 109    |   18 |
| 2016110301 | 110    |   63 | 110    |   63 |
+------------+--------+------+--------+------+
28 rows in set (0.00 sec)
```

图 5.64　显示出每个学生的两门课程成绩

如图 5.64 所示，在显示两列课程号和成绩时，如果不加限制条件，将会出现多种组合，包括重复组合，如果采用不等值连接，将会大大减少这些重复组合。

查询语句及查询结果如图 5.65 所示。

```
mysql> select A.学号, A.课程号,A.成绩,B.课程号,B.成绩
    -> from xs_kc A,xs_kc B
    -> where A.学号=B.学号 and A.课程号<B.课程号;
+------------+----------+--------+----------+--------+
| 学号       | 课程号   | 成绩   | 课程号   | 成绩   |
+------------+----------+--------+----------+--------+
| 2016110101 | 101      |     83 | 102      |     64 |
| 2016110101 | 101      |     83 | 103      |     58 |
| 2016110101 | 102      |     64 | 103      |     58 |
| 2016110102 | 102      |     67 | 103      |     65 |
| 2016110105 | 101      |     65 | 105      |     67 |
| 2016110202 | 106      |     81 | 107      |     85 |
+------------+----------+--------+----------+--------+
6 rows in set (0.00 sec)
```

图 5.65　不等值连接

对比图 5.64 和图 5.65 所示的查询结果可见，采用不等值连接后重复结果没有了。

采用 ANSI 的语法形式：

```
mysql> select A.学号, A.课程号,A.成绩,B.课程号,B.成绩
    -> from xs_kc A inner join xs_kc B
    -> on A.学号=B.学号  and A.课程号<B.课程号;
```

2. 外连接查询

通过内连接查询的结果是相关表中满足连接条件的行，而外连接查询会返回所操作表中至少一个表的所有数据记录。根据对表的限制情况，外连接可分为左外连接和右外连接。

（1）左外连接

左外连接就是在查询结果中显示左边表中所有的记录，以及右边表中符合条件的记录，使用的连接关键字是 LEFT JOIN。

例 5.61　采用左外连接查询学生的学号、姓名、课程号和成绩信息。

查询语句及查询结果如图 5.66 所示。

```
mysql> SELECT xsqk.学号,姓名,课程号,成绩
    -> FROM xsqk lefT OUTER JOIN xs_kc
    -> ON xsqk.学号=xs_kc.学号;
+------------+----------+----------+--------+
| 学号       | 姓名     | 课程号   | 成绩   |
+------------+----------+----------+--------+
| 2016110204 | 周明悦   | 109      |     18 |
| 2016110104 | 张小博   | 103      |     54 |
| 2016110103 | 张庆国   | 101      |     78 |
| 2016110302 | 成兰     | NULL     |   NULL |
| 2016110201 | 曹科梅   | 106      |     78 |
| 2016110101 | 朱军     | 101      |     83 |
| 2016110101 | 朱军     | 102      |     64 |
| 2016110101 | 朱军     | 103      |     58 |
| 2016110303 | 李图     | NULL     |   NULL |
| 2016110301 | 李娟     | 110      |     63 |
| 2016110106 | 李家琪   | 102      |     57 |
| 2016110202 | 江杰     | 106      |     81 |
| 2016110202 | 江杰     | 107      |     85 |
| 2016110403 | 程蓓蕾   | NULL     |   NULL |
| 2016110203 | 肖勇     | 108      |     61 |
| 2016110205 | 蒋亚男   | NULL     |   NULL |
| 2016110404 | 赵真     | NULL     |   NULL |
| 2016110105 | 钟鹏香   | 101      |     65 |
| 2016110105 | 钟鹏香   | 105      |     67 |
| 2016110401 | 陈勇     | NULL     |   NULL |
| 2016110102 | 龙婷秀   | 102      |     67 |
| 2016110102 | 龙婷秀   | 103      |     65 |
+------------+----------+----------+--------+
22 rows in set (0.00 sec)
```

图 5.66　左外连接

从图 5.66 可见，有些学生的课程号和成绩为 NULL，表示这些学生在 xs_kc 表中没有成绩记录。

（2）右外连接

右外连接就是在查询结果中显示右边表中所有的记录，以及左边表中符合条件的记录，使用的连接关键字是 RIGHT JOIN。

例 5.62　采用右外连接查询成绩不及格学生的学号、姓名、课程号和成绩信息。

查询语句及查询结果如图 5.67 所示。

```
mysql> SELECT xsqk.学号,姓名,课程号,成绩
    -> FROM xsqk RIGHT OUTER JOIN xs_kc
    -> ON xsqk.学号=xs_kc.学号
    -> WHERE 成绩<60;
+------------+--------+--------+------+
| 学号       | 姓名   | 课程号 | 成绩 |
+------------+--------+--------+------+
| 2016110101 | 朱军   | 103    |   58 |
| 2016110104 | 张小博 | 103    |   54 |
| 2016110106 | 李家琪 | 102    |   57 |
| 2016110204 | 周明悦 | 109    |   18 |
+------------+--------+--------+------+
4 rows in set (0.00 sec)
```

图 5.67　右外连接

5.3.4　子查询

5.3.3 节中介绍了多表连接查询，但是由于连接查询的效率不高，因此出现了比连接查询性能更好的子查询。在 MySQL 软件中如果通过子查询能实现功能，推荐使用子查询来实现多表数据查询。

子查询是指在一个 SELECT 语句中再包含一个 SELECT 语句，外层的 SELECT 语句称为外部查询，内层的 SELECT 语句称为内部查询或子查询。

子查询被包含在 WHERE 子句中作为条件，在执行时通常是先执行子查询的 SQL 语句得到查询结果，然后再将其结果作为条件完成查询的操作。子查询通常与比较运算符、列表运算符 IN、存在运算符 EXISTS 和匹配运算符 ANY（SOME）等一起构成查询条件。

1. 使用比较运算符进行子查询

例 5.63　查询平均成绩不及格学生的学号、姓名。

查询语句及查询结果如图 5.68 所示。

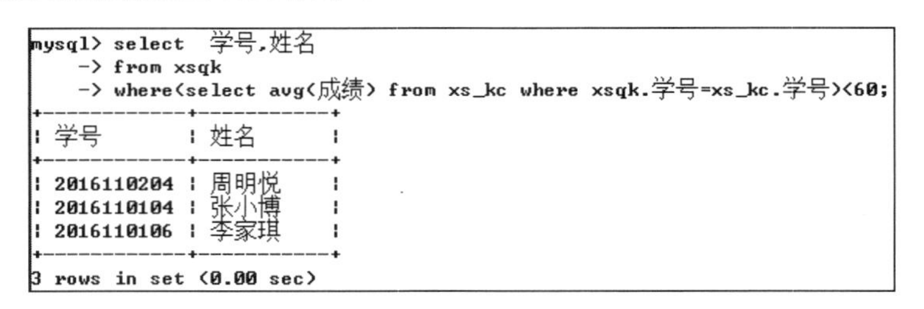

```
mysql> select  学号,姓名
    -> from xsqk
    -> where(select avg(成绩) from xs_kc where xsqk.学号=xs_kc.学号)<60;
+------------+--------+
| 学号       | 姓名   |
+------------+--------+
| 2016110204 | 周明悦 |
| 2016110104 | 张小博 |
| 2016110106 | 李家琪 |
+------------+--------+
3 rows in set (0.00 sec)
```

图 5.68　使用比较运算符进行子查询

注意，在该子查询中，每次执行只能返回单列单个值。如果在 WHERE 子句中，改为“where (select 成绩 from xs_kc where xsqk.学号=xs_kc.学号)<60;” 则会提示：

ERROR 1242 (21000): Subquery returns more than 1 row”

说明子查询返回值超过一行出错。

2. 使用 IN 的子查询

当主查询条件在子查询的查询结果中时，就可以通过关键字 IN 来进行子查询，否则，可以用 NOT IN 来进行子查询。

例 5.64 在 kc 表中查询课程号、课程名、授课教师、开课学期和学时，要求查询的课程必须已有学生选修。

分析：要求有学生选修，就是指课程号必须要在 xs_kc 表中存在。因此子查询需要在 xs_kc 表中查询课程号，而主查询的课程号包含在子查询中。

查询语句及查询结果如图 5.69 所示。

```
mysql> select 课程号,课程名,授课教师,开课学期,学时 from kc
    -> where 课程号 in(
    -> select 课程号 from xs_kc);
+--------+------------------+----------+----------+------+
| 课程号 | 课程名           | 授课教师 | 开课学期 | 学时 |
+--------+------------------+----------+----------+------+
| 101    | 计算机文化基础   | 李平     |        1 |   32 |
| 102    | 计算机硬件基础   | 童华     |        1 |   80 |
| 103    | 程序设计基础     | 王印     |        2 |   64 |
| 105    | 云计算基础       | 郎景成   |        2 |   64 |
| 106    | 云操作系统       | 李月     |        3 |   64 |
| 107    | 数据库           | 陈一波   |        3 |   64 |
| 108    | 网络技术实训     | 张成本   |        3 |   40 |
| 109    | 云系统实施与维护 | 唐成林   |        4 |   64 |
| 110    | 云存储与备份     | 路一业   |        4 |   64 |
+--------+------------------+----------+----------+------+
9 rows in set (0.00 sec)
```

图 5.69 使用 IN 的子查询

3. 使用 ANY 的子查询

ANY 子查询表示：只要子查询中有一行数据能使结果为真，则主查询 WHERE 子句的查询条件就为真。ANY 子查询有三种方式：=ANY；>ANY(>=ANY)和<ANY(<=ANY)。其中=ANY 的功能和 IN 子查询一样；>ANY(>=ANY)表示比子查询中返回的数据记录中最小值要大（或相等）的记录；<ANY(<=ANY)表示比子查询中返回的数据记录中最大值要小（或相等）的记录；

例 5.65 查询 xs_kc 表中的记录，要求这些记录的成绩高于课程号为 103 的任意一个学生的成绩。

分析：在 xs_kc 表中，课程号为 103 的成绩有三个，分别为 58 分、65 分、54 分。本例的要求是查询比最低分（54 分）更高的记录信息。

查询语句及查询结果如图 5.70 所示。

```
mysql> select * from xs_kc
    -> where 成绩>any(select 成绩 from xs_kc where 课程号='103');
+------------+--------+------+------+
| 学号       | 课程号 | 成绩 | 学分 |
+------------+--------+------+------+
| 2016110101 | 101    |   83 |    2 |
| 2016110101 | 102    |   64 |    5 |
| 2016110101 | 103    |   58 |    0 |
| 2016110102 | 102    |   67 |    5 |
| 2016110102 | 103    |   65 |    4 |
| 2016110103 | 101    |   78 |    2 |
| 2016110105 | 101    |   65 |    2 |
| 2016110105 | 105    |   67 |    4 |
| 2016110106 | 102    |   57 |    0 |
| 2016110201 | 106    |   78 |    4 |
| 2016110202 | 106    |   81 |    4 |
| 2016110202 | 107    |   85 |    4 |
| 2016110203 | 108    |   61 |    2 |
| 2016110301 | 110    |   63 |    4 |
+------------+--------+------+------+
14 rows in set (0.00 sec)
```

图 5.70 使用 ANY 的子查询

4. 使用 ALL 的子查询

ALL 子查询表示：要求子查询中所有行数据能使结果为真，则主查询 WHERE 子句的查询条件才为真。ANY 子查询有两种方式：>ALL(>=ALL)和<ALL(<=ALL)。其中，>ANY(>=ANY)表示比子查询中返回的数据记录中最大值要大（或相等）的记录；<ANY(<=ANY) 表示比子查询中返回的数据记录中最小值要小（或相等）的记录；

例 5.66 查询 xs_kc 表中的记录，要求这些记录的成绩高于课程号为 103 的所有学生的成绩。

分析：在 xs_kc 表中，课程号为 103 的成绩有三个，分别为 58 分、65 分、54 分。本例的要求是查询比最高分（65 分）更高的记录信息。

查询语句及查询结果如图 5.71 所示。

```
mysql> select * from xs_kc
    -> where 成绩>all(select 成绩 from xs_kc where 课程号='103');
+------------+--------+------+------+
| 学号       | 课程号 | 成绩 | 学分 |
+------------+--------+------+------+
| 2016110101 | 101    |   83 |    2 |
| 2016110102 | 102    |   67 |    5 |
| 2016110103 | 101    |   78 |    2 |
| 2016110105 | 105    |   67 |    4 |
| 2016110201 | 106    |   78 |    4 |
| 2016110202 | 106    |   81 |    4 |
| 2016110202 | 107    |   85 |    4 |
+------------+--------+------+------+
7 rows in set (0.00 sec)
```

图 5.71 使用 ALL 的子查询

5. 使用 EXISTS 的子查询

EXISTS 子查询是一个布尔类型，返回值为 True 或 False，其作用是检查子查询是否有返回值，如果有返回值，结果为 True，否则为 False。NOT EXISTS 的作用与之相反，查询时 EXISTS 对外表采用遍历方式逐条查询，每次查询都会与 EXISTS 的条件语句比较得出结果，如果为 True 则返回当前遍历到的记录，否则不能返回记录行，丢弃当前遍历到的记录。

例 5.67 在 xs_kc 表中查询已有学生选修的课程号和课程名。

查询语句及查询结果如图 5.72 所示。

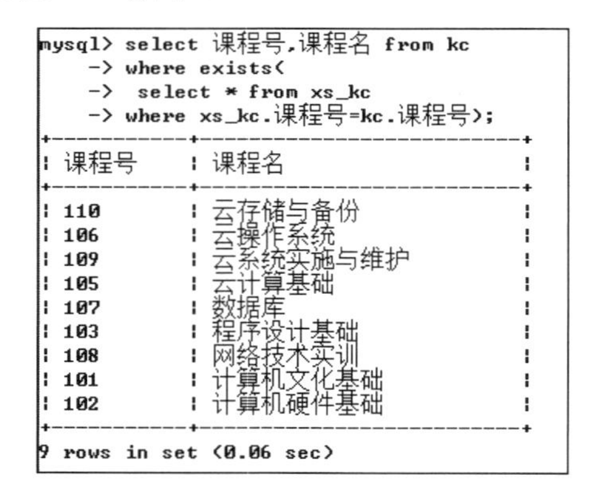

```
mysql> select 课程号,课程名 from kc
    -> where exists(
    ->  select * from xs_kc
    -> where xs_kc.课程号=kc.课程号);
+--------+------------------+
| 课程号 | 课程名           |
+--------+------------------+
| 110    | 云存储与备份     |
| 106    | 云操作系统       |
| 109    | 云系统实施与维护 |
| 105    | 云计算基础       |
| 107    | 数据库           |
| 103    | 程序设计基础     |
| 108    | 网络技术实训     |
| 101    | 计算机文化基础   |
| 102    | 计算机硬件基础   |
+--------+------------------+
9 rows in set (0.06 sec)
```

图 5.72 使用 EXISTS 的子查询

5.3.5 合并查询结果

如何将多个查询结果合并成一个查询结果呢？在 MySQL 中可以采用 UNION 关键字来实现合并查询结果。

语法规则：

```
SELECT 列名 FROM 表名 1
UNION[ALL]
SELECT 列名 FROM 表名 2
```

使用关键字 UNION 和 UNION ALL 的区别：使用 UNION 连接查询结果时，会去掉相同行；使用 UNION ALL 连接的时候，不会去掉相同行。

1. 使用 UNION 的合并操作

例 5.68 使用 UNION 合并查询选修了课程号为“101”“102”的学生学号。

查询语句及查询结果如图 5.73 所示。

```
mysql> select 学号 from xs_kc where 课程号='101'
    -> union
    -> select 学号 from xs_kc where 课程号='102';
+------------+
| 学号       |
+------------+
| 2016110101 |
| 2016110103 |
| 2016110105 |
| 2016110102 |
| 2016110106 |
+------------+
5 rows in set (0.00 sec)
```

图 5.73 使用 UNION 的合并操作

2. 使用 UNION ALL 的合并操作

例 5.69 使用 UNION ALL 合并查询选修了课程号为“101”“102”的学生学号。

查询语句及查询结果如图 5.74 所示。

```
mysql> select 学号 from xs_kc where 课程号='101'
    -> union all
    -> select 学号 from xs_kc where 课程号='102';
+------------+
| 学号       |
+------------+
| 2016110101 |
| 2016110103 |
| 2016110105 |
| 2016110101 |
| 2016110102 |
| 2016110106 |
+------------+
6 rows in set (0.00 sec)
```

图 5.74 使用 UNION ALL 的合并操作

通过本例与例 5.68 比较可见，使用 UNION ALL 进行合并查询结果后，有两条记录“2016110101”是相同的，因为这个学生同时选修了课程号为“101”“102”的课程。通过如

图 5.75 所示的查询语句及查询结果可以看出。

```
mysql> select * from xs_kc where 课程号='101'
    -> union all
    -> select * from xs_kc where 课程号='102';
+------------+--------+------+------+
| 学号       | 课程号 | 成绩 | 学分 |
+------------+--------+------+------+
| 2016110101 | 101    |   83 |    2 |
| 2016110103 | 101    |   78 |    2 |
| 2016110105 | 101    |   65 |    2 |
| 2016110101 | 102    |   64 |    5 |
| 2016110102 | 102    |   67 |    5 |
| 2016110106 | 102    |   57 |    0 |
+------------+--------+------+------+
6 rows in set (0.00 sec)
```

图 5.75　使用 UNION ALL 的合并操作

5.3.6　将查询结果输出到其他表

在对表进行查询时，可以将查询结果保存到一个新表中，这种方法常用于创建表的副本或创建临时表。新表的列为 SELECT 子句指定的列，数据类型为原表的数据类型，属性方面保留了非空属性和默认值属性，忽略如主键、外键约束等其他属性。

有两种方式将查询结果输出到文件，一种是输出前其他表未创建，另一种是输出前其他表已存在。

1. 输出前其他表未创建

语法规则：

```
CREATE TABLE 新表 SELECT 列名列表 FROM 原表 WHERE 条件;
```

例 5.70　查询成绩在 75 分以上的学生学号、课程号和成绩，并将查询结果保存在新表 xs_kc4 中。

```
mysql> create table xs_kc4 select 学号,课程号,成绩 from xs_kc where 成绩>=75;
Query OK, 5 rows affected (0.55 sec)
Records: 5   Duplicates: 0   Warnings: 0
```

查询新产生的表 xs_kc4 中的记录，查询结果如图 5.76 所示。

```
mysql> select * from xs_kc4;
+------------+--------+------+
| 学号       | 课程号 | 成绩 |
+------------+--------+------+
| 2016110101 | 101    |   83 |
| 2016110103 | 101    |   78 |
| 2016110201 | 106    |   78 |
| 2016110202 | 106    |   81 |
| 2016110202 | 107    |   85 |
+------------+--------+------+
5 rows in set (0.00 sec)
```

图 5.76　新表 xs_kc4 中的记录

下面对比原表 xs_kc 与新表 xs_kc4 的详细结构。

原表 xs_kc 的详细结构：

```
mysql> show create table xs_kc\G;
*************************** 1. row ***************************
       Table: xs_kc
```

```
Create Table: CREATE TABLE `xs_kc` (
  `学号` char(10) NOT NULL,
  `课程号` char(3) NOT NULL,
  `成绩` tinyint(4) DEFAULT NULL,
  `学分` tinyint(4) DEFAULT NULL,
  PRIMARY KEY (`学号`,`课程号`),
  KEY `FK_xskc_KCH` (`课程号`),
  CONSTRAINT `FK_xskc_KCH` FOREIGN KEY (`课程号`) REFERENCES `kc` (`课程号`),
  CONSTRAINT `FK_xskc_XH` FOREIGN KEY (`学号`) REFERENCES `xsqk` (`学号`)
) ENGINE=InnoDB DEFAULT CHARSET=utf8
1 row in set (0.00 sec)
```

新表 xs_kc4 的详细结构：

```
mysql> show create table xs_kc4 \G
*************************** 1. row ***************************
       Table: xs_kc4
Create Table: CREATE TABLE `xs_kc4` (
  `学号` char(10) NOT NULL,
  `课程号` char(3) NOT NULL,
  `成绩` tinyint(4) DEFAULT NULL
) ENGINE=InnoDB DEFAULT CHARSET=utf8
1 row in set (0.00 sec)
```

可见，新产生的表保留了原表中的数据类型、默认值和空值约束，但忽略了主键和外键约束。

2. 输出前其他表已存在

语法规则：

```
INSERT INTO 其他表 SELECT 列名列表 FROM 原表 WHERE 条件;
```

例 5.71　查询成绩小于 60 分的学生学号、课程号和成绩，并将查询结果保存到 xs_kc4 表中。

```
mysql> insert into xs_kc4 select 学号,课程号,成绩 from xs_kc where 成绩<60;
Query OK, 4 rows affected (0.19 sec)
Records: 4  Duplicates: 0  Warnings: 0
```

查询表 xs_kc4 中的记录，查询结果如图 5.77 所示。

```
mysql> select * from xs_kc4;
+------------+--------+------+
| 学号       | 课程号 | 成绩 |
+------------+--------+------+
| 2016110101 | 101    |   83 |
| 2016110103 | 101    |   78 |
| 2016110201 | 106    |   78 |
| 2016110202 | 106    |   81 |
| 2016110202 | 107    |   85 |
| 2016110101 | 103    |   58 |
| 2016110104 | 103    |   54 |
| 2016110106 | 102    |   57 |
| 2016110204 | 109    |   18 |
+------------+--------+------+
9 rows in set (0.00 sec)
```

图 5.77　查询表 xs_kc4 中的记录

从图 5.77 可见，在原表 xs_kc4 中新增了成绩小于 60 分的四条记录。

这里需要注意的是，如果 xs_kc4 有主键约束，则在通过查询输入时与其他表的输入一样，主键不能有重复值，如为 xs_kc4 表先设置学号，课程号为主键：

```
mysql> alter table xs_kc4 add primary key(学号,课程号);
Query OK, 0 rows affected (0.71 sec)
Records: 0   Duplicates: 0   Warnings: 0
```

然后通过查询 xs_kc 表向 xs_kc4 表输入记录（查询成绩小于 70 分的学生学号、课程号和成绩，并将查询结果保存到 xs_kc4 表中）。

```
mysql> insert into xs_kc4 select  学号,课程号,成绩  from xs_kc where  成绩<70;
ERROR 1062 (23000): Duplicate entry '2016110101-103' for key 'PRIMARY'
```

可见，错误提示是由于重复输入主键值错误造成的。

课后习题

注：课后习题（包括后面各章）中使用的表是贯穿本教材的 XSCJ 数据库中的三张表，即学生情况表 xsqk、课程表 kc、课程成绩表 xs_kc。

一、填空题

1．常用的运算符分为________、比较运算符、逻辑运算符和位运算符 4 种。

2．求模运算符有%和________。

3．进行逻辑非运算，当操作数为 NULL 时，结果为________。

4．使用按位与位运算符计算 1&10 值，结果等于________。

5．在 SQLyog 中，用鼠标左键单击“对象浏览器”中的数据库“XSCJ”相当于在“询问”窗口中输入________。

6．如果在查询中提示“ERROR 1054 (42S22): Unknown column '姓名' in 'field list'”说明在数据表中没有________列。

7．有时查询出的结果会产生重复数据，但用户对重复的数据并不需要，此时可以采用关键字________来避免重复的查询结果。

8．在实际应用中，用户可能只要求查询部分满足某种条件的纪录。此时就需要在 SELECT 语句中加入________子句来指定查询条件，过滤不符合条件的记录。

9．________用于查询条件不完全确定的情况。

10．________查询相当于多个 OR 运算符连接查询条件的一种简化。

11．在查询学生成绩时，需要将成绩按从低到高的顺序进行排序，用到的关键字是________。

12．一个聚合函数只能返回一个汇总数据，但在实际应用中为了得到不同类别的汇总数据，需要使用________查询方法。

13．在进行分类汇总查询时，可以用________函数显示出每个分组中指定的字段值。

14．________连接就是在关键字 WHERE 后的匹配条件中，利用等于关系符“=”使得两张表中相同字段的值相等作为连接条件来实现的连接。

15．________子查询表示主查询的条件为满足子查询返回查询结果中任意一条数据记录。

二、选择题

1．查询所有姓“李”的学生基本信息，下列 SQL 语句正确的是（　　）。

A．select * from xsqk where 姓名='李'

B．select * from xsqk where 姓名='李%'

C．select * from xsqk where 姓名 like '李%'

D．select * from xsqk where 姓名 like '李_'

2．查询选修了两门及以上课程的学生学号，下列 SQL 语句正确的是（　　）。

A．select 学号 from xs_kc group by 学号 having count(*)>=2

B．select 学号 from xs_kc group by 学号 where count(*)>=2

C．select 学号 from xs_kc order by 学号 having count(*)>=2

D．select 学号 from xs_kc order by 学号 where count(*)>=2

3．查询所有男生的信息，下列 SQL 语句正确的是（　　）。

A．select * from xsqk where 性别=男

B．select * from kc where 性别=“男”

C．select * from xsqk where 性别='男'

D．select * from xs_kc where 性别='男'

4．查询所有成绩大于 80 分或小于 60 分的学生学号和成绩，下列 SQL 语句正确的是（　　）。

A．select 学号,成绩 from xs_kc where 成绩>80 and 成绩<60

B．select 学号,成绩 from xs_kc where 成绩>80 or 成绩<60

C．select 学号,成绩 from xs_kc where 成绩<80 or 成绩>60

D．select 学号,成绩 from xs_kc where 60<成绩<80

5．查询信息安全专业所有男生的学号、姓名、性别、专业名，下列 SQL 语句正确的是（　　）。

A．select 学号,姓名,性别,专业名 from xsqk where 性别='男' and 专业名='信息安全'

B．select * from xs_kc where 性别='男' and 专业名='信息安全'

C．select 学号,姓名,性别,专业名 from kc where 性别=男 and 专业名=信息安全

D．select 学号,姓名,性别,专业名 from xsqk where 性别='男' and 专业名='信息安全'

6．查询云计算、信息安全和网络工程专业的学生学号、姓名和专业名，下列 SQL 语句正确的是（　　）。

A．select 学号,姓名,专业名 from xsqk where 专业名 in('云计算','信息安全','网络工程')

B．select 学号,姓名,专业名 from xsqk where 专业名=('云计算','信息安全','网络工程')

C．select 学号,姓名,专业名 from xsqk where 专业名 in(云计算,信息安全,网络工程)

D．select 学号,姓名,专业名 from xsqk where 专业名 is('云计算','信息安全','网络工程')

7．查询所有班委的学生信息，下列 SQL 语句正确的是（　　）。

A．select * from xsqk where 备注 = null not

B．select * from xsqk where 备注 is not null

C．select * from xsqk where 备注 = not null

D．select * from xsqk where 备注 not is null

8．查询选修了课程的学生人数，下列 SQL 语句正确的是（　　）。

A．select count(distinct 学号) from xs_kc

B．select count(学号) from xs_kc

C．select count(*) from xs_kc

D．select count(distinct 课程号) from xs_kc

9．查询每门课程的最高分、最低分和平均分，下列 SQL 语句正确的是（　　）。

A．select 课程号,max(成绩),min(成绩),avg(成绩) from xs_kc order by 课程号

B．select max(成绩),min(成绩),avg(成绩) from xs_kc group by 课程号

C．select max(成绩),min(成绩),avg(成绩) from XS_kc order by 课程号

D．select 课程号,max(成绩),min(成绩),avg(成绩) from xs_kc group by 课程号

10．查询选修了两门及以上课程的学生学号，下列 SQL 语句正确的是（　　）。

A．select 学号 from xs_kc having count(课程号)>=2

B．select 学号 from xs_kc group by 课程号 having count(课程号)>=2

C．select 学号 from xs_kc group by 学号 having count(学号)>=2

D．select 学号 from xs_kc having count(学号)>=2

11．统计各专业男/女生人数，下列 SQL 语句正确的是（　　）。

A．select 专业名,性别,count(性别) from xsqk order by 专业名,性别

B．select 专业名,性别,count(*) from xsqk group by 专业名,性别

C．select 专业名,性别,count(*) from xsqk order by 性别

D．select 专业名,性别,count(性别) from xsqk group by 专业名

12．按成绩降序查询学生学号、课程号和成绩，下列 SQL 语句正确的是（　　）。

A．select 学号,课程号,成绩 from xs_kc order by 成绩 desc

B．select 学号,课程号,成绩 from xs_kc group by 成绩 desc

C．select 学号,课程号,成绩 from xs_kc order by 成绩

D．select 学号,课程号,成绩 from xs_kc group by 成绩

13．查询平均成绩小于 60 分的学生学号、姓名、专业名、课程号和成绩，下列 SQL 语句正确的是（　　）。

A．mysql> select xsqk.学号,姓名,专业名,课程号,成绩 from xsqk,xs_kc where xsqk.学号=xs_kc.学号 having avg(成绩)<60

B. mysql> select xsqk.学号,姓名,专业名,课程号,avg(成绩) 平均成绩 from xsqk,xs_kc where xsqk.学号=xs_kc.学号 group by 学号 having avg(成绩)<60

C．select 学号,姓名,专业名,课程号,成绩 from xsqk,xs_kc where xsqk.学号=xs_kc.学号 having avg(成绩)<60

D. mysql> select 学号,姓名,专业名,课程号,avg(成绩) 平均成绩 from xsqk,xs_kc where xsqk.学号=xs_kc.学号 group by 学号 having avg(成绩)<60

14．查询所有的女生学号、姓名、课程号和成绩，下列 SQL 语句不正确的是（　　）。

A．select 学号,姓名,性别,课程号,成绩 from xsqk join xs_kc on xsqk.学号=xs_kc.学号 where 性别='女'

B．select xsqk.学号,姓名,性别,课程号,成绩 from xsqk join xs_kc on xsqk.学号=xs_kc.学号 where 性别='女'

C．select xsqk.学号,姓名,性别,课程号,成绩 from xsqk inner join xs_kc on xsqk.学号=xs_kc.

学号 where 性别='女'

D．select xs_kc.学号,姓名,性别,课程号,成绩 from xsqk join xs_kc on xsqk.学号=xs_kc.学号 where 性别='女'

15．采用子查询方式查询平均成绩小于 60 分的学生学号和姓名，下列 SQL 语句正确的是（　　）。

A．select 学号,姓名 from xsqk A where(select 成绩 from xs_kc B where A.学号=B.学号 and avg(成绩)<60)

B．select 学号,姓名 from xsqk A where(select avg(成绩) from xs_kc B where A.学号=B.学号 and avg(成绩)<60)

C．select 学号,姓名 from xsqk A where(select avg(成绩) from xs_kc B where A.学号=B.学号)<60

D．select 学号,姓名 from xsqk A where(select 成绩 from xs_kc B where A.学号=B.学号)<60

16．查询与张小博在同一个专业的学生信息，下列 SQL 语句正确的是（　　）。

A．select * from xsqk where 专业名 in(select * from xsqk where 姓名='张小博')

B．select * from xsqk where 专业名=(select * from xsqk where 姓名='张小博')

C．select * from xsqk where 专业名 in(select 专业名 from xsqk where 姓名='张小博')

D．select * from xsqk where 专业名 is (select 专业名 from xsqk where 姓名='张小博')

17．查询选修了课程号为 101 的学生信息，下列 SQL 语句不正确的是（　　）。

A．select * from xsqk where exists(select * from xs_kc where 课程号='101' and xsqk.学号=xs_kc.学号)

B．select * from xsqk where 学号 in(select 学号 from xs_kc where 课程号='101')

C．select * from xsqk where 学号=any(select 学号 from xs_kc where 课程号='101')

D．select * from xsqk where 学号 in(select * from xs_kc where 课程号='101')

18．将 xs_kc 表中成绩在 75 分以上或成绩在 60 分以下的学生成绩信息保存到新建表 xs_kc5 中，下列 SQL 语句正确的是（　　）。

A．create table xs_kc5 select * from xs_kc where 成绩>=75 and 成绩<60

B．create table xs_kc5 select * from xs_kc where 成绩>=75 or 成绩<60

C．insert into xs_kc5 select * from xs_kc where 成绩>=75 and 成绩<60

D．insert into xs_kc5 select * from xs_kc where 成绩>=75 or 成绩<60

三、简答题

1．常用的聚合函数包括哪些？

2．COUNT(*)与 COUNT(字段名)的区别是什么？

3．MySQL 查询语句中，WHERE 子句为什么有时候需要使用单引号，有时候不用加单引号？

4．在多表查询中，既能由连接查询又能由子查询实现的功能，使用哪种查询更好？为什么？

5．WHERE 子句与 HAVING 子句的区别是什么？

课外实践

参照教材中建立的数据库 XSCJ 的数据表 xsqk、kc 和 xs_kc，完成以下练习任务:

任务一　基本查询练习。

① 在 xs_kc 表中，查询成绩在 80 分以上的学生成绩信息；
② 在 kc 表中，查询课程号为“101”的授课教师；
③ 在 xsqk 表中，查询网络工程专业的学生姓名和联系电话；
④ 在 xs_kc 表中，查询所有不及格学生的学号、课程号和成绩信息；
⑤ 在 xsqk 表中，查询在 1998 年以后出生的学生姓名和专业名；
⑥ 在 xsqk 表中，查询所有姓李和姓张的学生信息；
⑦ 在 xsqk 表中，查询电话号码最后一位是 2 的学生信息；
⑧ 在 xsqk 表中，查询在 1998 年出生的学生信息，并按出生日期降序排列；
⑨ 在 kc 表中，查询在第 1、2、3 学期开课的课程信息；
⑩ 在 xs_kc 表中，查询成绩在 60 分至 80 分的学生成绩信息；
⑪ 查询 xsqk 表中，出生日期在 1998 年 6 月至 8 月出生的学生信息，并保存到 xsqk9 表中。

任务二　汇总查询练习。

① 在 xs_kc 表中，统计每门课程的平均分；
② 在 xs_kc 表中，统计每门课程的最高分；
③ 在 xs_kc 表中，统计每门课程的最低分；
④ 在 xs_kc 表中，统计每门课程的总分；
⑤ 在 xs_kc 表中，统计每门课程的选修人数；
⑥ 在 xs_kc 表中，统计选修了课程号为“101”的学生平均分；
⑦ 在 xs_kc 表中，统计成绩在 70 分到 80 分的学生人数；
⑧ 在 xsqk 表中，统计出生日期在 1998 年以后的学生人数。

任务三　连接查询练习。

① 查询所有不及格学生的学号、姓名和专业名；
② 查询成绩在 80 分以上的学生学号、姓名、课程号和授课教师；
③ 查询有成绩不及格学生的授课教师；
④ 查询选修了“计算机硬件基础”的学生学号和姓名。

任务四　子查询练习。

① 查询课程号为“101”的不及格学生学号和姓名；
② 查询选修了两门课程的学生学号和姓名；
③ 查询每门课程最高分的学生信息；
④ 查询至少有一门课程不及格的学生信息；
⑤ 查询有成绩不及格学生的授课教师；
⑥ 查询平均分低于 60 的学生信息。

第6章 索引与视图操作

【学习目标】

- 了解索引的作用
- 掌握各种索引的创建方法
- 了解查看索引和删除索引的方法
- 了解视图的作用
- 掌握各种视图的创建方法
- 掌握视图的查看、修改和删除方法
- 掌握通过视图对基表的操作方法

6.1 索引概述

在 MySQL 数据库中，用户查询是最频繁的操作。当表中的数据量很大时，查询数据的速度就会变得很慢。为了提高数据查询的速度，就需要在数据库中引入索引机制。数据库对象的索引类似于书的目录，用户在查询中使用索引后，不需要对整个表进行扫描就可以找到符合条件的数据，从而提高从表中检索数据的速度。

简单地说，索引就是对某个表中一列或若干列值进行排序的结构。它由该表的一列或多列的值，以及指向这些列值对应存储位置的指针所构成。

索引是依赖于表建立的，一个表由两部分组成：一部分用来存放表的数据页面，另一部分存放索引页面。由于索引页面比数据页面小得多，在进行数据检索时，系统会先搜索索引页面，从中找到所需数据的指针，再通过指针从数据页面中读取数据。这种操作模式类似于图书的目录。

1. 索引的作用

- 使用索引可以明显地提高数据查询的速度。
- 通过对多个字段使用唯一索引，可以保证多个字段的唯一性。

- 在表与表之间连接查询时，如果创建了索引，就可以提高表与表之间连接的速度。
- 索引的创建，既有利也有弊，在创建索引时需要权衡利弊。

2. 适合创建索引的情况

- 经常被查询的字段。
- 分组字段。
- 主键与外键字段。
- 需要设置唯一性约束的字段。

3. 不适合创建索引的情况

- 在查询中很少用到的字段。
- 具有重复值的字段。
- 较小的数据表，这种情况使用索引并不能改善任何检索性能。

另外，过多的创建索引，还会占用许多的磁盘空间。

6.2 索引的操作

索引的操作包括创建索引、查看索引和删除索引。下面对这些操作进行详细介绍。

6.2.1 创建普通索引

普通索引就是在创建索引时，不附加任何限制条件，如唯一、非空等，这种类型的索引可以创建在任何数据类型的字段上。

1. 创建表时创建普通索引

在 MySQL 数据库中，可以在创建数据表时创建普通索引。

语法规则：

```
CREATE TABLE 表名
  (列名 数据类型，…
INDEX|KEY 索引名（列名 i [长度][ASC|DESC])
);
```

其中，“INDEX|KEY”参数是指字段为索引字段；“索引名”是指所创建索引名称；“列名 i”是指索引所关联的字段名称；“长度”是指索引的长度；“ASC|DESC”是指索引的排序方式，是升序或降序。

例 6.1 根据表 6.1 所示的结构，新建 xsqk1 表并创建普通索引，相关列为“学号”。

表 6.1 xsqk1 表的结构

列名	数据类型	长度（字节）	索引
学号	char	10	index_xh
姓名	varchar	10	
性别	char	2	

创建 xsqk1 表并创建普通索引的 SQL 语句如下：

```
mysql> create table xsqk1(
    -> 学号 char(10),
    -> 姓名 varchar(10),
    -> 性别 char(2),
    -> index index_xh(学号)
    -> );
Query OK, 0 rows affected (0.23 sec)
```

2. 在已经存在的表上创建普通索引

在 MySQL 数据库中，可以在已经存在的表上创建普通索引。

语法规则：

```
CREATE INDEX 索引名
  ON 表名（列名[长度] [ASC|DESC]）;
```

其中，“CREATE INDEX”是指创建索引的关键字，“表名”是指创建索引表的名称，通过关键字“ON”来指定。

例 6.2 在 XSCJ 数据库中 kc2 表的“课程名”上创建索引。

kc2 表是 XSCJ 数据库中已存在的表，该表的结构如图 6.1 所示。

```
mysql> desc kc2;
+--------------+-------------+------+-----+---------+-------+
| Field        | Type        | Null | Key | Default | Extra |
+--------------+-------------+------+-----+---------+-------+
| 课程号       | char(3)     | NO   | PRI | NULL    |       |
| 课程名       | varchar(20) | NO   |     | NULL    |       |
| 授课教师     | varchar(10) | YES  |     | NULL    |       |
| 开课学期     | tinyint(4)  | NO   |     | NULL    |       |
| 学时         | tinyint(4)  | NO   |     | NULL    |       |
| 学分         | tinyint(4)  | YES  |     | NULL    |       |
+--------------+-------------+------+-----+---------+-------+
6 rows in set (0.01 sec)
```

图 6.1　kc2 表的结构

在 kc2 表上创建普通索引的 SQL 语句如下：

```
mysql> create index index_kcm
    -> on kc2(课程名);
Query OK, 0 rows affected (0.48 sec)
Records: 0  Duplicates: 0  Warnings: 0
```

3. 通过 ALTER TABLE 语句创建普通索引

除了前两种方法之外，还可以利用 ALTER 关键字来创建索引，语法规则：

```
ALTER TABLE 表名
    ADD INDEX|KEY 索引名(列名[长度] [ASC|DESC]);
```

其中，用于创建索引的关键字是 INDEX 或 KEY。

例 6.3 在 XSCJ 数据库中 xsqk4 表的“姓名”上创建索引。

xsqk4 表是 XSCJ 数据库中已存在的表，该表的结构如图 6.2 所示。

在 xsqk4 表上创建普通索引的 SQL 语句如下：

```
mysql> alter table xsqk4
    -> add index index_xm(姓名);
Query OK, 0 rows affected (0.30 sec)
Records: 0  Duplicates: 0  Warnings: 0
```

```
mysql> desc xsqk4;
+-------+-------------+------+-----+---------+----------------+
| Field | Type        | Null | Key | Default | Extra          |
+-------+-------------+------+-----+---------+----------------+
| 序号  | int(11)     | NO   | PRI | NULL    | auto_increment |
| 姓名  | varchar(10) | YES  |     | NULL    |                |
| 性别  | char(2)     | YES  |     | NULL    |                |
+-------+-------------+------+-----+---------+----------------+
3 rows in set (0.00 sec)
```

图 6.2　xsqk4 表的结构

6.2.2　创建唯一索引

唯一索引和普通索引类似，但唯一索引要求索引列的值是唯一的，需要使用关键字 UNIQUE 来标明。

创建唯一索引与创建普通索引一样也有三种方式。

一是建表时创建唯一索引，语法规则：

```
CREATE TABLE 表名
  (列名 数据类型，…
UNIQUE   INDEX|KEY 索引名（列名 i [长度][ASC|DESC]));
```

二是在已经存在的表上创建唯一索引，语法规则：

```
CREATE   UNIQUE   INDEX 索引名
   ON 表名(列名[长度] [ASC|DESC]);
```

三是通过 ALTER TABLE 语句创建唯一索引，语法规则：

```
ALTER TABLE 表名
    ADD UNIQUE INDEX|KEY 索引名(列名[长度] [ASC|DESC]);
```

可见，创建唯一索引与创建普通索引的语法规则也类似，只是多了一个关键字 UNIQUE。

例 6.4　分别删除例 6.1、例 6.2 和例 6.3 中创建的普通索引，再重新创建唯一索引。

首先删除前面创建的普通索引（见 6.2.8 节）。然后分别创建唯一索引。

例 6.1 的唯一索引的 SQL 语句：

```
mysql> create table xsqk1(
    -> 学号 char(10),
    -> 姓名 varchar(10),
    -> 性别 char(2),
    -> unique index index_xh(学号));
Query OK, 0 rows affected (0.34 sec)
```

例 6.2 的唯一索引的 SQL 语句：

```
mysql> create unique index index_kcm
    -> on kc2(课程名);
```

```
Query OK, 0 rows affected (0.39 sec)
Records: 0   Duplicates: 0   Warnings: 0
```

例 6.3 的唯一索引的 SQL 语句：

```
mysql> alter table xsqk4
    -> add unique index index_xm(姓名);
Query OK, 0 rows affected (0.20 sec)
Records: 0   Duplicates: 0   Warnings: 0
```

6.2.3 创建主键索引

每张表都有一个主键索引，并且只有一个，一般在创建表的主键时就会创建主键索引，另外也可以通过关键字 ALTER 增加主键索引。

在创建表时就创建主键索引的内容，请参见 4.2.3 节的创建主键约束（或第 4 章的其他例子），在此不再重复。

通过关键字 ALTER 增加主键索引，语法规则：

```
ALTER TABLE 表名
 ADD PRIMARY KEY(列名);
```

由于每张表的主键索引只有一个，所以不需要为主键索引命名。

例 6.5 为 XSCJ 数据库中的 xsqk3 表创建主键索引，指定“学号”为主键。

xsqk3 表是 XSCJ 数据库中已存在的表，该表的结构如图 6.3 所示。

```
mysql> desc xsqk3;
+--------+-------------+------+-----+---------+-------+
| Field  | Type        | Null | Key | Default | Extra |
+--------+-------------+------+-----+---------+-------+
| 序号   | int(11)     | YES  |     | NULL    |       |
| 学号   | char(10)    | YES  |     | NULL    |       |
| 姓名   | varchar(10) | YES  |     | NULL    |       |
| 性别   | char(2)     | YES  |     | NULL    |       |
+--------+-------------+------+-----+---------+-------+
4 rows in set (0.01 sec)
```

图 6.3　xsqk3 表的结构

从图 6.3 可见，该表还没有设置主键索引，创建主键索引的 SQL 语句如下：

```
mysql> alter table xsqk3
    -> add primary key(学号);
Query OK, 0 rows affected (0.69 sec)
Records: 0   Duplicates: 0   Warnings: 0
```

6.2.4 创建全文索引

索引一般建立在数字型或长度比较短的文本型字段上，如编号、姓名等。如果建立在比较长的文本型字段上，会使索引的更新花费很多的时间。在 MySQL 中，提供了一种称为“全文索引”的技术，主要关联在数据类型为 Char、Varchar 和 Text 等的长字符字段上。

全文索引中存储了长字符字段中的重要词和这些词在特定列中的位置信息，全文检索利用这些信息，就可快速搜索包含具体某个词或一组词的数据行了。

MySQL 只能在存储引擎为 MyISAM 的数据表上创建全文索引。创建全文索引有三种方式。

1. 创建表时创建全文索引

在 MySQL 数据库中，可以在创建数据表的时候创建全文索引。

语法规则：

```
CREATE TABLE 表名
  (列名 数据类型，…
FULLTEXT  INDEX|KEY 索引名（列名 i [长度][ASC|DESC]));
```

可见，创建全文索引比创建普通索引多了一个关键字 FULLTEXT，其中“FULLTEXT INDEX|KEY”表示创建全文索引。

例 6.6 根据表 6.2 所示结构，新建 xsqk2 表，并创建全文索引，相关列为“备注”列。

表 6.2 xsqk2 表的结构

列　名	数 据 类 型	长　度（字节）	索　引
学号	Char	10	
姓名	Varchar	10	
备注	Varchar	100	Index_bz

由表 6.2 可见，xsqk2 表的备注列为 Varchar 型，长度较长，为了方便查询，需要为其创建全文索引，创建全文索引的 SQL 语句如下：

```
mysql> create table xsqk2(
      ->  学号 char(10),
      ->  姓名 varchar(10),
      ->  备注 char(100),
      -> Fulltext  index index_bz(备注))
      -> engine=myisam;
Query OK, 0 rows affected (0.11 sec)
```

可见，创建全文索引的方法与创建普通索引及创建唯一索引类似，只是使用了关键字 FULLTEXT。因此，另外两种创建全文索引的方法就不再详细介绍，下面给出相应的 SQL 语句。

2. 在已经存在的表上创建全文索引的 SQL 语句

（先删除 xsqk2 表上的全文索引，删除方法见 6.2.8 节）：

```
mysql> create fulltext index index_bz
      -> on xsqk2(备注);
Query OK, 0 rows affected (0.11 sec)
Records: 0   Duplicates: 0   Warnings: 0
```

3. 通过 ALTER TABLE 语句创建全文索引的 SQL 语句

（先删除 xsqk2 表上的全文索引，删除方法见 6.2.8 节）：

```
mysql> alter table xsqk2
      -> add fulltext index index_bz(备注);
Query OK, 0 rows affected (0.11 sec)
Records: 0   Duplicates: 0   Warnings: 0
```

6.2.5 创建多列索引

如果在创建索引时，所关联的列有两个或多个列，就称为多列索引。需要注意的是，只有查询条件中使用了这些列中的第一个列时，多列索引才会被使用。

与前面创建其他索引一样，多列索引也有三种创建方式。

1. 创建表时创建多列索引

语法规则：

```
CREATE TABLE 表名
  (列名 数据类型，…
INDEX|KEY 索引名（列名 1[长度][ASC|DESC]，列名 1[长度][ASC|DESC]，…)
);
```

可见，创建多列索引与创建普通索引相比，所关联的字段更多。

例 6.7 根据表 6.3 所示结构，新建 xsqk6 表并创建多列索引，索引列为表中的“学号”“姓名”列。

表 6.3 xsqk6 表的结构

列　　名	数 据 类 型	长　　度（字节）	索　　引
学号	Char	10	Index_xh_xm
姓名	Varchar	10	
性别	Char	2	
专业名	Varchar	20	

创建 xsqk6 表并创建多列索引的 SQL 语句如下：

```
mysql> create table xsqk6(
    -> 学号 int,
    -> 姓名 char(10),
    -> 性别 char(2),
    -> 专业名 varchar(20),
    -> index index_xh_xm(学号,姓名)
    -> );
Query OK, 0 rows affected (0.37 sec)
```

2. 在已经存在的表上创建多列索引

语法规则：

```
CREATE INDEX 索引名
   ON 表名（列名 1[长度][ASC|DESC]，列名 1[长度][ASC|DESC]，…）;
```

例 6.8 先删除 xsqk6 表上的多列索引，然后在 xsqk6 表上创建多列索引，索引列为表中的“学号”“姓名”列。

删除索引的方法见 6.2.8 节。

创建多列索引的 SQL 语句：

```
mysql> create index index_xh_xm
    -> on xsqk6(学号,姓名);
Query OK, 0 rows affected (0.28 sec)
Records: 0   Duplicates: 0   Warnings: 0
```

3. 通过 ALTER TABLE 语句创建多列索引

语法规则：

```
ALTER TABLE 表名
    ADD INDEX|KEY 索引名(列名[长度] [ASC|DESC]，列名[长度] [ASC|DESC]，…);
```

例 6.9 先删除 xsqk6 表上的多列索引，然后在 xsqk6 表上创建多列索引，索引列为表中的“学号”“姓名”列。

删除索引的方法见 6.2.8 节。

创建多列索引的 SQL 语句：

```
mysql> alter table xsqk6
    -> add key index_xh_xm(学号,姓名);
Query OK, 0 rows affected (0.27 sec)
Records: 0   Duplicates: 0   Warnings: 0
```

6.2.6 通过工具软件 SQLyog 创建索引

使用工具软件 SQLyog 创建索引比在 Command Line Client 模式下更为直观方便，在数据库开发过程中创建索引时也经常使用它。

在工具软件 SQLyog 创建索引之前，先要在数据库 XSCJ 中创建一个 xsqk7 表，如图 6.4 所示。

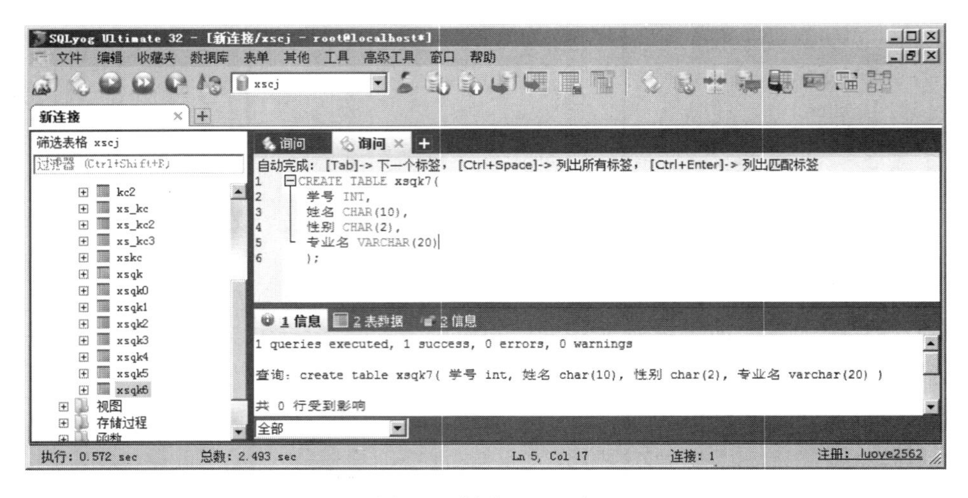

图 6.4　创建 xsqk7 表

下面介绍通过 SQLyog 来创建索引的方法。

先刷新对象浏览器，使 xsqk7 表显示出来，然后在 xsqk7 表上单击鼠标右键，在弹出的快捷菜单中选择“创建索引”命令，如图 6.5 所示。

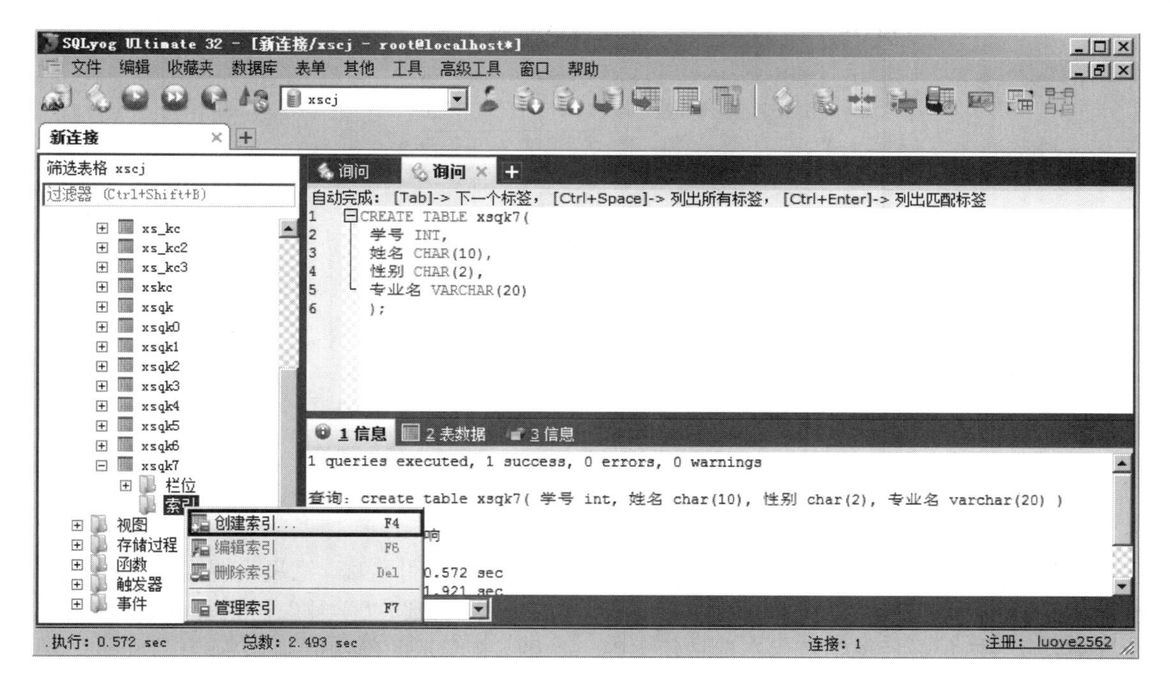

图 6.5　选择“创建索引”命令

然后弹出如图 6.6 所示的创建索引界面，在此界面上可以创建普通索引、唯一索引、主键索引、全文索引和多列索引等。

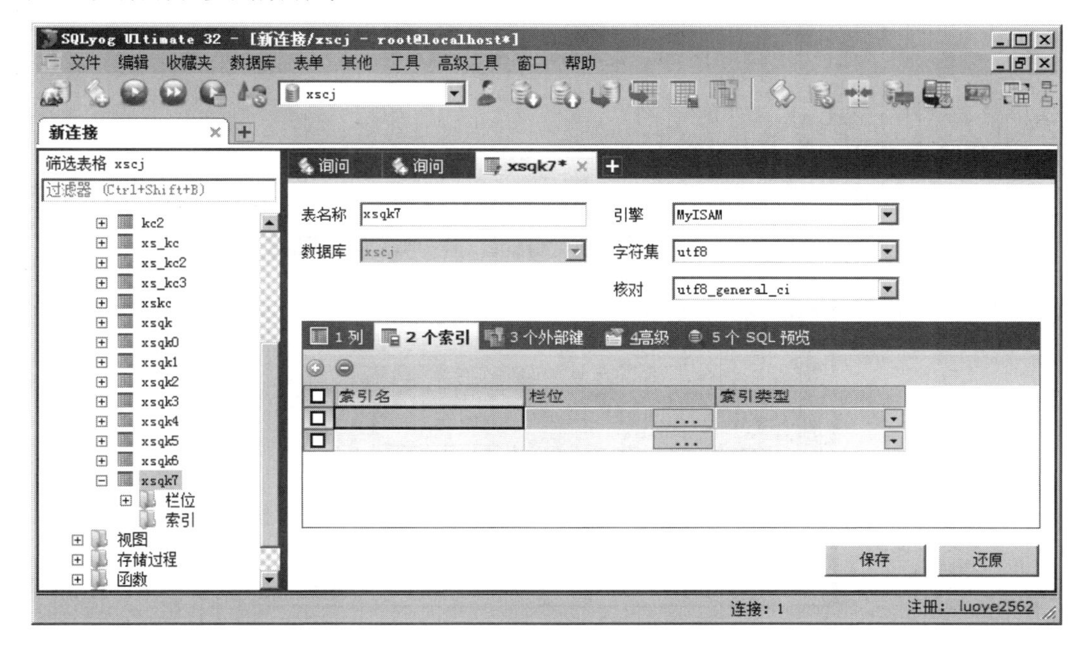

图 6.6　创建索引界面

1．创建普通索引

在 xsqk7 表的“学号”列上创建普通索引，界面如图 6.7 所示。

图 6.7　创建普通索引

在图 6.7 中，先在“索引名”下方的窗格中填写创建的索引名称，这里设置为“index_xh”，再单击“栏位”下方的“ ... ”按钮，从弹出的列表中勾选“学号”作为索引列，然后单击“确定”按钮，最后单击“保存”按钮，弹出如图 6.8 所示的确认信息。

图 6.8　提示普通索引创建成功

这样普通索引 index_xh 就建好了。

2. 创建唯一索引

在图 6.7 创建普通索引的基础上，在“姓名”列上创建唯一索引，创建过程如图 6.9 所示。

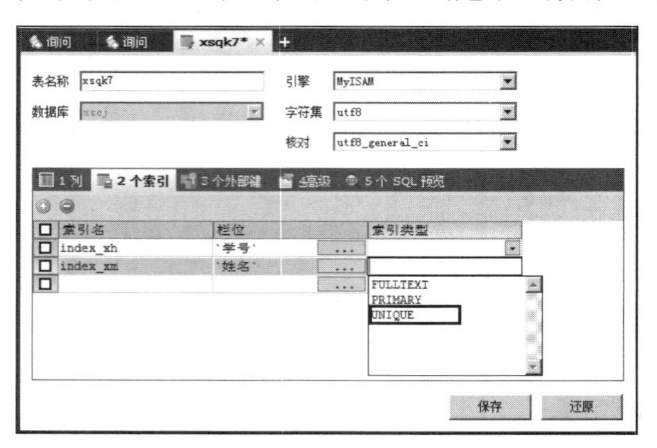

图 6.9　创建唯一索引

在图 6.9 中，与创建普通索引类似，输入索引名“index_xm”，选择“姓名”选项列作为索引列，然后单击索引类型下方的下拉菜单，选择“UNIQUE”命令，最后单击“保存”按钮，这样就在“姓名”列上建好了唯一索引。

3. 创建主键索引和全文索引

创建主键索引和全文索引的方法与创建唯一索引类似，在此不再重复介绍。

4. 创建多列索引

在 xsqk7 表的“学号”列和“姓名”列上创建多列索引，创建过程如图 6.10 所示。

图 6.10 创建多列索引

在图 6.10 中，先输入多列索引名“index_xh_xm”，在栏位下选择创建多列索引的列名，同时勾选“学号”“姓名”两列，然后单击“确定”按钮，最后单击“保存”按钮，如图 6.11 所示，多列索引创建完成。

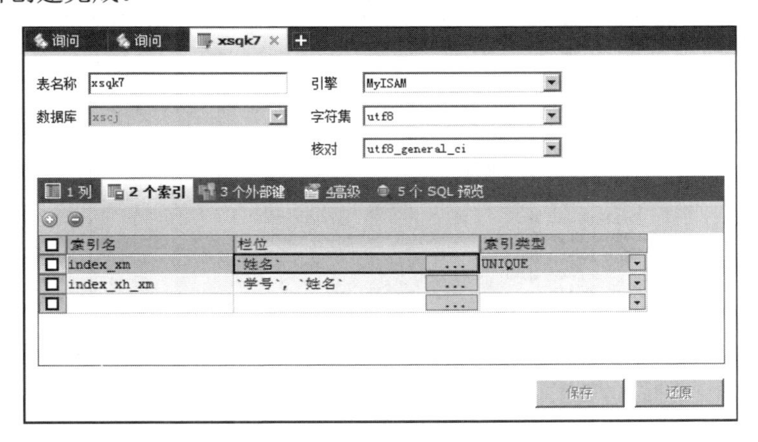

图 6.11 多列索引创建完成

6.2.7 查看索引

创建好索引后，有两种方法可以查看索引信息，一种是使用 Command Line Client 模式，另一种是使用工具软件。

1. 使用 Command Line Client 模式查看索引

在 Command Line Client 模式下查看索引有两种方式。

语法规则 1：

```
SHOW CREATE TABLE 表名 \G
```

其中，SHOW CREATE TABLE 用于查看表的信息，包括表定义的结构、表的索引、主键等信息。

语法规则 2：

```
表名 \G
```

例 6.10 在 Command Line Client 模式下用第一种方式查看 kc 表的索引信息。

查看语句及查询结果如图 6.12 所示。

```
mysql> show create table kc \G
*************************** 1. row ***************************
       Table: kc
Create Table: CREATE TABLE `kc` (
  `课程号` char(3) NOT NULL,
  `课程名` varchar(20) NOT NULL,
  `授课教师` varchar(10) DEFAULT NULL,
  `开课学期` tinyint(4) DEFAULT NULL,
  `学时` tinyint(4) DEFAULT NULL,
  `学分` tinyint(4) DEFAULT NULL,
  PRIMARY KEY (`课程号`),
  UNIQUE KEY `inn` (`课程名`)
) ENGINE=InnoDB DEFAULT CHARSET=utf8
1 row in set (0.00 sec)
```

图 6.12 kc 表的索引信息（1）

从图 6.12 可见，在 kc 表中，除了主键索引外，还在“课程名”上创建了唯一索引，索引名为“inn”。

例 6.11 在 Command Line Client 模式下用第二种方式查看 kc 表的索引信息。

查看语句及查询结果如图 6.13 所示。

```
mysql> show index from kc \G
*************************** 1. row ***************************
        Table: kc
   Non_unique: 0
     Key_name: PRIMARY
 Seq_in_index: 1
  Column_name: 课程号
    Collation: A
  Cardinality: 5
     Sub_part: NULL
       Packed: NULL
         Null:
   Index_type: BTREE
      Comment:
Index_comment:
*************************** 2. row ***************************
        Table: kc
   Non_unique: 0
     Key_name: inn
 Seq_in_index: 1
  Column_name: 课程名
    Collation: A
  Cardinality: 5
     Sub_part: NULL
       Packed: NULL
         Null:
   Index_type: BTREE
      Comment:
Index_comment:
2 rows in set (0.00 sec)
```

图 6.13 kc 表的索引信息（2）

从图 6.13 可见，表 kc 有两个索引，一个是主键索引，索引名称为“PRIMARY”，是在课程号列上定义的；另一个是唯一索引，索引名称为“Inn”，是在课程名上定义的。

例 6.12　查看表 kc 中的索引是否被使用。

查看语句及查询结果如图 6.14 所示。

```
mysql> explain
    -> select * from kc where 课程名='计算机网络' \G
*************************** 1. row ***************************
           id: 1
  select_type: SIMPLE
        table: kc
   partitions: NULL
         type: const
possible_keys: inn
          key: inn
      key_len: 62
          ref: const
         rows: 1
     filtered: 100.00
        Extra: NULL
1 row in set, 1 warning (0.00 sec)
```

图 6.14　查看索引是否被使用

从图 6.14 可见，Possible_key 和 Key 的值都是索引名 Inn，说明该索引已经开始使用。

2. 使用工具软件 SQLyog 查看索引

使用 SQLyog 查看索引的方法非常简单，首先定位到要查看索引的表上，单击鼠标右键，在弹出子网的快捷菜单中选择“管理索引”命令，如图 6.15 所示。

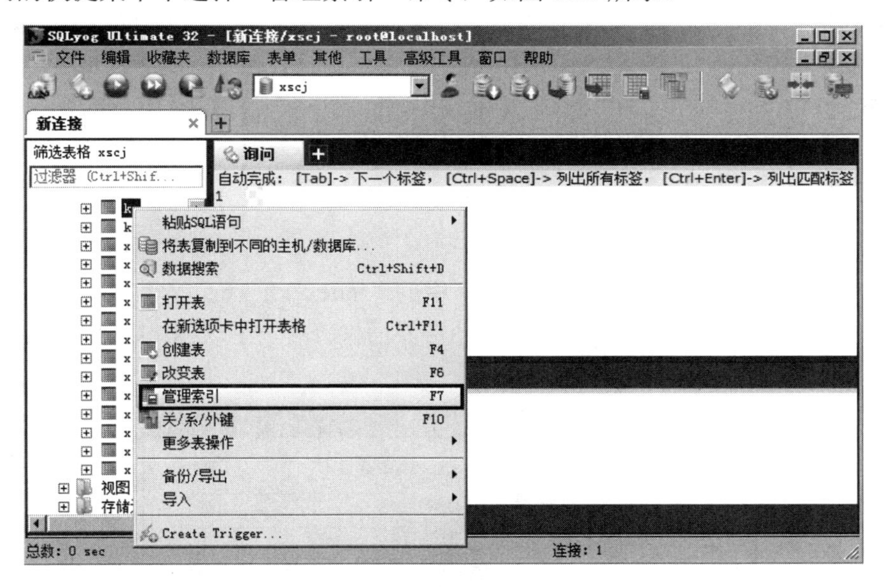

图 6.15　选择“管理索引”命令

然后弹出如图 6.16 所示的管理索引界面。

从图 6.16 可见，在表 kc 中已建立了两个索引，一个是基于课程号的主键索引，索引名为“PRIMARY”，另一个是基于课程名的唯一索引，索引名为“Inn”。

另外在这个界面中，还可以完成索引的其它相关操作：新建索引和删除索引等。

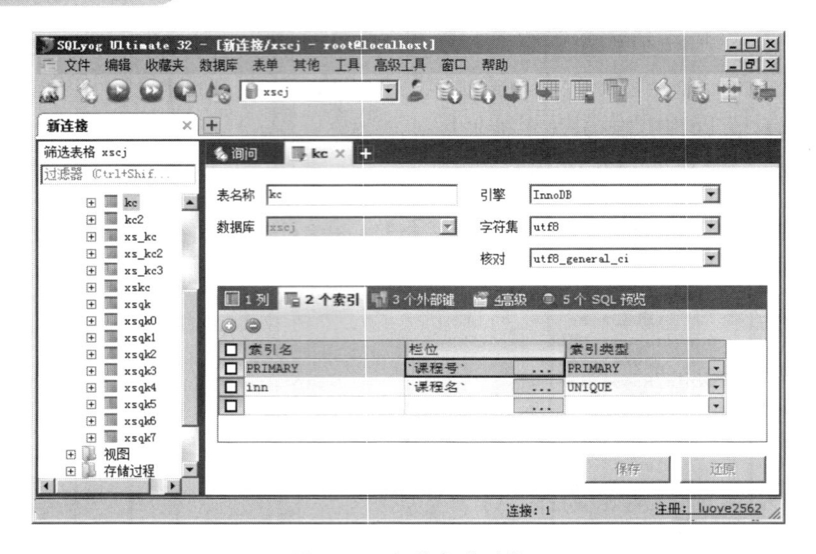

图 6.16　查看索引对象

6.2.8　删除索引

如果表中的索引太多，会导致表更新的速度降低，同时，过多无用的索引也会占用大量的存储空间，所以需要删除。所谓删除索引，就是删除掉表中创建的索引。

和查看索引一样，删除索引也有两种方式，一种是使用 Command Line Client 模式，另一种是使用工具软件。

1. 使用 Command Line Client 模式删除索引

删除索引可以使用 DROP 关键字，也可以使用 ALTER 关键字。

使用 DROP 关键字的语法规则：

```
DROP INDEX  索引名  ON  表名;
```

例 6.13　使用 DROP 关键字删除表 xsqk7 中的“index_xh_xm”索引。

在删除索引之前，通过 SQLyog 提供的图形界面先查看一下表 xsqk7 中的索引情况，如图 6.17 所示。

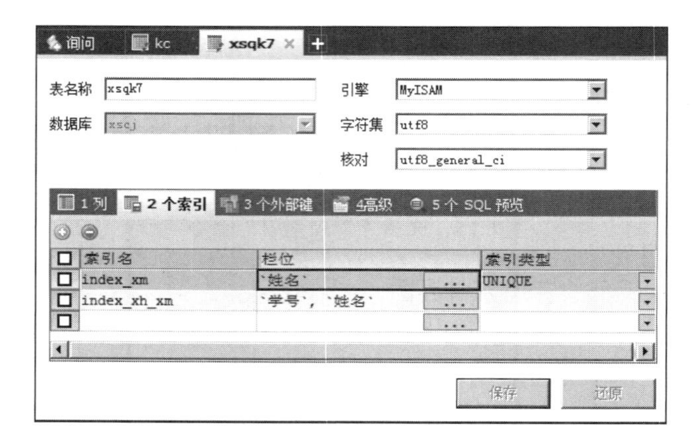

图 6.17　查看表 xsqk7 中的索引

从图 6.17 可见，该表有两个索引，本例要求删除的是多列索引“index_xh_xm”。
删除 index_xh_xm 索引的 SQL 语句：

```
mysql> drop index index_xh_xm on xsqk7;
Query OK, 0 rows affected (0.11 sec)
Records: 0   Duplicates: 0   Warnings: 0
```

执行完删除语句后，再查看 xsqk7 中的索引情况，如图 6.18 所示。

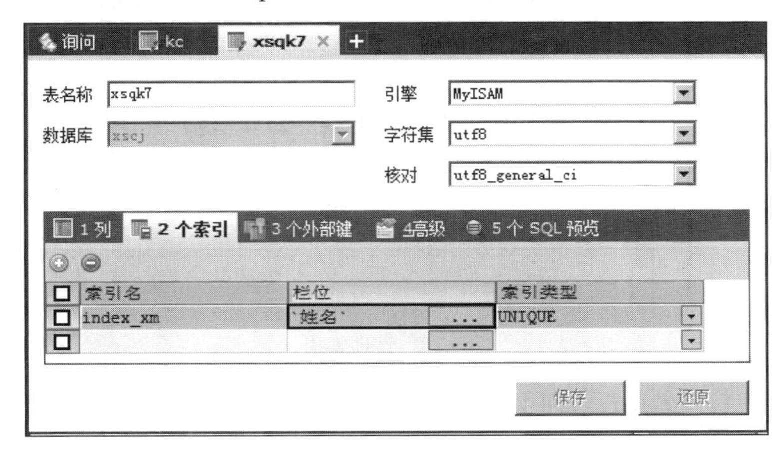

图 6.18　查看表 xsqk7 中删除后的索引

使用 ALTER 关键字的语法规则：

```
ALTER TABLE 表名 DROP INDEX 索引名;
```

例 6.14　使用 ALTER 关键字删除表 xsqk7 中的“index_ xm”索引。
删除 index_ xm 索引的 SQL 语句：

```
mysql> drop index index_xm on xsqk7;
Query OK, 0 rows affected (0.14 sec)
Records: 0   Duplicates: 0   Warnings: 0
```

执行完删除语句后，再查看 xsqk7 中的索引情况，如图 6.19 所示。

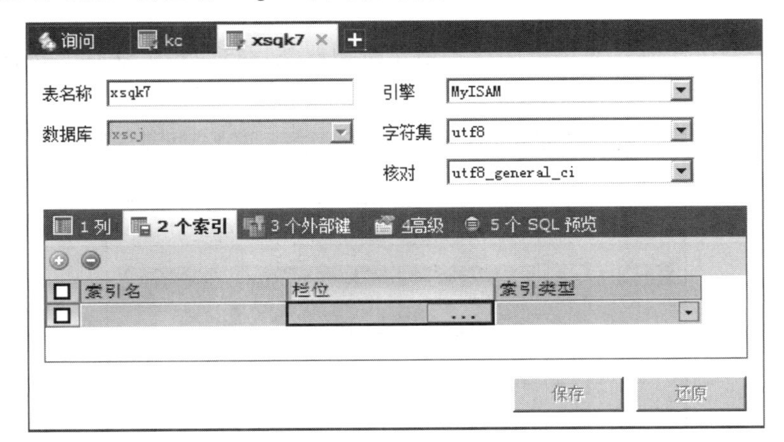

图 6.19　查看表 xsqk7 中删除后的索引

可见，表 xsqk7 中的索引已删除了。

2. 使用工具软件来 SQLyog 删除索引

例 6.15 删除表 kc2 中的“index_kcm”索引。

使用 SQLyog 来删除索引非常简单，首先定位到要删除索引的表 kc2 上，单击鼠标右键后，在弹出子网的快捷菜单中选择“管理索引”命令，如图 6.20 所示。

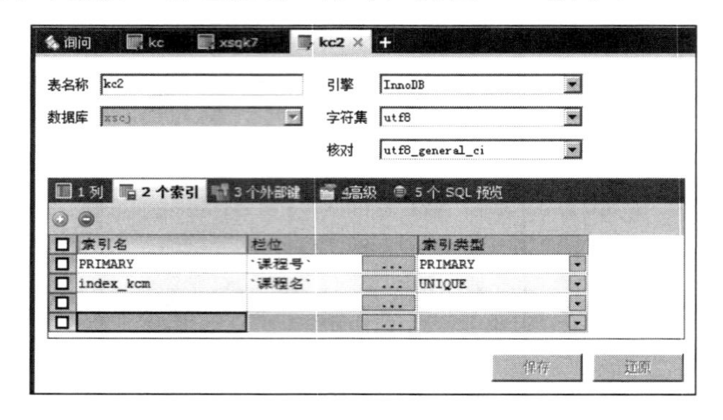

图 6.20　管理索引

在图 6.20 的“管理索引”界面中，勾选需要删除的索引，这里勾选“index_kcm”前的复选框，然后单击上方的“ ”按钮，如图 6.21 所示。

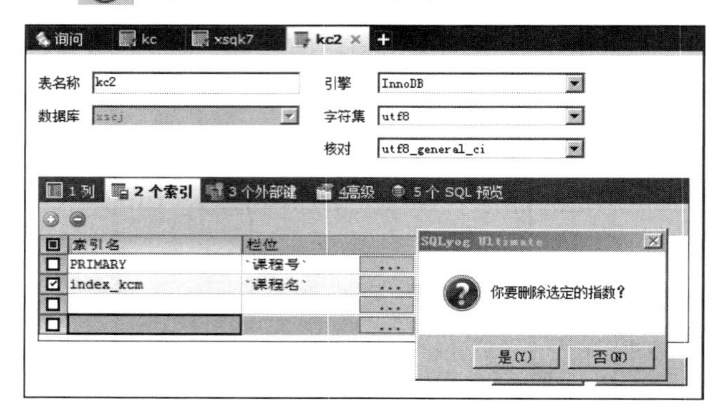

图 6.21　删除索引

在图 6.21 中，单击确认对话框中的“是”按钮，然后再单击“保存”按钮，即可完成索引的删除，删除完成后如图 6.22 所示。

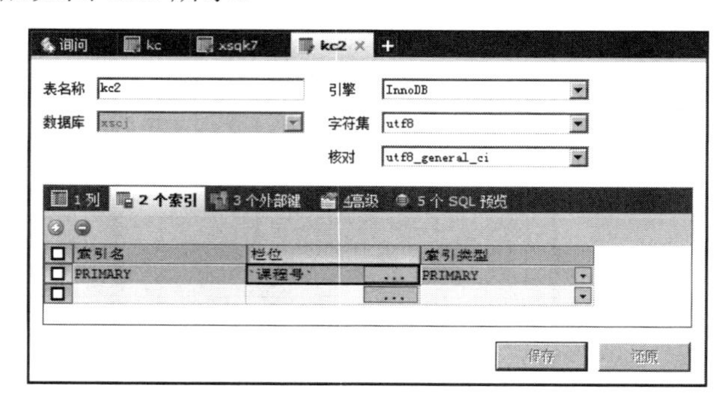

图 6.22　索引删除完成

6.3　视图概述

在数据查询时，如果涉及多表间的连接查询，或采用子查询等，就会让程序员感到非常痛苦，因为这些查询的语句很多，逻辑复杂，一不小心就会出错。另外，对于某些具有敏感信息的表，如年龄、工资等信息，更应防止因程序员工作疏忽，而产生泄漏。因此，为了降低 SQL 查询的复杂性，增加表操作的安全性，在 MySQL 中提供了视图功能。

视图是从一个或几个表或视图中导出的虚拟表，其结构和数据来自对表的查询，在物理上是不存在的，也就是没有专门的地方为视图存储数据。在建立视图时被查询的表称为基表，视图并不在数据库中以存储的数据值集的形式存在，它的行和列数据都来自基表，并且是视图在被引用时动态生成的。

一旦定义了视图，就可以像使用基表一样操作它，可以对其执行 SELECT 查询。并且对于某些视图，也能够执行 INSERT、DELETE 和 UPDATE 操作，并且对视图的这些操作也能使相应的基表发生变化。

视图的优点主要表现在以下几方面：

1. 提高查询效率

视图是建立在用户感兴趣的特定任务上的，它本身就是一个复杂的查询结果集，只要在建立视图时执行一次复杂查询，以后只需要用一条简单的语句查询视图即可，这样可以简化数据查询的复杂性，提高数据操作效率。

2. 提高数据安全性

通过视图，用户只能看到和修改可见的数据，对数据库中的原始表数据既看不见，也不能访问。

3. 定制数据

通过定义视图，可以让不同的用户以不同的方式看到不同或相同的数据，这样不同的用户在共用同一数据库时，能访问到的数据是有区别的。

4. 对表的合并与分割

用户在查询调用表时，如果所需查询的列数据不在同一表上，需要将多表联合查询；如果表中的数据量太大，在表设计时需要将表进行水平或垂直分割，这会使表的结构发生变化，从而给程序设计带来新的难度。因此采用视图，就可以在保持原有表结构关系的基础上，使程序设计更为简单。

5. 对基表的影响

对视图的建立和删除不会影响基表，只有对视图内容的更新（添加、删除和修改）才会直接影响基表，另外，当视图的内容来自多个基表时，不允许添加和删除数据。

6.4　视图的操作

视图的操作包括创建视图、查看视图、修改视图、通过视图操作基表以及删除视图。下面对这些操作进行详细的介绍。

6.4.1 使用命令行方式创建视图并查询视图数据

视图的数据来源于查询语句，在 Command Line Client 模式下创建视图的语法规则：

```
CREATE VIEW 视图名[列名列表]
    AS 查询语句
    [WITH CHECK OPTION]
```

其中，“CREATE VIEW”是创建视图的关键字；视图名不能与表名或其他视图名相同；“列名列表”指视图中包含的列名；“查询语句”是指用于定义视图中的数据；“CHECK OPTION”是指用于设置约束检查项。

创建视图时，可按视图所用基表的数量分为单源表和多源表两种形式。

1. 单源表视图的创建与查询

单源表视图的数据全都来自一个基表，它是最简单的视图。

例 6.16 以 xs_kc 表为基表，创建视图 view_xskc，要求该视图中隐藏成绩的数值。

创建视图 view_xskc 的 SQL 语句：

```
mysql> create view view_xskc
    -> as select 学号,课程号,学分
    -> from xs_kc;
Query OK, 0 rows affected (0.11 sec)
```

查询视图的 SQL 语句及查询结果如图 6.23 所示。

```
mysql> select * from view_xskc;
+------------+------------+--------+
| 学号       | 课程号     | 学分   |
+------------+------------+--------+
| 2016110101 | 101        |      2 |
| 2016110101 | 102        |      5 |
| 2016110101 | 103        |      0 |
| 2016110102 | 102        |      5 |
| 2016110102 | 103        |      4 |
| 2016110103 | 101        |      2 |
| 2016110104 | 103        |      0 |
| 2016110105 | 101        |      2 |
| 2016110105 | 105        |      4 |
| 2016110106 | 102        |      0 |
| 2016110201 | 106        |      4 |
| 2016110202 | 106        |      4 |
| 2016110202 | 107        |      4 |
| 2016110203 | 108        |      2 |
| 2016110204 | 109        |      0 |
| 2016110301 | 110        |      4 |
+------------+------------+--------+
16 rows in set (0.02 sec)
```

图 6.23　查询视图

从图 6.23 可见，视图 view_xskc 已经隐藏了成绩的数值，并且其查询方法与普通的数据表相同。

2. 多源表视图的创建与查询

多源表视图的数据来源于两张以上的基表，这样的视图在实际应用中最为广泛。

例 6.17 创建视图 view_xsqk_cj，要求该视图中包含不及格学生的学号、姓名、性别、专

业名、课程号、成绩。

分析：由于视图中要求包含的列既不能全由 xsqk 表提供，也不能全由 xs_kc 表提供，因此，该视图属于多源表视图。

创建视图 view_xsqk_cj 的语句：

```
mysql> create view view_xsqk_cj
    ->   as select xsqk.学号,姓名,性别,专业名,课程号,成绩
    -> from xsqk,xs_kc
    -> where xsqk.学号=xs_kc.学号 and  成绩<60;
Query OK, 0 rows affected (0.12 sec),
```

查询视图的 SQL 语句及查询结果如图 6.24 所示。

```
mysql> select * from view_xsqk_cj;
+------------+--------+------+----------+--------+------+
| 学号       | 姓名   | 性别 | 专业名   | 课程号 | 成绩 |
+------------+--------+------+----------+--------+------+
| 2016110101 | 朱军   | 男   | 云计算   | 103    |   58 |
| 2016110104 | 张小博 | 男   | 云计算   | 103    |   54 |
| 2016110106 | 李家琪 | 男   | 云计算   | 102    |   57 |
| 2016110204 | 周明悦 | 女   | 信息安全 | 109    |   18 |
+------------+--------+------+----------+--------+------+
4 rows in set (0.00 sec)
```

图 6.24　查询视图

从图 6.24 可见，对普通表的查询需要多条 SQL 语句才能实现的功能。当这个功能需要被多次使用后，则在后续的查询就只需用一个简单的查询语句即可实现了。

6.4.2　使用工具软件创建视图并查询视图数据

例 6.18　在工具软件 SQLyog 中，创建名为 view_kc 的视图，要求该视图中包含选修了课程号为“101”“102”的学生学号、姓名、课程号、授课教师、成绩。

在 SQLyog 软件中创建视图的过程如下。

首先在 SQLyog 的“对象浏览器”中，定位到要创建视图的数据库并展开树形结构，在“视图”上单击鼠标右键，选择弹出菜单中的“创建视图”命令，如图 6.25 所示。

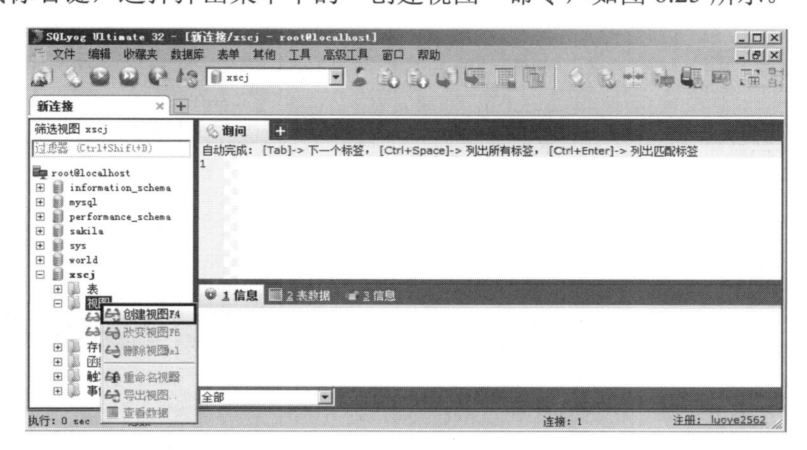

图 6.25　选择“创建视图”命令

然后出现如图 6.26 所示的“输入新视图名称”对话框。

图 6.26　输入新视图名称

在图 6.26 中单击“创建”按钮后，弹出如图 6.27 所示的代码界面。

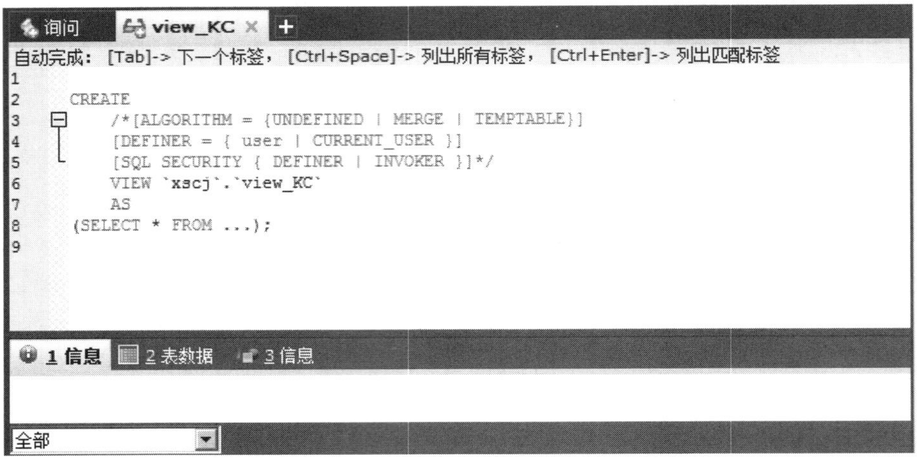

```
询问    view_KC
自动完成：[Tab]-> 下一个标签，[Ctrl+Space]-> 列出所有标签，[Ctrl+Enter]-> 列出匹配标签
1
2    CREATE
3        /*[ALGORITHM = {UNDEFINED | MERGE | TEMPTABLE}]
4        [DEFINER = { user | CURRENT_USER }]
5        [SQL SECURITY { DEFINER | INVOKER }]*/
6        VIEW `xscj`.`view_KC`
7        AS
8    (SELECT * FROM ...);
9
1 信息   2 表数据   3 信息
全部
```

图 6.27　创建视图代码

对图 6.27 中的视图代码按要求进行修改，修改后的视图代码如图 6.28 所示。

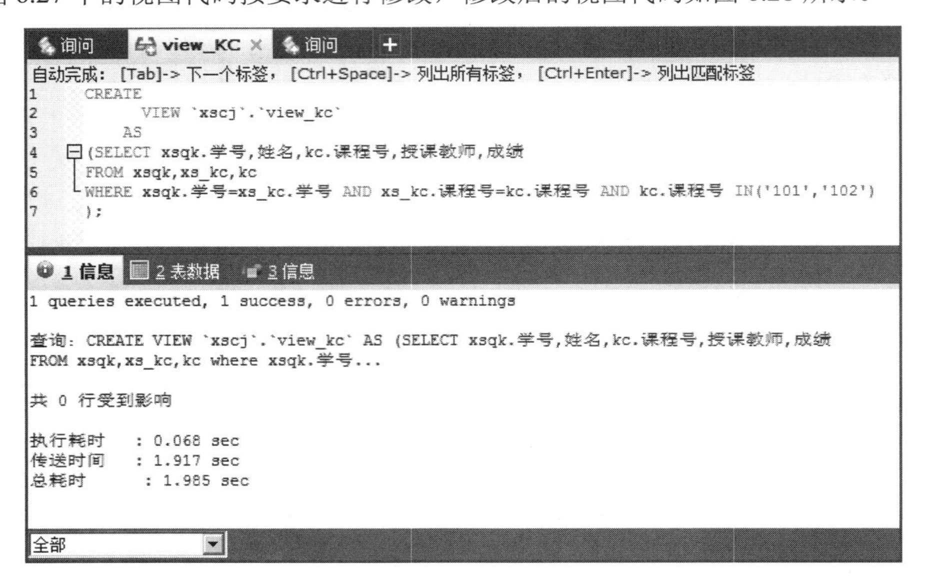

图 6.28　修改后的视图代码

在 SQLyog 中查看视图数据信息的方式有两种，一种是通过在 SQLyog 中输入 SQL 语句查询视图，如图 6.29 所示。

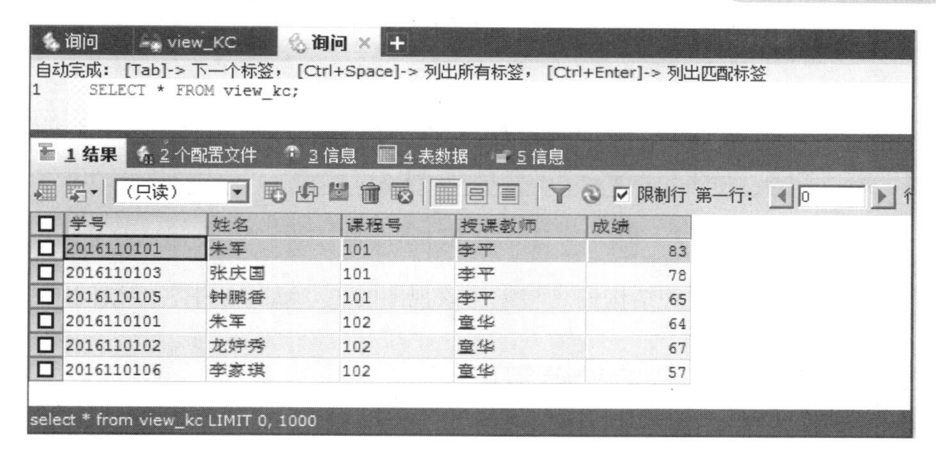

图 6.29　在 SQLyog 中查询视图

另一种查看视图数据信息的方式更简单，直接在图 6.28 中，单击“2 表数据”选项即可，如图 6.30 所示。

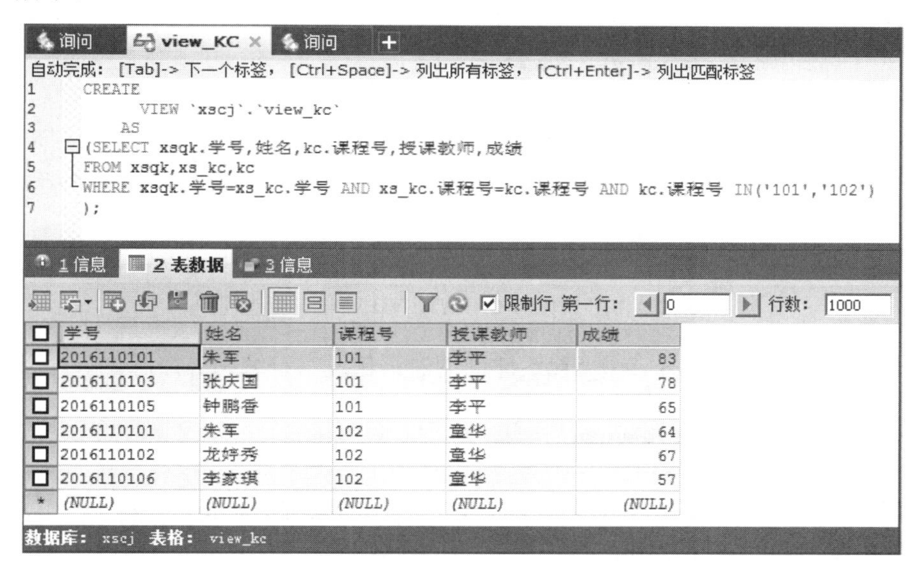

图 6.30　单击“表数据”选项查看视图数据

6.4.3　使用命令行方式查看视图

在 Command Line Client 模式下查看视图有两种方式，具体如下。

1. 使用 DESC 语句查看视图

在 MySQL 中使用关键字 DESC 可以查看视图的字段信息，语法规则：

```
DESC 视图名
或 DESCRIBE 视图名
```

例 6.19　使用 DESC 语句查看 view_xskc 视图字段信息。

DESC 语句及查看结果如图 6.31 所示。

```
mysql> desc view_xskc;
+----------+------------+------+-----+---------+-------+
| Field    | Type       | Null | Key | Default | Extra |
+----------+------------+------+-----+---------+-------+
| 学号     | char(10)   | NO   |     | NULL    |       |
| 课程号   | char(3)    | NO   |     | NULL    |       |
| 学分     | tinyint(4) | YES  |     | NULL    |       |
+----------+------------+------+-----+---------+-------+
3 rows in set (0.00 sec)
```

图 6.31　使用 DESC 语句查看视图

从图 6.31 中可见，视图的结构信息与创建该视图的表（xs,kc）中各字段的结构信息是完全一样的。

2. 使用 SHOW CREATE VIEW 查看视图

在 MySQL 中，使用 SHOW CREATE VIEW 语句可查看视图的定义语句及采用的字符编码。语法规则：

```
SHOW CREATE VIEW 视图名;
```

例 6.20　使用 SHOW CREATE VIEW 查看视图 view_xsqk_cj 的定义及字符编码等信息。

使用 SHOW CREATE VIEW 语句及查看结果如图 6.32 所示。

```
mysql> show create view view_xsqk_cj \G
*************************** 1. row ***************************
                View: view_xsqk_cj
         Create View: CREATE ALGORITHM=UNDEFINED DEFINER=`root`@`localhost` SQL
SECURITY DEFINER VIEW `view_xsqk_cj` AS select `xsqk`.`学号` AS `学号`,`xsqk`.`
姓名` AS `姓名`,`xsqk`.`性别` AS `性别`,`xsqk`.`专业名` AS `专业名`,`xs_kc`.`课
程号` AS `课程号`,`xs_kc`.`成绩` AS `成绩` from (`xsqk` join `xs_kc`) where ((`x
sqk`.`学号` = `xs_kc`.`学号`) and (`xs_kc`.`成绩` < 60))
character_set_client: utf8
collation_connection: utf8_general_ci
1 row in set (0.00 sec)
```

图 6.32　使用 SHOW CREATE VIEW 语句查看视图

从图 6.32 可以查看到视图 view_xsqk_cj 的创建语句及字符编码等信息。

6.4.4　使用工具软件查看视图

在工具软件 SQLyog 中，可以很方便地查看到视图的结构信息和定义语句。

例 6.21　在工具软件 SQLyog 中查看视图 view_kc 的结构信息和定义语句。

在 SQLyog 的对象浏览器中，定位并展开数据库 XSCJ，展开“视图”后，再定位到 view_kc 视图上，然后选择“工具”→“信息”，如图 6.33 所示。

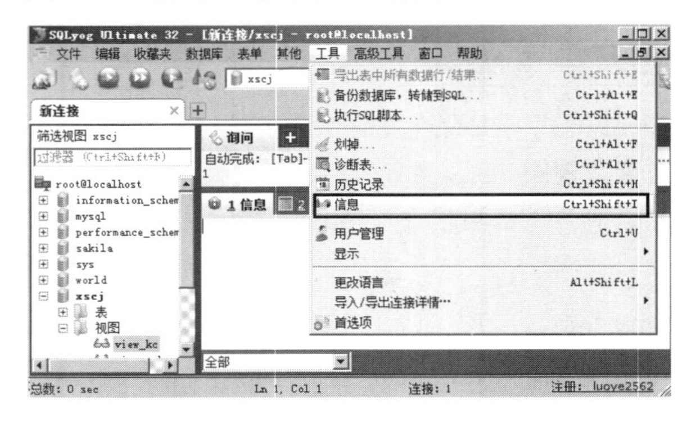

图 6.33　选择“信息”命令

最后，弹出如图 6.34 所示的界面。

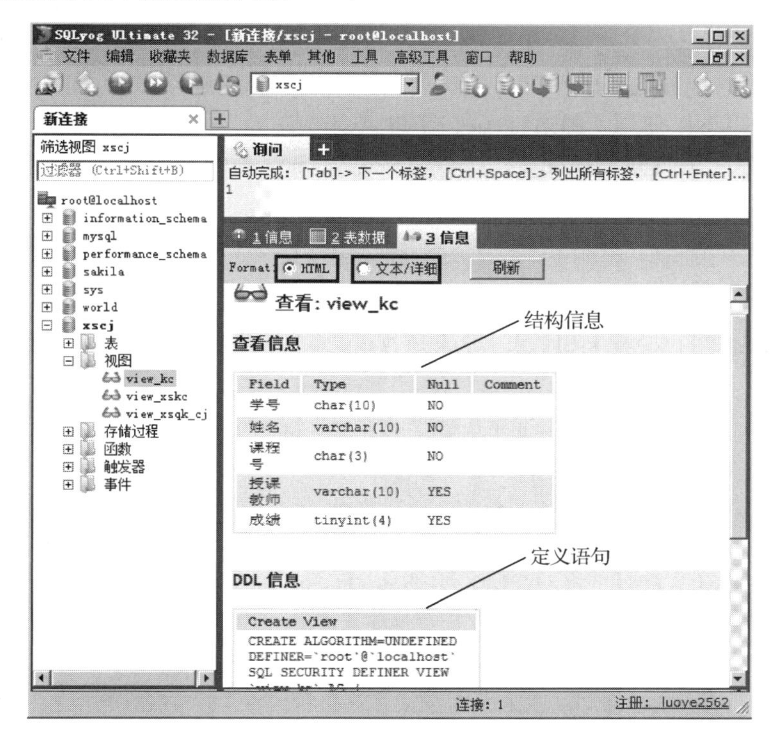

图 6.34　视图 view_kc 的结构信息和定义语句

在图 6.34 中，通过拖动滚动条，可以查看到视图的结构信息和定义的语句信息。另外，还可以选择“文本/详细”选项以文本格式显示视图的信息，如图 6.35 所示。

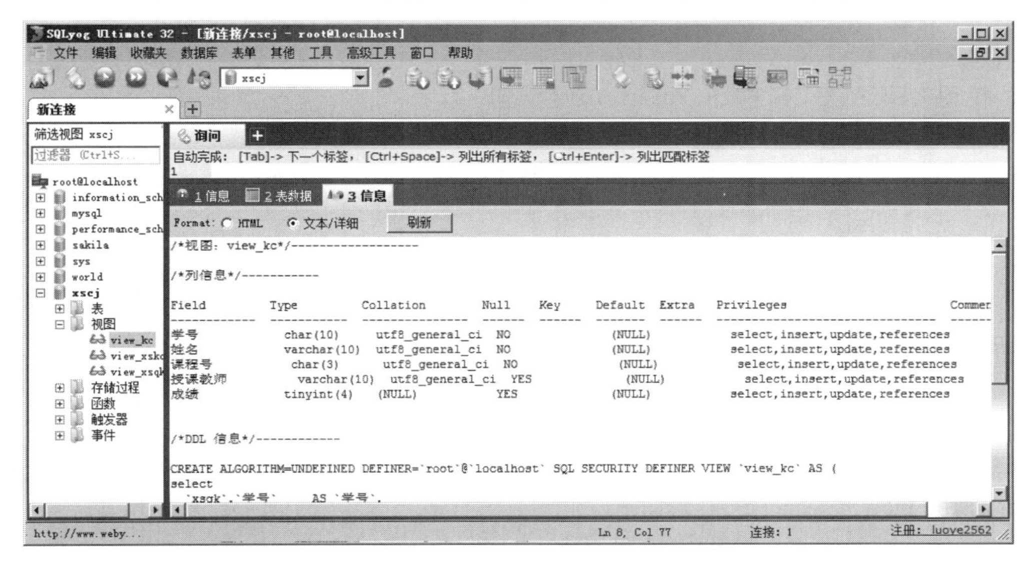

图 6.35　以文本方式显示的视图 view_kc 的结构信息和定义语句

6.4.5 修改视图

对已经定义好的视图，如果不符合用户需求，就需要对其进行修改。对视图的修改可以使用 ALTER 语句，也可以使用 CREATE OR REPLACE VIEW 语句。

1. 使用 ALTER 语句修改视图

语法规则：

```
ALTER VIEW 视图名
AS  查询语句
```

例 6.22 修改视图 view_xsqk_cj，要求该视图中包含成绩大于 80 分学生的学号、姓名、性别、专业名、课程号、成绩。

修改视图 view_xsqk_cj 的 SQL 语句：

```
mysql> alter view view_xsqk_cj
    -> as select xsqk.学号,姓名,性别,专业名,课程号,成绩
    -> from xsqk,xs_kc
    -> where xsqk.学号=xs_kc.学号  and  成绩>80;
Query OK, 0 rows affected (0.09 sec)
```

然后查看修改后的视图数据，如图 6.36 所示。

```
mysql> select * from view_xsqk_cj;
+------------+------+------+----------+--------+------+
| 学号       | 姓名 | 性别 | 专业名   | 课程号 | 成绩 |
+------------+------+------+----------+--------+------+
| 2016110101 | 朱军 | 男   | 云计算   | 101    |   83 |
| 2016110202 | 江杰 | 男   | 信息安全 | 106    |   81 |
| 2016110202 | 江杰 | 男   | 信息安全 | 107    |   85 |
+------------+------+------+----------+--------+------+
3 rows in set (0.02 sec)
```

图 6.36 查看修改后的视图数据

2. 使用 CREATE OR REPLACE VIEW 语句

语法规则：

```
CREATE [OR REPLACE]
   VIEW  视图名[列名列表]
    AS  查询语句
    [WITH CHECK OPTION]
```

其中，“OR REPLACE”关键字表示创建新视图的同时覆盖以前的同名视图，这种方式在开发过程中最为常用。“WITH CHECK OPTION”用于表示视图上执行的所有数据修改语句都必须符合由查询语句设置的规则。

例 6.23 修改视图 view_xskc，要求该视图中隐藏学分列的数值。

修改视图 view_xskc 的 SQL 语句：

```
mysql> create or replace view view_xskc
    -> as select  学号,课程号,成绩
    -> from xs_kc ;
Query OK, 0 rows affected (0.09 sec)
```

然后查看修改后的视图数据，如图 6.37 所示。

```
mysql> select * from view_xskc;
+------------+--------+------+
| 学号       | 课程号 | 成绩 |
+------------+--------+------+
| 2016110101 | 101    |   83 |
| 2016110101 | 102    |   64 |
| 2016110101 | 103    |   58 |
| 2016110102 | 102    |   67 |
| 2016110102 | 103    |   65 |
| 2016110103 | 101    |   78 |
| 2016110104 | 103    |   54 |
| 2016110105 | 101    |   65 |
| 2016110105 | 105    |   67 |
| 2016110106 | 102    |   57 |
| 2016110201 | 106    |   78 |
| 2016110202 | 106    |   81 |
| 2016110202 | 107    |   85 |
| 2016110203 | 108    |   61 |
| 2016110204 | 109    |   18 |
| 2016110301 | 110    |   63 |
+------------+--------+------+
16 rows in set (0.00 sec)
```

图 6.37　查看修改后的视图数据

6.4.6　使用工具软件修改视图

下面介绍在工具软件 SQLyog 中修改视图的方法。

例 6.24　在工具软件 SQLyog 中修改 view_kc 视图，要求修改后视图中包含选修了课程号为“101”“102”以外的其他课程号学生的学号、姓名、课程号、授课教师、成绩。

在 SQLyog 软件中修改视图的过程如下。

首先在 SQLyog 的“对象浏览器”中，定位到 XSCJ 数据库并展开树形结构，再展开“视图”选项，然后在 view_kc 上单击鼠标右键，选择弹出菜单中的“改变视图”命令，如图 6.38 所示。

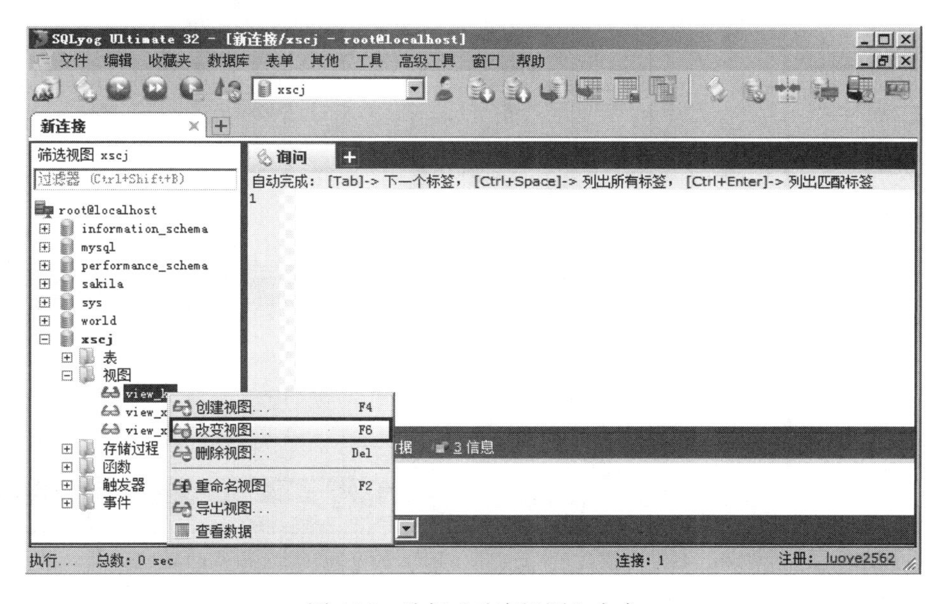

图 6.38　选择“改变视图”命令

最后出现如图 6.39 所示的原视图代码界面。

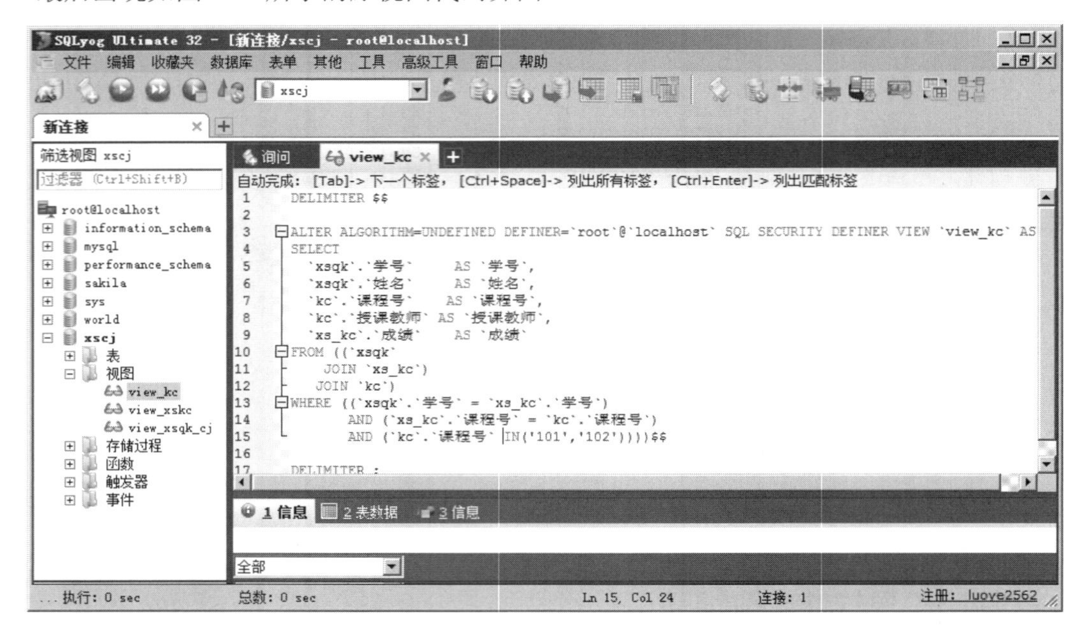

图 6.39　查看原视图代码

在图 6.39 中，按新的要求，将代码进行修改后，并单击“ ”按钮执行所有查询，得到如图 6.40 所示结果。

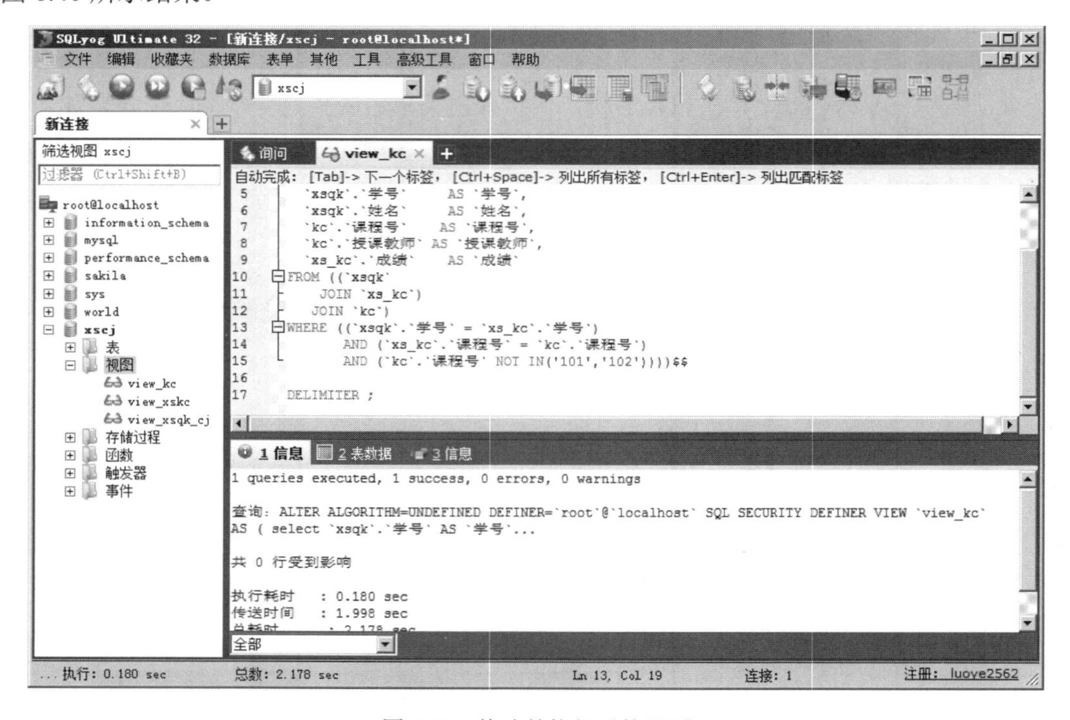

图 6.40　修改并执行后的界面

在图 6.40 中，单击“2 表数据”选项可以查看修改后视图的数据信息，如图 6.41 所示。

图 6.41　查看修改后视图的数据信息

从图 6.41 可见，视图修改后，其包含的数据信息已发生了改变。

6.4.7　通过视图操作基表

除了在 SELECT 语句中使用视图作为数据源进行查询以外，还可以通过视图对基表进行 INSERT、UPDATE 和 DELETE 操作，但当视图依赖多个数据表时，不允许添加和删除数据。在一般情况下，最好将视图作为查询数据的虚拟表，而不要通过视图更新数据。

关于视图的 SELECT 操作，在前面创建视图时已进行了介绍，下面主要讲通过视图对基表的操作。

1. INSERT 操作

例 6.25　通过视图 view_xskc 向表 xs_kc 添加一条新的记录。

在向表 xs_kc 添加数据之前，先查看表中的数据，如图 6.42 所示。

```
mysql> select * from xs_kc;
+------------+--------+------+------+
| 学号       | 课程号 | 成绩 | 学分 |
+------------+--------+------+------+
| 2016110101 | 101    |   83 |    2 |
| 2016110101 | 102    |   64 |    5 |
| 2016110101 | 103    |   58 |    0 |
| 2016110102 | 102    |   67 |    5 |
| 2016110102 | 103    |   65 |    4 |
| 2016110103 | 101    |   78 |    2 |
| 2016110104 | 103    |   54 |    0 |
| 2016110105 | 101    |   65 |    2 |
| 2016110105 | 105    |   67 |    4 |
| 2016110106 | 102    |   57 |    0 |
| 2016110201 | 106    |   78 |    4 |
| 2016110202 | 106    |   81 |    4 |
| 2016110202 | 107    |   85 |    4 |
| 2016110203 | 108    |   61 |    2 |
| 2016110204 | 109    |   18 |    0 |
| 2016110301 | 110    |   63 |    4 |
+------------+--------+------+------+
16 rows in set (0.00 sec)
```

图 6.42　查看表 xs_kc 的数据

然后，通过视图向表添加数据，SQL 语句如下：

```
mysql> insert into view_xskc(学号,课程号,成绩)
    -> values('2016110401','111',69);
Query OK, 1 row affected (0.12 sec)
```

然后，再次查询表 xs_kc，如图 6.43 所示。

```
mysql> select * from xs_kc;
+------------+--------+------+------+
| 学号       | 课程号 | 成绩 | 学分 |
+------------+--------+------+------+
| 2016110101 | 101    |   83 |    2 |
| 2016110101 | 102    |   64 |    5 |
| 2016110101 | 103    |   58 |    0 |
| 2016110102 | 102    |   67 |    5 |
| 2016110102 | 103    |   65 |    4 |
| 2016110103 | 101    |   78 |    2 |
| 2016110104 | 103    |   54 |    0 |
| 2016110105 | 101    |   65 |    2 |
| 2016110105 | 105    |   67 |    4 |
| 2016110106 | 102    |   57 |    0 |
| 2016110201 | 106    |   78 |    4 |
| 2016110202 | 106    |   81 |    4 |
| 2016110202 | 107    |   85 |    4 |
| 2016110203 | 108    |   61 |    2 |
| 2016110204 | 109    |   18 |    0 |
| 2016110301 | 110    |   63 |    4 |
| 2016110401 | 111    |   69 | NULL |
+------------+--------+------+------+
17 rows in set (0.00 sec)
```

图 6.43　数据添加成功

2. DELETE 操作

例 6.26　通过视图删除例 6.25 中新加入表 xs_kc 中的记录。

SQL 语句如下：

```
mysql> delete from view_xskc
    -> where 学号='2016110401' and 课程号='111';
Query OK, 1 row affected (0.05 sec)
```

然后，查询表 xs_kc，如图 6.44 所示。

```
mysql> select * from xs_kc;
+------------+--------+------+------+
| 学号       | 课程号 | 成绩 | 学分 |
+------------+--------+------+------+
| 2016110101 | 101    |   83 |    2 |
| 2016110101 | 102    |   64 |    5 |
| 2016110101 | 103    |   58 |    0 |
| 2016110102 | 102    |   67 |    5 |
| 2016110102 | 103    |   65 |    4 |
| 2016110103 | 101    |   78 |    2 |
| 2016110104 | 103    |   54 |    0 |
| 2016110105 | 101    |   65 |    2 |
| 2016110105 | 105    |   67 |    4 |
| 2016110106 | 102    |   57 |    0 |
| 2016110201 | 106    |   78 |    4 |
| 2016110202 | 106    |   81 |    4 |
| 2016110202 | 107    |   85 |    4 |
| 2016110203 | 108    |   61 |    2 |
| 2016110204 | 109    |   18 |    0 |
| 2016110301 | 110    |   63 |    4 |
+------------+--------+------+------+
16 rows in set (0.00 sec)
```

图 6.44　数据删除成功

3. UPDATE 操作

例 6.27　通过视图将学号为 2016110301，课程号为 110 的成绩改为 73。

SQL 语句如下：

```
mysql> _xskc
    -> set  成绩=73
    -> where  学号='2016110301' and  课程号='110';
Query OK, 1 row affected (0.14 sec)
Rows matched: 1   Changed: 1   Warnings: 0
```

然后，查询表 xs_kc，如图 6.45 所示。

```
mysql> select * from xs_kc;
+------------+--------+------+------+
| 学号       | 课程号 | 成绩 | 学分 |
+------------+--------+------+------+
| 2016110101 | 101    |   83 |    2 |
| 2016110101 | 102    |   64 |    5 |
| 2016110101 | 103    |   58 |    0 |
| 2016110102 | 102    |   67 |    5 |
| 2016110102 | 103    |   65 |    4 |
| 2016110103 | 101    |   78 |    2 |
| 2016110104 | 103    |   54 |    0 |
| 2016110105 | 101    |   65 |    2 |
| 2016110105 | 105    |   67 |    4 |
| 2016110106 | 102    |   57 |    0 |
| 2016110201 | 106    |   78 |    4 |
| 2016110202 | 106    |   81 |    4 |
| 2016110202 | 107    |   85 |    4 |
| 2016110203 | 108    |   61 |    2 |
| 2016110204 | 109    |   18 |    0 |
| 2016110301 | 110    |   73 |    4 |
+------------+--------+------+------+
16 rows in set (0.00 sec)
```

图 6.45　数据更新成功

4. 在工具软件 SQLyog 中，通过视图对基表数据进行添加、更新和删除操作

例 6.28　在工具软件 SQLyog 中，通过视图 view_xskc 对基表 xs_kc 的数据进行添加、更新和删除操作。

按 6.4.6 节中所介绍的方法，打开视图 view_xskc 的“2 表数据”，如图 6.46 所示。

图 6.46　视图 view_xskc 的数据

在图 6.46 中，可参照 4.5 节中通过工具软件 SQLyog 对表的操作方法，实现通过视图对基表的操作，在此不再重复介绍。

6.4.8 删除视图

对于不使用的视图，可以对其删除。删除视图可以在 Command Line Client 模式下进行，也可以使用工具软件 SQLyog 来删除。

1. 在 Command Line Client 模式下删除视图

语法规则;

```
DROP VIEW [IF EXISTS]
    视图名[,视图名,…]
```

在删除视图时，使用 IF EXISTS 关键字可以防止删除操作时因该视图不存在而出现错误。

例 6.29 删除视图 view_xskc。

SQL 语句如下：

```
mysql> drop view if exists
    -> view_xskc;
Query OK, 0 rows affected (0.00 sec)
```

2. 使用工具软件 SQLyog 删除视图

例 6.30 在工具软件 SQLyog 中删除视图 view_xsqk_cj。

先展开数据库 XSCJ 及“视图”，在要删除的视图 view_xsqk_cj 上单击鼠标右键，在弹出的快捷菜单中选择“删除视图”命令，如图 6.47 所示。

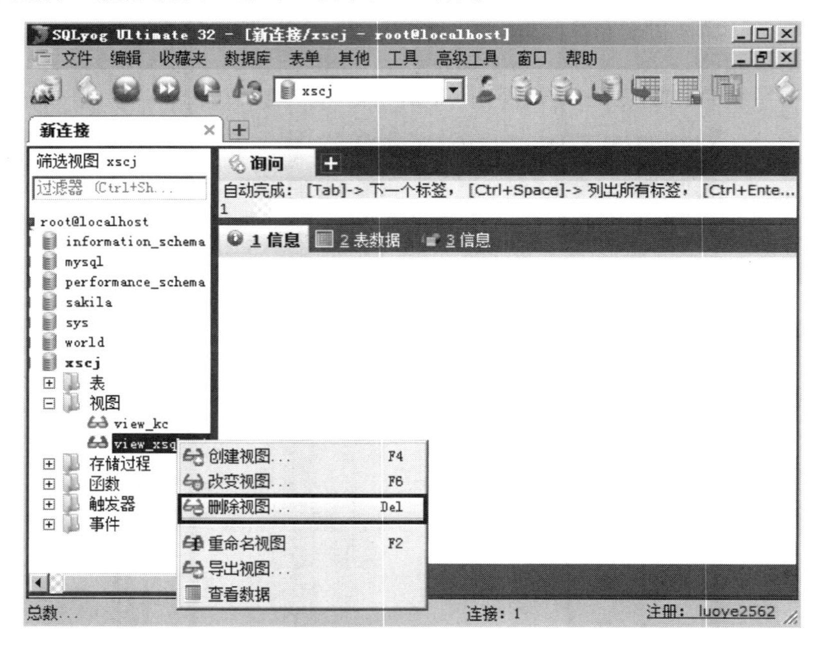

图 6.47 选择“删除视图”命令

然后弹出如图 6.48 所示的确认界面。

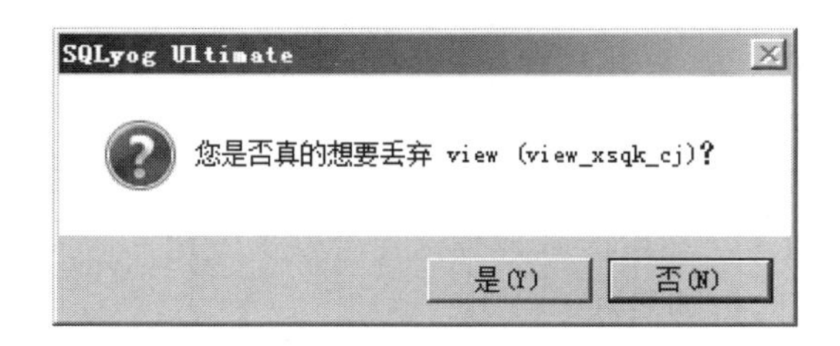

图 6.48　确认删除视图

在图 6.48 中，单击“是”按钮确认后，即可完成对视图 view_xsqk_cj 的删除。

课后习题

一、填空题

1．视图是从________中导出的表，数据库中实际存放的是视图的________。

2．如果在视图中删除或修改一条记录，则相应的________也会发生变化。

3．当对视图进行 UPDATE、INSERT 和 DELETE 操作时，要求所有的操作都必须符合由查询语句设置的规则，可以在视图定义中加上________。

4．在 MySQL 中，有两种基本类型的索引，________和唯一索引。

5．创建唯一索引时，如果创建索引的列有重复值，应先将其________，否则索引不能创建成功。

6．索引一旦创建，将由________管理和维护。

7．在每次访问视图时，视图都是从________中提取所包含的列。

8．索引存放在表的________上。

9．________就是在创建索引时，不附加任何限制条件。

10．唯一索引要求索引列的值是唯一的，需要使用关键字________来标明是唯一索引。

11．每张表都有一个________，并且只有一个，一般都是在创建表时，为表创建主键时自动创建的。

12．在 MySQL 中，提供了一种称为________的技术，主要关联在数据类型为 CHAR、VARCHAR 和 TEXT 等长字符字段上。

13．可以使用关键字 SHOW CREATE TABLE 或关键字________来查看索引信息。

14．删除索引可以使用 DROP 关键字，也可以使用________关键字。

15．当视图的内容来自________基表时，不允许添加和删除数据。

16．创建视图的关键字是________。

17．在一般情况下，最好将视图作为查询数据的虚拟表，而不要通过视图________。

二、选择题

1．以下不属于视图的特点的是（　　）。

A．数据物理独立　　B．数据视点集中　　C．简化操作　　D．提高安全性

2．数据库中的物理数据存储在下列哪种对象里？（　　）

A．视图　　B．表　　C．查询　　D．索引

3．下列关于视图的描述，错误的是（　　）。

A．视图只是一张虚拟的表

B．视图中没有存放物理数据

C．在一个 UPDATE 语句中，一次可以修改多个视图对应的基表

D．当对视图进行修改时，相应的基表数据也会发生变化

4．为数据表创建索引的目的是（　　）。

A．提高查询的效率　　B．创建主键　　C．创建约束　　D．创建唯一索引

5．为提高查询性能，并要求数据库中保存排好序的物理数据，可以进行的操作是（　　）。

A．创建一个唯一索引　　B．创建一个约束

C．创建一个视图　　D．创建一个聚集索引

6．下面关于索引的描述正确的是（　　）。

A．使用索引可以提高数据的查询速度和更新速度

B．使用索引对数据的查询速度和更新速度都没有影响

C．使用索引可以提高数据查询速度，但会降低数据更新速度

D．在一个表中应大量使用索引

7．创建索引的关键字是（　　）。

A．CREATE VIEW　　B．CREATE INDEX

C．CREATE DATABASE　　D．CREATE TABLE

8．删除一个视图的关键字是（　　）。

A．DROP VIEW　　B．ALTER VIEW

C．CREATE OR REPLACE VIEW　　D．UPDATE VIEW

三、简答题

1．简述索引的作用。

2．简述视图与表的区别。

3．创建视图有哪些优点？

课外实践

任务一　创建一个名为“V-不及格学生信息”的视图，在该视图中包含所有不及格学生的学号、姓名、专业名、课程号、成绩信息。

任务二　在 xsqk 表中创建一个名为“V_选课信息”视图，显示“网络工程”学生的选课信息，包括学号、姓名和课程名。

任务三　创建一个名为“v_开课信息”的视图，在该视图中包含课程号，课程名，开课学期和学时列，并要求包含前 3 学期所开课程。

任务四　为 kc 表的课程名字段创建唯一索引，索引名为 INDEX_课程名。

第7章 MySQL触发器

【学习目标】

- 了解触发器的作用
- 掌握触发器的创建方法
- 掌握触发器的查看方法
- 掌握触发器的修改方法
- 了解触发器的删除方法

7.1 什么是触发器

触发器是一个特殊的存储过程，它与表紧密相连。基于表或视图定义了触发器后，当表或视图中的数据有对应操作事件发生时，激活触发器，从而执行触发器中所定义的语句。

在 MySQL 中，只有触发 INSERT、UPDATE 和 UPDATE 语句时，才会自执行所设置的操作，而其他 SQL 语句不会激活触发器。在实际应用中，通过使用触发器来对表实施比 MySQL 数据库本身标准的功能更精细、更复杂的数据控制功能，当触发器中所定义的数据被改变时，触发器被自动激活，并比较触发器中所定义的规则以防止对数据进行非法修改，或者执行触发器中所定义的操作，以实现用户需求的功能。

MySQL 触发器有以下的作用。

（1）审计功能，使用触发器跟踪用户对数据库的操作，审计用户操作数据库的语句，把用户对数据库的更新写入审计表。

（2）安全性，可以基于时间限制用户的操作，可以基于数据库中的数据限制用户的操作。

（3）实现复杂的数据完整性规则，触发器与规则不同，触发器可以引用列或数据库对象，可产生比规则更为复杂的限制。

（4）实现复杂的非标准的数据库相关完整性规则，触发器可以对数据库中相关的表进行连环更新。例如，当插入一个与其主键不匹配的外部键时，这时触发器会起作用。

7.2 触发器的操作

触发器的操作包括创建触发器，查看触发器和删除触发器。

7.2.1 创建触发器

创建触发器的语法规则：

```
Create trigger trigger_name
    BEFORE|AFTER trigger_event
        ON table_name FOR EACH ROW trigger_stmt
```

其中：trigger_name 表示触发器名称，由用户设定；

BEFORE|AFTER 表示触发器执行时间，BEFORE 是指在触发器事件之前执行触发器语句，AFTER 是指在触发器事件之后执行触发器语句；

trigger_event 表示触发事件，即触发器执行条件，包括 INSERT、UPDATE 和 UPDATE 语句；

table_name 表示对哪个表进行操作时产生触发事件；

FOR EACH ROW 表示对 table_name 表中任何一条记录进行的操作满足触发条件时都会触发该触发器；

trigger_stmt 表示触发器被激活后要执行的语句。

在触发器的 SQL 语句中，可以关联表中的任何列，在对列进行标识时，可能会使用到“OLD.列名”“NEW.列名”，其中“OLD.列名”关联现有行的一列在被更新或删除前的值，“NEW.列名”关联新一行的插入或更新现有行的一列的值。

“NEW.列名”用于 INSERT 语句和 UPDATE 语句；

“OLD.列名”用于 DELETE 语句和 UPDATE 语句。

为了更直观地理解和掌握触发器的功能和操作方法，下面先通过工具软件 SQLyog 来讲述触发器的相关操作。

1. 创建 Insert 触发器

例 7.1 在 XSCJ 数据库中创建一个表 number，用于统计选修了各门课程的学生人数。表结构如图 7.1 所示。

图 7.1 number 表的结构

然后创建一个 Insert 触发器：当在 xskc 表中，每添加一条记录，就触发 number 表，使 number 表中“课程号”所对应的“选课人数”就添加一人。

在 SQLyog 中的 XSCJ 数据库下，单击“对象资源管理器”窗口中的“触发器”节点，选择快捷菜单中的“创建触发器”命令，如图 7.2 所示。

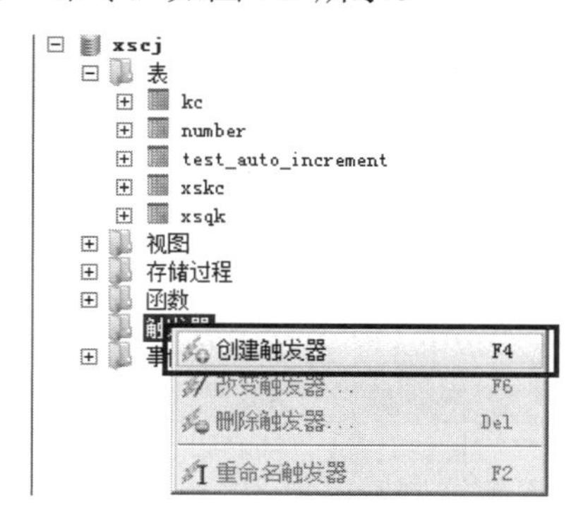

图 7.2　创建触发器

然后，在“Create Trigger”对话框中，输入所创建触发器的名称，这里输入“insert_xskc”，如图 7.3 所示。

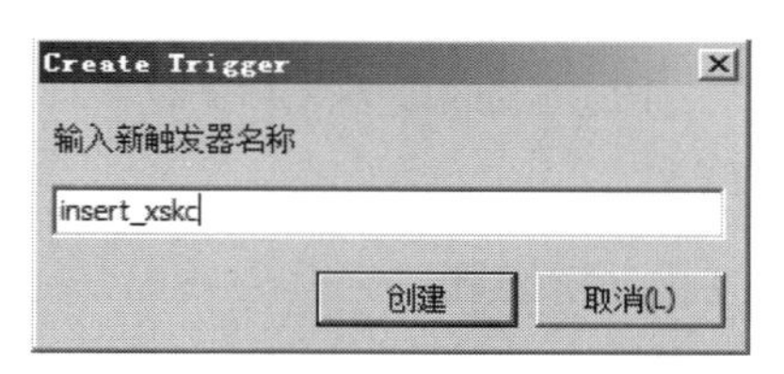

图 7.3　输入新触发器名称

然后单击“创建”按钮，弹出如图 7.4 所示的触发器设计模板。

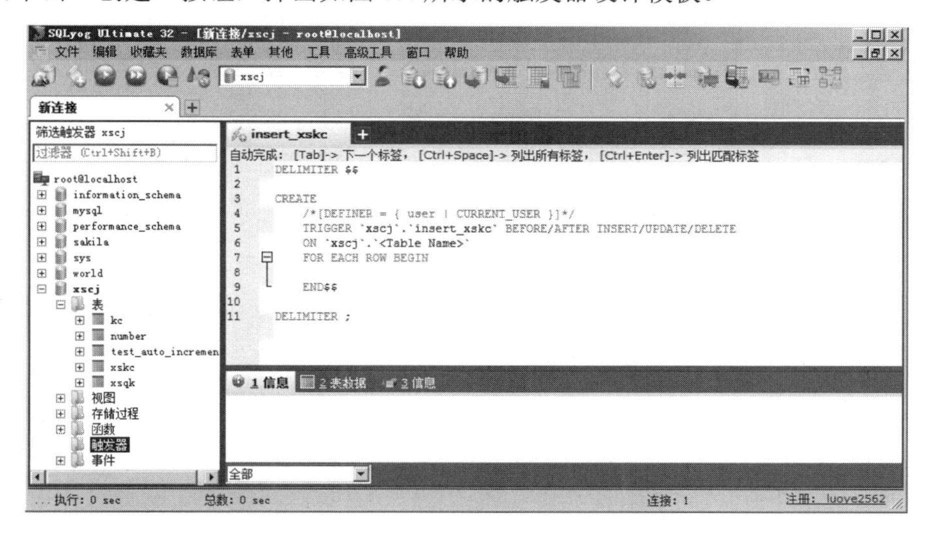

图 7.4　触发器设计模板

在触发器模板中，“DELIMITER $$”语句设置结束符为“$$”，在后面用“DELIMITER ;”

语句把结束符还原为默认的结束符号为“;”。

对触发器模板按设置触发器的目的进行修改，完成后的 insert_xskc 触发器如图 7.5 所示。

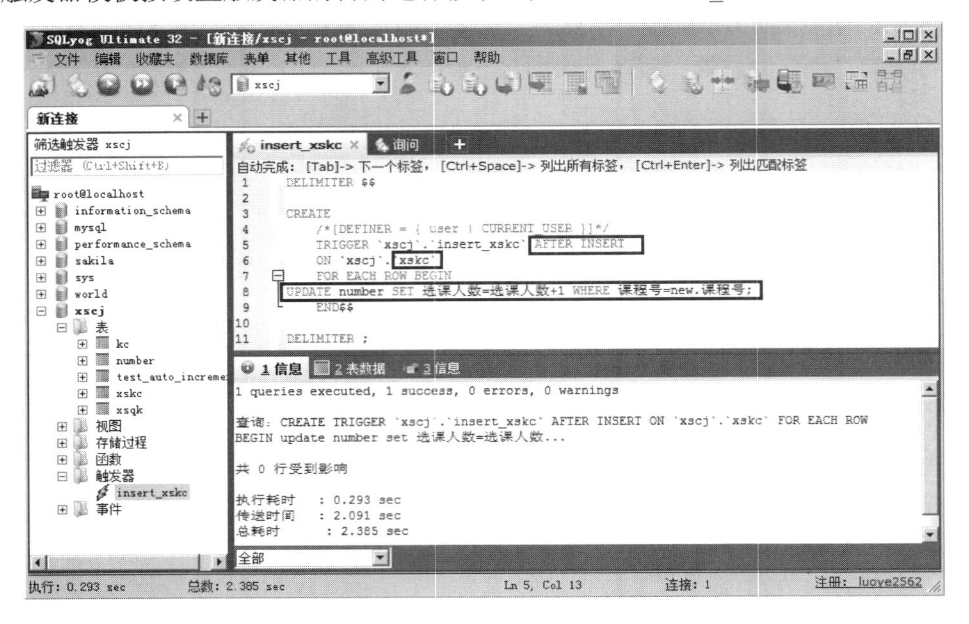

图 7.5　insert_xskc 触发器

由图 7.5 可见，触发器已创建成功。

下面对 insert_xskc 触发器的功能进行验证。

先查看 number 表中课程号为“110”的选课人数，如图 7.6 所示。

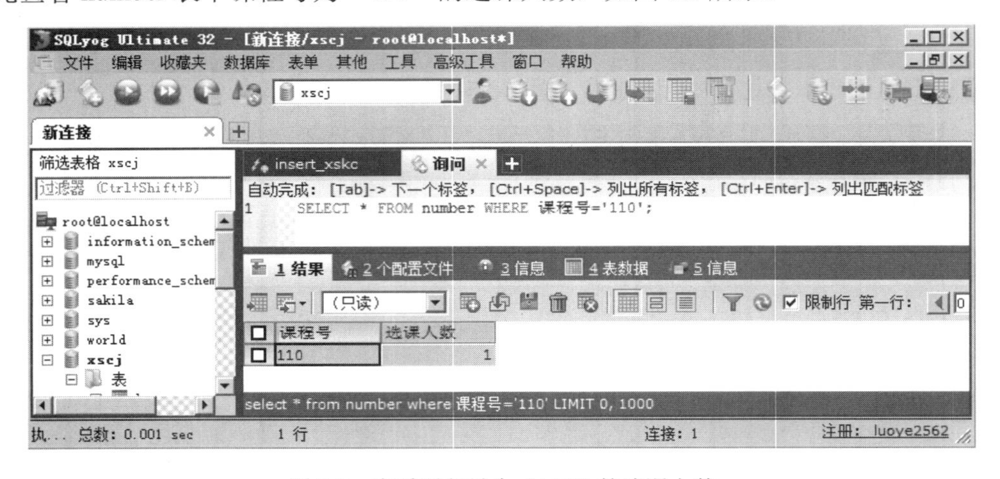

图 7.6　查看课程号为“110”的选课人数

可见，选修了课程号为“110”的人数有 1 人。然后，向表 xskc 中添加一个课程号为“110”的记录，如图 7.7 所示。

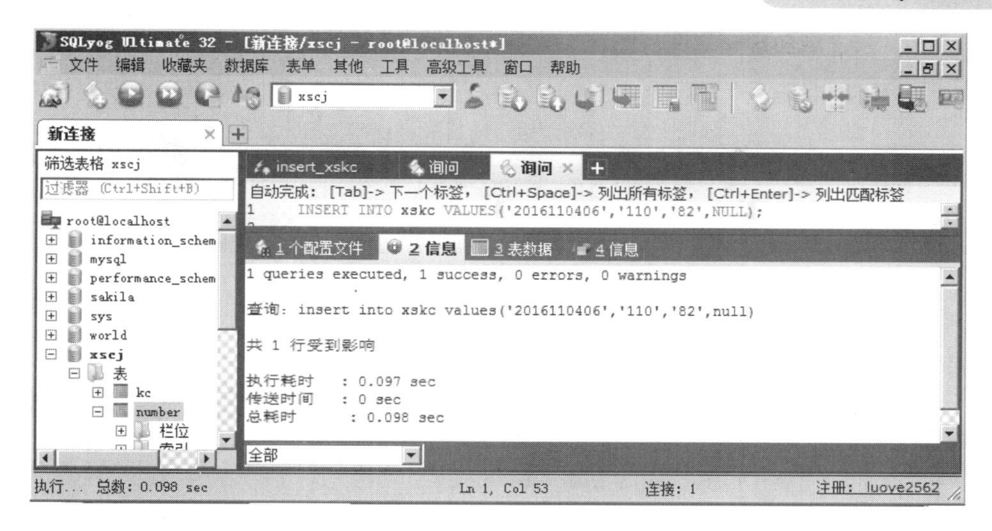

图 7.7 添加课程号为“110”的记录

然后再去查看表 number 中课程号为“110”的选课人数，如图 7.8 所示。

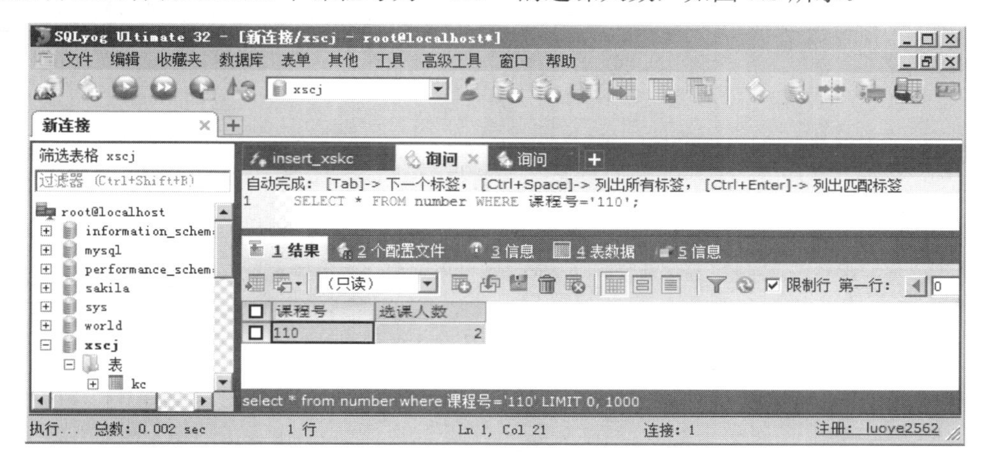

图 7.8 再次查看课程号为“110”的选课人数

由图 7.8 可见，在向 xskc 表中插入记录后，触发器被激活，使 number 表中的统计数据产生了更新操作，触发器创建成功。

2. 创建 Delete 触发器

例 7.2 创建 Delete 触发器，在“xsqk”表中删除某个学生的选课信息时，同时在“xskc”表中也将该学生的选课信息删除。这里假设需要在“xsqk”表中删除学号为“2016110407”的学生信息。

创建 Delete 触发器与创建 Insert 触发器类似，创建 Delete 触发器的方法如图 7.9 所示。

可见创建立了一个名为 delete_xsqk 的触发器成功。下面对 insert_xskc 触发器的功能进行验证。

为了验证 delete_xsqk 的功能，先查看 xsqk 表中的学生信息情况，如图 7.10 如示。

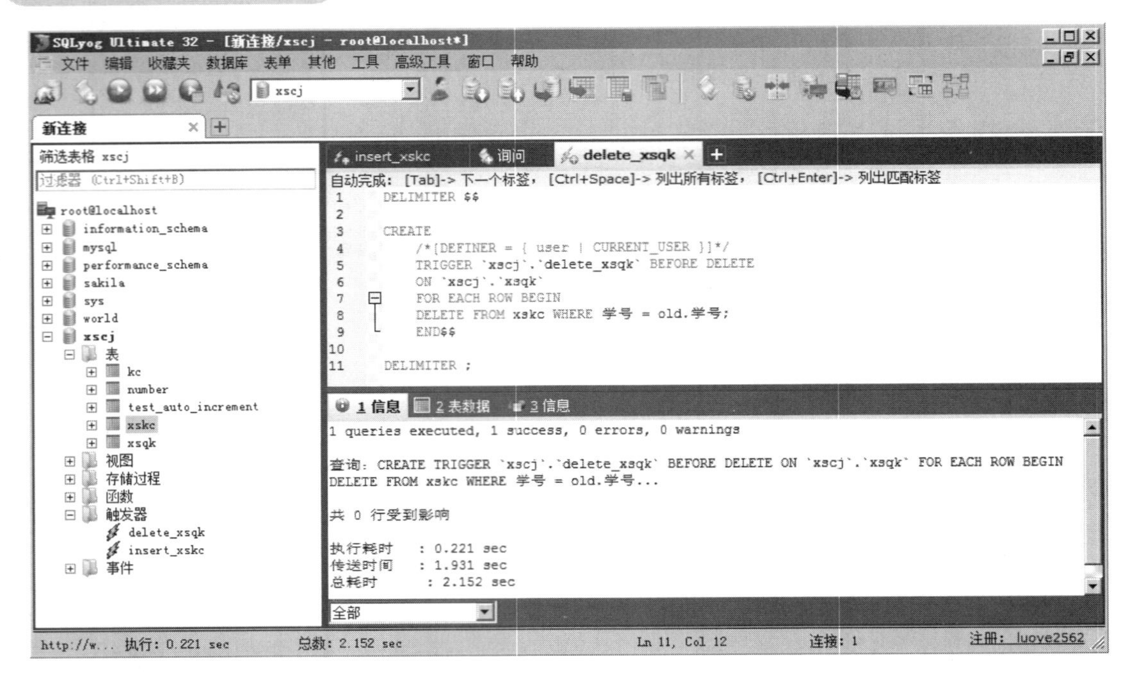

图 7.9　创建 Delete 触发器

序号	学号	姓名	性别	出生日期	专业名	所在学院
16	2016110402	李小龙	1	1998-11-13 00:00:00	机器人设计	计算机学院
17	2016110403	程蓓蕾	1	1998-08-16 00:00:00	机器人设计	计算机学院
18	2016110404	赵真	0	1998-04-06 00:00:00	机器人设计	计算机学院
19	2016110405	陈平	0	1998-02-03 00:00:00	机器人设计	传媒学院
20	2016110406	李宁	1	1997-02-08 00:00:00	机器人设计	工商管理学院
21	2016110407	王强	1	1998-04-09 00:00:00	机器人设计	传媒学院
(Auto)	(NULL)	(NULL)	(NULL)	(NULL)	(NULL)	(NULL)

图 7.10　查看 xsqk 表中学生的信息情况

再查看 xskc 表中学生的选课情况，如图 7.11 所示。

学号	课程号	成绩	学分
2016110301	103	25	(NULL)
2016110403	109	78	(NULL)
2016110406	106	57	(NULL)
2016110406	110	82	(NULL)
2016110407	107	78	(NULL)
2016110407	106	54	(NULL)
(NULL)	(NULL)	0	(NULL)

图 7.11　查看 xskc 表中学生的选课情况

然后在 xsqk 表中删除学号为“2016110407”的学生信息。

```
DELETE FROM xsqk WHERE 学号='2016110407';
```

然后查看 xskc 表中的选课情况。

```
SELECT * FROM xskc;
```

此时如图 7.12 所示，学号为 2016110407 的学生选课情况已经没有了。

学号	课程号	成绩	学分
2016110205	109	74	(NULL)
2016110301	103	25	(NULL)
2016110403	109	78	(NULL)
2016110406	106	57	(NULL)
2016110406	110	82	(NULL)
(NULL)	(NULL)	0	(NULL)

图 7.12　再次查看 xskc 表中学生的选课情况

3. 创建 Update 触发器

创建 Update 触发器与创建 Insert 触发器、Delete 触发器的方法类似。

例 7.3　创建 update 触发器，在“xsqk”表中修改某个学生学号时，同时在“xskc”表中也会修改该学生的学号，创建 Update 触发器的方法如图 7.13 所示。

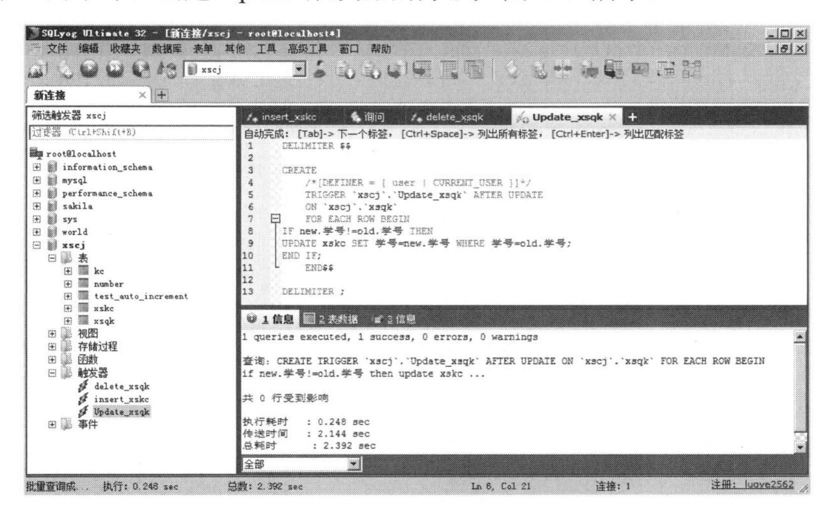

图 7.13　创建 Update 触发器

7.2.2　在工具软件 SQLyog 中查看触发器

查看触发器是指查看数据库中已存在的触发器的定义信息、状态和语法等。可以通过命令来查看已经创建好的触发器。

1. 通过 SHOW TRIGGERS 语句查看触发器

在工具软件 SQLyog 中如图 7.14 所示。

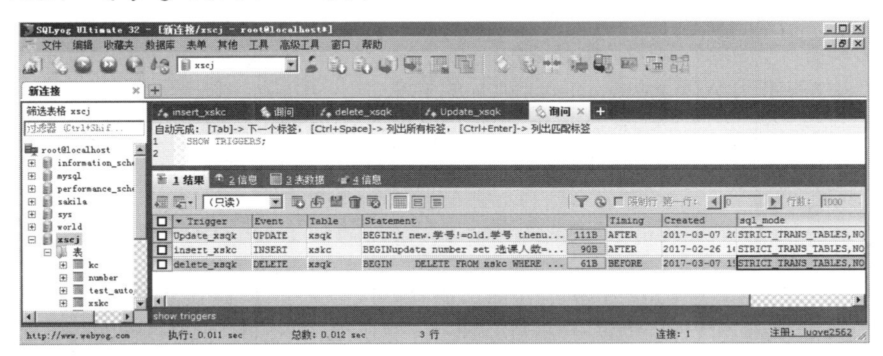

图 7.14　查看触发器

由图 7.14 可见，在执行 SHOW TRIGGERS 命令后，在显示出所创建触发器的结果中包括多列信息：

Trigger 表示触发器的名称，在这里有三个触发器，分别是 update_xsqk、insert_xskc 和 delete_xsqk；

Event 表示激活触发器的事件，分别是 UPDATE、INSERT 和 DELETE；

Table 表示激活触发器的操作对象表，这里分别是 xsqk、xskc 和 xsqk；

Statement 表示触发器执行的操作；

Timing 表示触发器触发的时间，是在执行相应操作之前(BEFORE)还是之后(AFTER)；

另外还有触发器的创建时间、SQL 模式、定义触发器的账户和使用的字符集等。

2. 在 triggers 表中查看触发器信息

MySQL 中所有的触发器的定义都在 INFORMATION_SCHEMA 数据库的 TRIGGERS 表中存放，可以通过查询命令 SELECT 来查看。在工具软件 SQLyog 中查看 TRIGGERS 表触发器如图 7.15 所示。

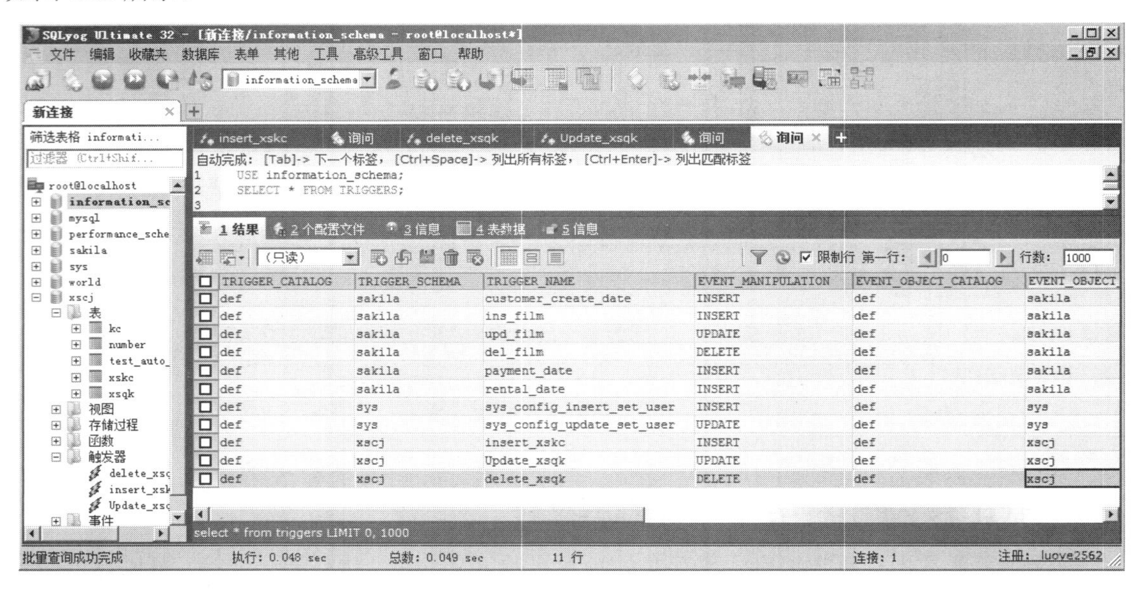

图 7.15　在 TRIGGERS 表中查看触发器信息

从图 7.15 可见到所有触发器的定义信息，其中：

TRIGGER_SCHEMA 表示触发器所在的数据库；

TRIGGER_NAME 表示触发器的名称；

EVENT_MANIPULATION 表示激活触发的事件；

EVENT_OBJECT_TABLE 表示在哪个数据表上产生触发；

另外还有一些其他信息，包括触发时执行的具体操作、在每条记录上都触发、触发的时间和字符集等系统相关的信息。

3. 修改触发器

在工具软件 SQLyog 中，查看与修改触发器非常方便，具体操作步骤如下。

在“对象资源管理器”下，展开数据库 XSCJ，然后单击 XSCJ 下的“触发器”节点，将显示出数据库 XSCJ 的所有触发器对象，在需要查看与修改的触发器上单击鼠标右键，如图 7.16 所示。

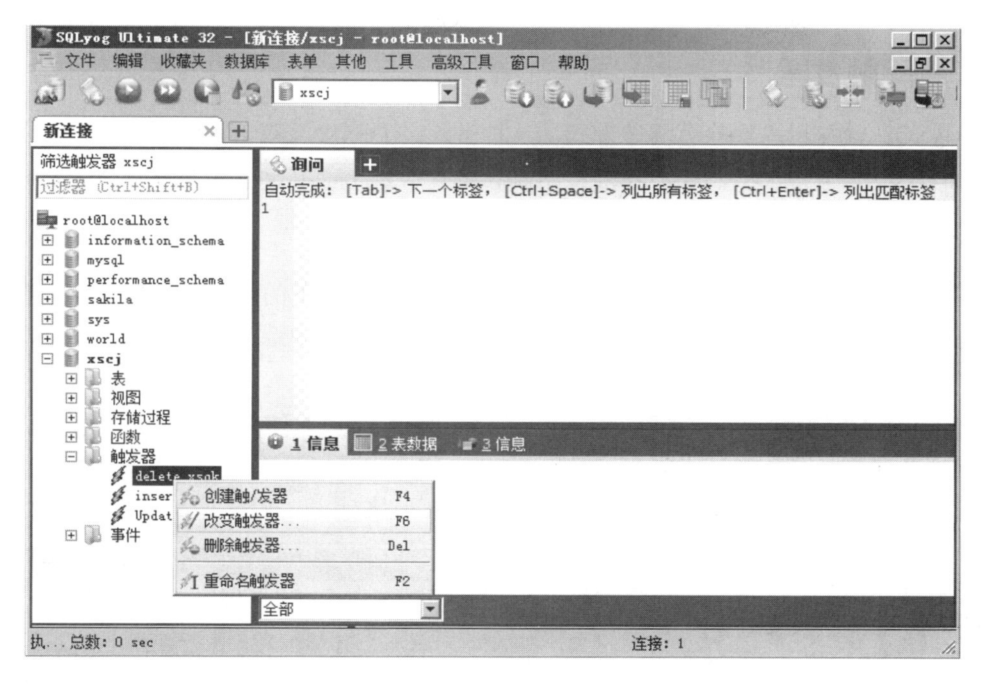

图 7.16 选择改变触发器命令

选择“改变触发器”命令，弹出该触发器对象的定义信息，如图 7.17 所示。

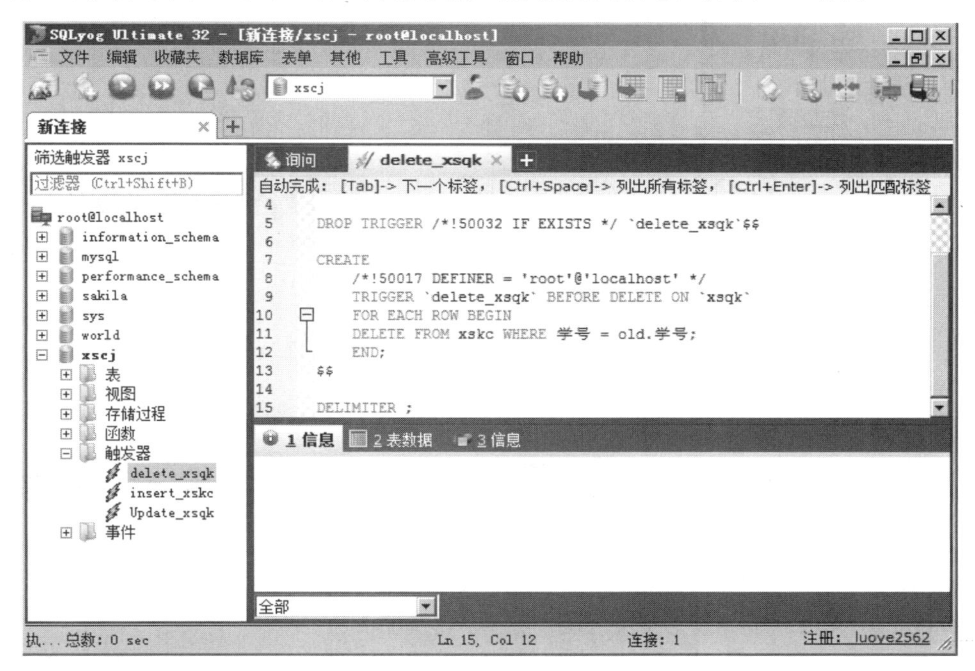

图 7.17 修改触发器界面

在图 7.17 中，可以看到已定义的触发器信息，并可编辑修改。

7.2.3 删除触发器

对 MySQL 触发器的删除有两种方式，一种是通过 DROP TRIGGER 来删除触发器，另一种是通过工具软件 SQLyog 的图形化界面来删除触发器。下面介绍在工具软件 SQLyog 中删除触发器。

例 7.4 在工具软件 SQLyog 中删除 delete_xsqk 触发器。

在 SQLyog 的“对象资源管理器”中，找到 XSCJ 数据库下的“触发器”节点，展开其前面的“+”，然后单击“delete_xsqk”节点，在弹出的快捷菜单中选择“删除触发器”命令，如图 7.18 所示。

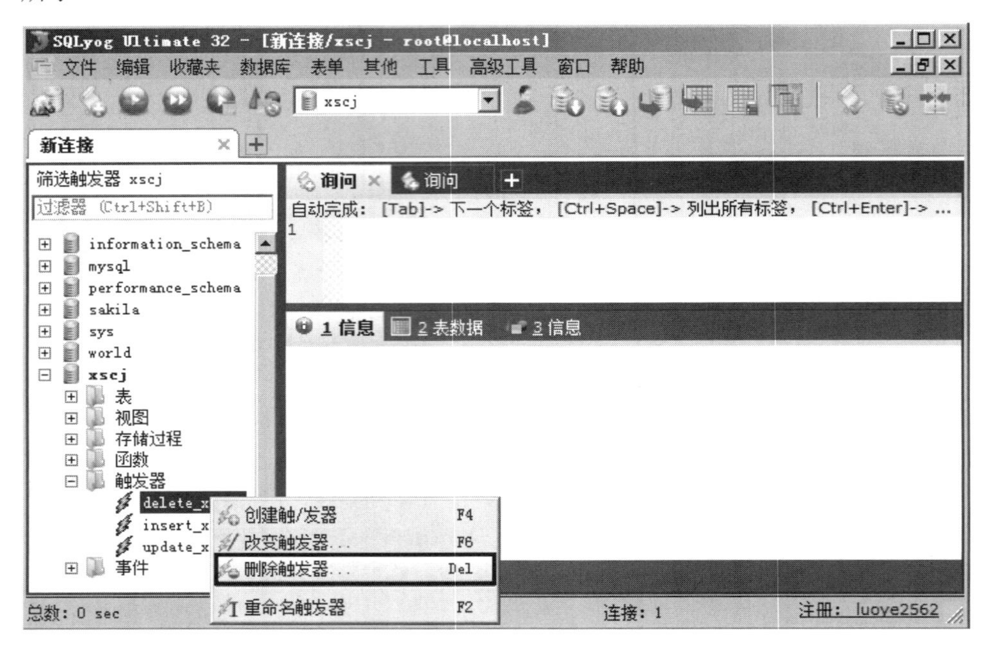

图 7.18 选择删除触发器命令

然后在弹出的确认对话窗口中单击“是”按钮，即可删除触发器。按同样的方法，可以删除 insert_xskc 和 update_xsqk 触发器。

7.3 在 Command Line Client 模式下创建、查看与删除触发器

在通过工具软件 SQLyog 对触发器的功能和操作方法有了完整的了解之后，下面简单介绍在 Command Line Client 模式下创建、查看与删除触发器的方法。

7.3.1 创建触发器

在 Command Line Client 模式下创建的触发器，其功能与在工具软件 SQLyog 中的触发器相同。

1. 在 Command Line Client 模式下创建 Insert 触发器

要求触发器命名为 insert_xskc1，当在 xskc 表中，每添加一条记录，就会触发 number 表，使 number 表中“课程号”所对应的“选课人数”就添加一人。

创建的 SQL 语句如图 7.19 所示。

```
mysql> delimiter //
mysql> create trigger insert_xskc1 after insert
    -> on xskc
    -> for each row begin
    -> update number set 选课人数=选课人数+1 where 课程号=new.课程号;
    -> end //
Query OK, 0 rows affected (0.12 sec)
```

图 7.19 在 Command Line Client 模式下创建 Insert 触发器

2. 在 Command Line Client 模式下创建 Delete 触发器

创建的 SQL 语句如图 7.20 所示。

```
mysql> delimiter //
mysql> create trigger delete_xsqk1 before delete
    -> on xsqk
    -> for each row begin
    -> delete from xskc where 学号=old.学号;
    -> end //
Query OK, 0 rows affected (0.11 sec)

mysql> delimiter ;
```

图 7.20 在 Command Line Client 模式下创建 Delete 触发器

3. 在 Command Line Client 模式下创建 Update 触发器

创建的 SQL 语句如图 7.21 所示。

```
mysql> delimiter //
mysql> create trigger update_xsqk1 after update
    -> on xsqk
    -> for each row begin
    -> if new.学号!=old.学号 then
    -> update xskc set 学号=new.学号 where 学号=old.学号;
    -> end if;
    -> end //
Query OK, 0 rows affected (0.20 sec)

mysql> delimiter ;
```

图 7.21 在 Command Line Client 模式下创建 Update 触发器

7.3.2 查看触发器

在 Command Line Client 模式下与在工具软件 SQLyog 一样，可以通过 SHOW TRIGGERS 命令和在 triggers 表中查看触发器的定义，状态和语法信息。

1. SHOW TRIGGERS 命令查看触发器

语法规则：

```
SHOW TRIGGERS;
```

例 7.5 通过 SHOW TRIGGERS 查看在 XSCJ 数据库中的触发器。

```
mysql> show triggers \G
*************************** 1. row ***************************
             Trigger: insert_xskc1
               Event: INSERT
               Table: xskc
           Statement: begin
update number set 选课人数=选课人数+1 where 课程号=new.课程号;
end
              Timing: AFTER
             Created: 2017-05-14 17:52:54.32
            sql_mode:
STRICT_TRANS_TABLES,NO_AUTO_CREATE_USER,NO_ENGINE_SUBSTITU
TION
             Definer: root@localhost
character_set_client: utf8
collation_connection: utf8_general_ci
  Database Collation: utf8_general_ci
*************************** 2. row ***************************
             Trigger: update_xsqk1
               Event: UPDATE
               Table: xsqk
           Statement: begin
if new.学号!=old.学号 then
update xskc set 学号=new.学号 where 学号=old.学号;
end if;
end
              Timing: AFTER
             Created: 2017-05-14 18:20:19.85
            sql_mode:
STRICT_TRANS_TABLES,NO_AUTO_CREATE_USER,NO_ENGINE_SUBSTITU
TION
             Definer: root@localhost
character_set_client: utf8
collation_connection: utf8_general_ci
  Database Collation: utf8_general_ci
*************************** 3. row ***************************
             Trigger: delete_xsqk1
               Event: DELETE
               Table: xsqk
           Statement: begin
delete from xskc where 学号=old.学号;
end
              Timing: BEFORE
             Created: 2017-05-14 18:09:13.90
            sql_mode:
STRICT_TRANS_TABLES,NO_AUTO_CREATE_USER,NO_ENGINE_SUBSTITU
TION
             Definer: root@localhost
```

```
character_set_client: utf8
collation_connection: utf8_general_ci
  Database Collation: utf8_general_ci
3 rows in set (0.00 sec)
```

可见，有三个触发器，分别是 insert_xskc1、update_xsqk1 和 delete_xsqk1。在每个触发器中，Trigger 参数表示触发器名称；Event 参数表示触发器的激活事件；Table 参数表示触发器对象触发事件所操作的表；Statement 参数表示触发器激活时所执行的语句；Timing 参数表示触发器所执行的时间；其他参数包括 SQL 模式、创建者、主机名、字符集、是否区分大小写（utf8_general_ci 表示不区分大小写）等内容。

2. 在 triggers 表中查看触发器

通过执行 SQL 语句 SELECT，查看系统表 triggers 中的所有记录，语法规则：

```
SELECT * FROM TRIGGERS [WHERE TRIGGER_NAME=触发器名] \G;
```

随着时间的推移，数据库对象触发器会不断增多，如果直接使用 SELECT * FROM TRIGGERS 或 show triggers 查看触发器，将显示出所有的触发器信息，数据量会很大。可以通过加上“WHERE TRIGGER_NAME=触发器名”来查看指定的触发器详细信息。

例 7.6 查看 update_xsqk1 触发器信息。

```
mysql> use information_schema
Database changed
mysql> select * from triggers where trigger_name='update_xsqk1' \G
*************************** 1. row ***************************
           TRIGGER_CATALOG: def
            TRIGGER_SCHEMA: xsqj
              TRIGGER_NAME: update_xsqk1
        EVENT_MANIPULATION: UPDATE
      EVENT_OBJECT_CATALOG: def
       EVENT_OBJECT_SCHEMA: xscj
        EVENT_OBJECT_TABLE: xsqk
              ACTION_ORDER: 1
          ACTION_CONDITION: NULL
          ACTION_STATEMENT: begin
if new.学号!=old.学号  then
update xskc set  学号=new.学号  where  学号=old.学号;
end if;
end
……
1 row in set (0.04 sec)
```

由于 triggers 触发器在系统数据库 information_schema 中，所以需要先用 use information_schema 语句打开该数据库，然后再输入查看语句。

关于“update_xsqk1”触发器信息中各项目的主要含义，在前面已有讲述，在此从略。

7.3.3 删除触发器

通过 DROP　TRIGGER 来删除触发器的语法规则：

```
DROP　TRIGGER 触发器名
```

例 7.7　使用 DROP TRIGGER 语句删除 Update_xsqk 触发器。

```
mysql> use xscj;
Database changed
mysql> drop　trigger update_xsqk1;
Query OK, 0 rows affected (0.08 sec)
```

根据提示信息，update_xsqk 触发器已删除，按同样的方法，删除 insert_xskc1 和 delete_xsqk1 触发器，然后再查看数据库 XSCJ 中是否还有 insert_xskc1、update_xsqk1 和 delete_xsqk1 触发器存在。

```
mysql> use xscj
Database changed
mysql> show triggers \G
Empty set (0.01 sec)
```

可见，已没有任何触发器对象，表示触发器删除成功。

课后习题

一、填空题

1．在 MySQL 中，只有触发________、________和________语句时，才会自执行所设置的操作，而其他 SQL 语句不会激活触发器。

2．在触发器的 SQL 语句中，使用________关联新一行的插入或更新现有行的一列的值。

3．在 MySQL 中，触发器的执行时间有两种，BEFORE 和________。

4．在 Command Line Client 模式下可以通过________命令和在 Triggers 表中查看触发器的定义，状态和语法信息。

二、选择题

1．触发器的触发事件有 3 种，下列哪一种不是触发事件（　　）。

A．UPDATE　　B．INSERT　　C．ALTER　　D．DELETE

2．删除触发器 update_xsqk1 的语句是（　　）。

A．drop trigger update_xsqk1

B．alter trigger update_xsqk1

C．drop * from update_xsqk1

D．select * from xscj where drop update_xsqk1

3．一个表中可以定义（　　）种类型的触发器。

A．1　　B．2　　C．3　　D．4

4．下列对触发器的说法正确的是（　　）。

A．触发器一经定义，就不能再删除

B．触发器是当有某种符合触发条件的事件产生时触发，不用调用也能使用

C．触发器必须要调用才能使用

D．触发器创建好后不能修改，要实现新功能就只能重新创建新的触发器

5．在创建触发器时，如果要创建在删除表中的数据后触发触发器，应该基于下面哪个事件（　　）。

A．INSERT　　B．DELETE

C．UPDATE　　D．以上事件都可以

三、简答题

1．MySQL 触发器的作用是什么？

2．在 MySQL 中有哪些事件能激活触发器？

3．在触发器的 SQL 语句中，“OLD.列名”“NEW.列名”分别用于哪些触发语句？

课外实践

任务一　创建 INSERT 触发器。

要求：触发器名为 insert_trigger，当在 xskc 表中，每添加一条记录，就触发 number 表，使 number 表中“课程号”所对应的“选课人数”就添加一人。

任务二　创建 DELETE 触发器。

要求：触发器名为 delete_trigger，在“xsqk”表中删除某个学生的选课信息时，同时在“xskc”表中也将该学生的选课信息删除。

任务三　创建 UPDATE 触发器。

要求：触发器名为 update_trigger，在“xsqk”表中修改某个学生学号时，同时在“xskc”表中也会修改该学生的学号。

第8章

存储过程和函数

【学习目标】

- 了解存储过程和函数的作用
- 掌握存储过程和函数的创建方法
- 掌握存储过程和函数的调用方法
- 了解存储过程和函数的区别
- 掌握查看存储过程和函数的方法
- 掌握修改、删除存储过程和函数的方法

8.1 为什么使用存储过程和函数

为了提高数据库设计人员访问数据的速度，减少 SQL 代码的重复编写，可以利用存储过程和函数管理数据库。

1. 什么是存储过程和函数

用户对数据表的操作过程，往往不是单条 SQL 语句就可以实现一个完整的操作目的，而是需要一组 SQL 语句来实现。本章所要介绍的存储过程和函数就是一组 SQL 语句的预编译集合，是将一组关于数据表操作的 SQL 语句当作一个整体来执行。通过应用程序调用存储过程和函数，可以接收参数，输出参数，返回单个或多个结果集。

2. 存储过程和函数的优点

存储过程和函数是一种独立的数据库对象，是在服务器上创建和运行的。它与存储在客户机的本地 SQL 语句相比有以下优点。

① 提高执行效率。

采用批处理的 Transaction-SQL 语句，需要在每次运行时都要进行编译和优化，因此效率较低；而存储过程则是系统在首次运行时就会对其进行分析和优化，并将其驻留于高速缓存中，从而提高了执行效率。

② 模块化程序设计。

一个存储过程和函数就是一个模块，用于封装并实现特定的功能，并在以后的程序中可多次重复调用，从而改进了应用程序的可维护性。

③ 减少网络流量。

客户端调用存储过程和函数时，网络中传送的只是该调用语句，而不必从客户端发送大量的 SQL 语句，从而大大降低了网络流量和网络负载。

④ 存储过程提供了一种安全机制。

系统管理员通过执行某一存储过程的权限进行限制，能够实现对相应数据的访问权限限制，避免了非授权用户对数据的访问，从而保证了数据的安全。

8.2　创建存储过程和函数

创建存储过程和函数的操作，包括创建存储过程和函数、查看存储过程和函数、更新以及删除存储过程和函数。

8.2.1　创建存储过程

创建存储过程有两种方式，一是通过 CREATE PROCEDURE 语句创建，二是在工具软件 SQLyog 中创建。

1. 通过 CREATE PROCEDURE 语句创建存储过程

创建存储过程的语法规则：

```
CREATE PROCEDURE procedure_name([procedure_parameter[，…]])
    [characteristic…] routine_body
```

参数含义如下。

procedure_name：所创建存储过程的名称。

procedure_parameter：存储过程中的参数列表，其中的每个参数语法如下。

```
[IN|OUT|INOUT] parameter_name type
```

每个参数由三部分组成，分别用 IN 表示输入，OUT 表示输出，INOUT 表示既可输入也可输出。默认为 IN。

“parameter_name”表示参数名称，“Type”表示参数类型，参数类型可以是 MySQL 软件所支持的任意一种数据类型。

Characteristic 参数用于指定存储过程的特性；

routine_body 是 SQL 代码的内容。

例 8.1　创建一个存储过程，取名为 proc_xsqk，从数据库 XSCJ 的 xsqk 表中查询出所有专业名为“信息安全”的学生学号、姓名、性别、出生日期、专业名和所在学院的信息。

```
mysql> use xscj;
Database changed
mysql> delimiter //
mysql> create procedure proc_xsqk()
```

```
    -> reads sql data
    -> begin
    -> select 学号,姓名,性别,出生日期,专业名,所在学院 from xsqk
    -> where 专业名 like '%信息安全%' order by 学号;
    -> end //
Query OK, 0 rows affected (0.00 sec)
mysql> delimiter ;
```

例 8.2 创建一个名为 count_zym 的存储过程，用于统计 xsqk 表中专业名为“信息安全”的学生人数。

```
mysql> delimiter //
mysql> create procedure count_zym(in ZYM varchar(20),out count_num int)
    -> reads sql data
    -> begin
    -> select  count(*) into count_num from xsqk
    -> where 专业名=ZYM;
    -> end //
Query OK, 0 rows affected (0.00 sec)
mysql> delimiter ;
```

其中，输入变量为 ZYM，输出变量为 count_num，然后使用统计函数 count(*)来计算出专业名为“信息安全”的学生人数，并将结果存入 count_num 中。

2. 通过工具软件 SQLyog 创建存储过程

通过 MySQL 自带的工具“MySQL Command Line Client”来创建存储过程和函数，对初学者用户来说比较困难，并且也没有这个必要。在实际应用中，可以通过客户端软件 SQLyog 来创建存储过程。

例 8.3 使用工具软件 SQLyog 来创建一个存储过程，用于查询选修了课程号为“109”的学生人数。

在工具软件 SQLyog 中的具体操作过程如下。

在 SQLyog 的“对象资源管理器”中，在数据库 XSCJ 节点下，单击鼠标右击“存储过程”选项，在弹出的菜单中选择“创建存储过程”命令，如图 8.1 所示。

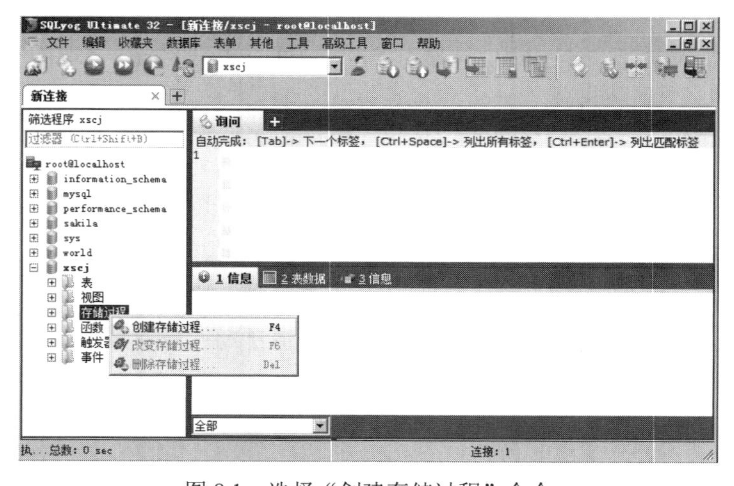

图 8.1 选择“创建存储过程”命令

在弹出的对话框中输入新建存储过程名称“proc_xskc”，如图 8.2 所示。

图 8.2　输入存储过程名

然后单击“创建”按钮，得到如图 8.3 所示的存储过程设计模板界面。

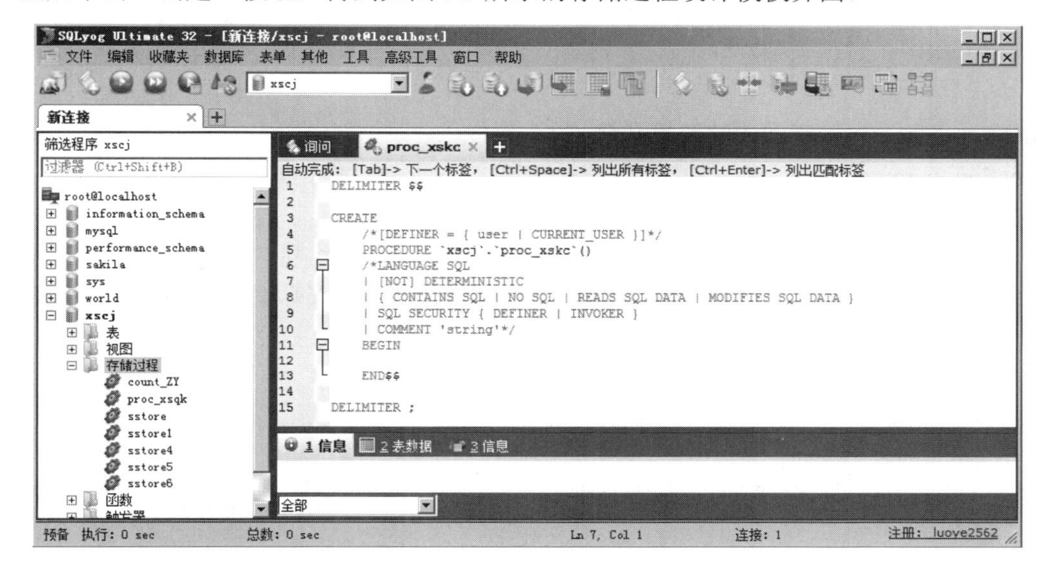

图 8.3　存储过程设计模板

在 proc_xskc 设计模板窗口中，修改设计模板内容如图 8.4 所示，然后单击（）按钮执行 SQL 语句。

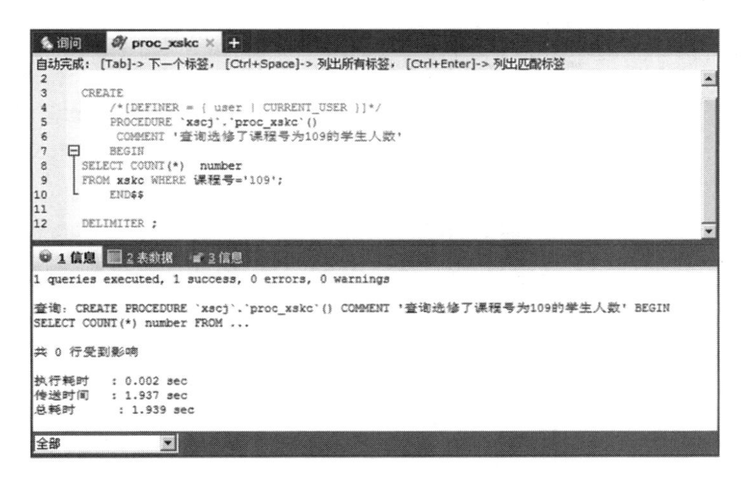

图 8.4　修改存储过程设计模板并执行查询

从图 8.4 可见，在 SQLyog 软件中，存储过程 proc_xskc 已经创建成功。

8.2.2 创建函数

创建函数与创建存储过程一样，也有两种方式，一种是通过 CREATE FUNCTION 语句创建函数，另一种是在工具软件 SQLyog 中创建函数。

1. 通过 CREATE FUNCTION 语句创建函数

创建函数的语法如下。

```
CREATE FUNCTION function_name([function_parameter[,…]])
  RETURNS TYPE
    [characteristic…] routine_body
```

其中：

function_name 表示所创建的函数名字；

function_parameter 表示函数的参数列表，其形式与存储过程相同；

RETURNS TYPE 表示用于指定返回值的类型；

characteristic 表示函数的特性，其取值与存储过程中的取值相同；

routine_body 表示函数的 SQL 语句代码，用 BEGIN…END 来标识语句的开始与结束。

例 8.4 创建一个函数，要求输入该学生的学号和课程号后，返回到成绩。

```
mysql> DELIMITER $$
mysql> USE 'xscj'$$
Database changed
mysql> CREATE DEFINER='root'@'localhost' FUNCTION 'func_cj' (xh CHAR(10),kch VARCHAR(3))
RETURNS DOUBLE(5,1)
    -> BEGIN
    -> RETURN(SELECT 成绩
    -> FROM xskc
    -> WHERE xskc. '学号'=xh AND xskc. '课程号'=kch);
    -> END $$
Query OK, 0 rows affected (0.00 sec)
mysql> DELIMITER ;
```

其中，函数名为'func_cj'；两个输入变量“xh CHAR(10),kch VARCHAR(3)”，即“学号”和“课程号”；“RETURNS DOUBLE(5,1)”为返回值的类型。

2. 在工具软件 SQLyog 中创建函数

在工具软件 SQLyog 中创建函数的过程与创建存储过程类似，在此不再重复具体创建过程，在工具软件 SQLyog 中创建函数后如图 8.5 所示。

```
⊟ xscj
  ⊞ 表
  ⊞ 视图
  ⊞ 存储过程
  ⊟ 函数
      fx func_cj
      fx xskc_成绩
```

图 8.5 创建函数

8.2.3 调用存储过程和函数

存储过程的调用需要使用 CALL 语句，并且存储过程和数据库有关，如果要调用其他数据库的存储过程，需要加上数据库的名称。如要调用另一个名为“SCHOOL”数据库中的存储过程“proc_sch”，其表达方式为 CALL SCHOOL.proc_sch。下面结合前面的例子讲存储过程和函

数的调用方法。

1. **调用存储过程**

① 调用例 8.1 所创建的存储过程。

（例 8.1 所创建的存储过程是要求从数据库 XSCJ 的 xsqk 表中查询出所有专业名为“信息安全”的学生学号、姓名、性别、出生日期、专业名和所在学院的信息）。

执行此存储过程：

```
mysql> call proc_xsqk();
+---------------+------------+---------+-------------------------+--------------+----------------------+
| 学号          | 姓名       | 性别    | 出生日期                | 专业名       | 所在学院             |
+---------------+------------+---------+-------------------------+--------------+----------------------+
| 2016110201    | 曹科梅     |       0 | 1998-06-09 00:00:00     | 信息安全     | 计算机学院           |
| 2016110202    | 江杰       |       1 | 1999-02-06 00:00:00     | 信息安全     | 计算机学院           |
| 2016110203    | 肖勇       |       1 | 1998-04-12 00:00:00     | 信息安全     | 计算机学院           |
| 2016110204    | 周明悦     |       0 | 1998-05-18 00:00:00     | 信息安全     | 计算机学院           |
| 2016110205    | 蒋亚男     |       0 | 1998-04-06 00:00:00     | 信息安全     | 计算机学院           |
+---------------+------------+---------+-------------------------+--------------+----------------------+
5 rows in set (0.01 sec)
Query OK, 0 rows affected (0.10 sec)
```

在该存储过程中，不需要输入参数，在调用后可直接输出结果。

② 调用例 8.2 所创建的存储过程。

（例 8.2 所创建的存储过程是统计 xsqk 表中专业名为“信息安全”的学生人数。）

```
mysql> call count_zym('信息安全',@num);
Query OK, 1 row affected (0.00 sec)
mysql> select @num;
+------+
| @num |
+------+
|    5 |
+------+
1 row in set (0.00 sec)
```

在该存储过程中，需要输入两个参数：“信息安全”是输入参数，“@num”是输出参数，通过 call 调用存储过程，将输入值存入输出参数中，然后使用 SELECT 语句来查询存储过程的输出值。

③ 在工具软件 SQLyog 中调用例 8.3 所创建的存储过程。

工具软件 SQLyog 中，在询问窗口中输入调用命令并执行，如图 8.6 所示。

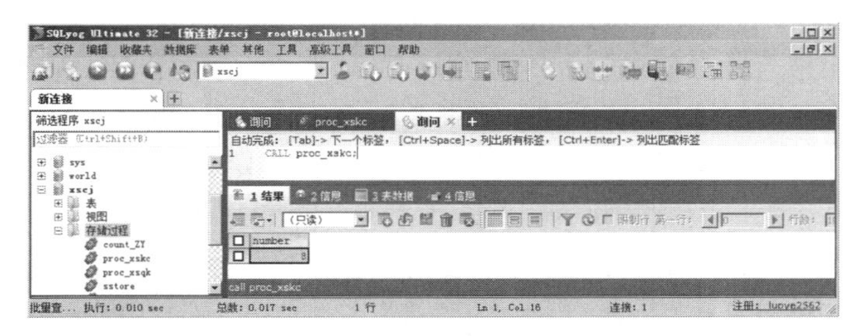

图 8.6 调用存储过程

2. 调用函数

调用例 8.4 创建的函数（要求输入该学生的学号和课程号后，返回到成绩。）

```
mysql> select func_cj('2016110102','103') 成绩;
+--------+
| 成绩   |
+--------+
|    68.0 |
+--------+
1 row in set (0.00 sec)
```

在本函数中，要求输入两个变量“xh CHAR(10)”“kch VARCHAR(3)”，在此输入“2016110102”“103”，表示查询“学号”为“2016110102”“课程号”为“103”的成绩。

8.2.4 存储过程和函数的区别

通过对存储过程和函数的定义和调用进行了上述的学习，下面对存储过程和函数在用法的区别进行简单总结，用户可在实际应用中灵活选择。

1. 复杂程度

存储过程的功能强大，可以执行包括修改表、数据查询等一系列数据库操作；函数不能用于对数据进行批量修改，不能实现对全局数据库状态的操作。因此可以说，存储过程实现的功能要复杂一些，但函数的实现的功能针对性比较强。

2. 返回值

存储过程可以返回多个参数，如记录集，而函数只能返回值或者表对象的一个变量值；存储过程的参数可以有 IN、OUT 和 INOUT 三种类型，而函数只能有 IN 一种类型；在定义存储过程和函数时，存储过程不需要声明返回类型，而函数需要声明返回类型，且函数体中必须包含一个有效的 RETURN 语句。

3. 执行

存储过程一般是作为一个独立部分来执行的，而函数可以作为查询语句的一个部分使用 SELECT 语句来调用，由于函数可以返回一个表对象，因此它可以在查询语句中位于 FROM 关键字的后面；并且在 SQL 语句中不能使用存储过程，而函数则可以使用。

8.3 查看存储过程和函数

MySQL 存储过程和函数在 Command Line Client 中，可以通过三种方式来查看，一是使用 SHOW STATUS 语句来查看存储过程和函数的状态信息；二是使用 SHOW CREATE 语句来查看存储过程和函数的定义信息；三是通过系统表 information_schema.routines 来查看存储过程和函数详细信息；另外，还可以在工具软件 SQLyog 中查看已定义的存储过程和函数。

8.3.1 使用 SHOW STATUS 语句来查看存储过程和函数的状态信息

如果用户在定义存储过程或函数时，与已有存储过程或函数重名，则会出现如下的错误提示：

```
mysql> delimiter //
mysql> create procedure proc_xsqk()
      -> reads sql data
      -> begin
      -> select 学号,姓名,性别,出生日期,专业名,所在学院 from xsqk
      -> where 专业名 like '%信息安全%' order by 学号;
      -> end //
ERROR 1304 (42000): PROCEDURE proc_xsqk already exists
```

为了避免上述错误，在创建存储过程和函数前需要了解已定义的存储过程和函数有哪些，在 MySQL 中，可以使用 SHOW PROCEDURE 来查询，其语法结构如下：

```
SHOW {PROCEDURE | FUNCTION} STATUS [LIKE 'pattern']
```

其中，关键字“SHOW {PROCEDURE | FUNCTION} STATUS”用于查看存储过程和函数状态，参数“LIKE ‘pattern’”是设置查询的存储过程和函数名称。

本查询可以返回存储过程和函数的相关信息，包括引用的数据库、名称、类型、创建者、创建时间和修改日期等。

例 8.5 查看存储过程“proc_xsqk()”的状态信息。

```
mysql> show procedure status like 'proc_xsqk' \G;
*************************** 1. row ***************************
                  Db: xscj
                Name: proc_xsqk
                Type: PROCEDURE
             Definer: root@localhost
            Modified: 2017-03-09 20:30:47
             Created: 2017-03-09 20:30:47
       Security_type: DEFINER
             Comment:
character_set_client: utf8
collation_connection: utf8_general_ci
  Database Collation: utf8_general_ci
1 row in set (0.00 sec)
```

执行结果显示了所指定的存储过程“proc_xsqk”的相关信息：数据库、名称、类型、创建者、创建时间和修改日期等。

如果使用“show procedure status like 'xsqk' \G;” 则是查看所有存储过程名中含有“xsqk”的存储过程信息。

8.3.2 使用 SHOW CREATE 语句来查看存储过程和函数的定义信息

定义信息是某存储过程和函数包含的定义语句，在 MySQL 中可以使用 SHOW CREATE 来查询，其语法结构如下：

```
SHOW CREATE {PROCEDURE | FUNCTION} pf_name
```

其中，关键字“SHOW CREATE {PROCEDURE | FUNCTION}”用于查看存储过程和函数的定义，参数“pf_name”是设置查询的存储过程和函数的名称。

例 8.6 查看存储过程“proc_xsqk”的定义信息。

```
mysql> SHOW CREATE PROCEDURE proc_xsqk \G
*************************** 1. row ***************************
           Procedure: proc_xsqk
            sql_mode:
STRICT_TRANS_TABLES,NO_AUTO_CREATE_USER,NO_ENGINE_SUBSTITUTION
    Create Procedure: CREATE DEFINER='root'@'localhost' PROCEDURE 'proc_xsqk' ()
        READS SQL DATA
    begin
    select 学号,姓名,性别,出生日期,专业名,所在学院 from xsqk
    where 专业名 like '%信息安全%' order by 学号;
    end
    character_set_client: utf8
    collation_connection: utf8_general_ci
      Database Collation: utf8_general_ci
    1 row in set (0.00 sec)
```

其结果显示了所指定的存储过程“proc_xsqk”的定义信息。

8.3.3 通过系统表 information_schema.routines 来查看存储过程

在 MySQL 软件的系统数据库 information_schema 中，有一个含所有存储过程和函数信息的系统表 routines，通过查询该表记录也可以实现查询存储过程和函数的功能。其基本的语法形式如下：

```
SELECT * FROM information_schema.Routines WHERE ROUTINE_NAME=
' pf_name' [ AND ROUTINE_TYPE={PROCEDURE|FUNCTION};
```

其中，“ROUTINE_NAME”表示字段中存储的是存储过程和函数的名称，“pf_name”参数表示存储过程和函数的名称。

例 8.7 从 Routines 表中查询名称为“proc_xskc”的存储过程信息。

```
mysql> select * from information_schema.routines
    -> where routine_name='proc_xskc' and routine_type='procedure' \G
*************************** 1. row ***************************
           SPECIFIC_NAME: proc_xskc
         ROUTINE_CATALOG: def
          ROUTINE_SCHEMA: xscj
            ROUTINE_NAME: proc_xskc
            ROUTINE_TYPE: PROCEDURE
               DATA_TYPE:
CHARACTER_MAXIMUM_LENGTH: NULL
  CHARACTER_OCTET_LENGTH: NULL
       NUMERIC_PRECISION: NULL
           NUMERIC_SCALE: NULL
      DATETIME_PRECISION: NULL
      CHARACTER_SET_NAME: NULL
          COLLATION_NAME: NULL
```

```
          DTD_IDENTIFIER: NULL
            ROUTINE_BODY: SQL
      ROUTINE_DEFINITION: BEGIN
SELECT COUNT(*)  number
FROM xskc WHERE 课程号='109';
    END
           EXTERNAL_NAME: NULL
       EXTERNAL_LANGUAGE: NULL
         PARAMETER_STYLE: SQL
        IS_DETERMINISTIC: NO
         SQL_DATA_ACCESS: CONTAINS SQL
                SQL_PATH: NULL
           SECURITY_TYPE: DEFINER
                 CREATED: 2017-03-10 18:13:51
            LAST_ALTERED: 2017-03-10 18:13:51
                SQL_MODE:
STRICT_TRANS_TABLES,NO_AUTO_CREATE_USER,NO_ENGINE_SUBS
TITUTION
         ROUTINE_COMMENT: 查询选修了课程号为 109 的学生人数
                 DEFINER: root@localhost
    CHARACTER_SET_CLIENT: utf8
    COLLATION_CONNECTION: utf8_general_ci
      DATABASE_COLLATION: utf8_general_ci
```

1 row in set (0.02 sec)在 information_schema 数据库下的 Routines 表中，存储了存储过程和函数的定义，在使用 SELECT 语句查询 Routines 表中的存储过程和函数信息时，需要使用 ROUTINE_NAME 来指定存储过程和函数的名称，否则将查询出所有存储过程和函数的定义。当存储过程和函数名称相同时，还需要使用 ROUTINE_TYPE 字段来指明查询的是存储过程，还是函数的定义。

8.3.4 使用工具软件 SQLyog 来查看存储过程和函数的定义信息

在工具软件 SQLyog 中，也可以查看存储过程和函数的定义，并且直观、简单和方便。

例 8.8 使用工具软件 SQLyog 来查看在 XSCJ 数据库中已定义哪些存储过程和函数。

在工具软件 SQLyog 中的具体操作过程如下：

在 SQLyog 的“对象资源管理器”中，在数据库 XSCJ 节点下，依次用鼠标右键单击 “存储过程”节点和“函数”节点，如图 8.7 所示，可以看到已创建的存储过程和函数。

例 8.9 使用工具软件 SQLyog 来查看在 XSCJ 数据库中 “func_cj”函数的定义信息。

在工具软件 SQLyog 中的具体操作过程如下：

在 SQLyog 的“对象资源管理器”中，在数据库 XSCJ 节点下，展开“函数”节点，用鼠标右键单击“func_cj”，如图 8.8 所示。

在图 8.8 中，单击“改变函数”选项，弹出如图 8.9 所示界面。

在图 8.9 中，可见 func_cj 的定义信息。用类似的方式可查询其他函数或存储过程的定义信息。

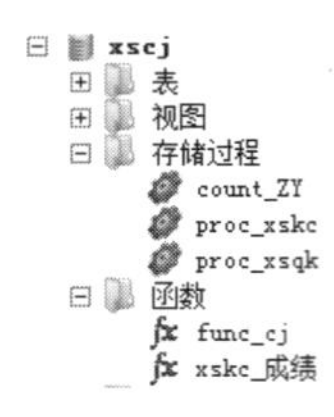

图 8.7　查看已定义的存储过程和函数

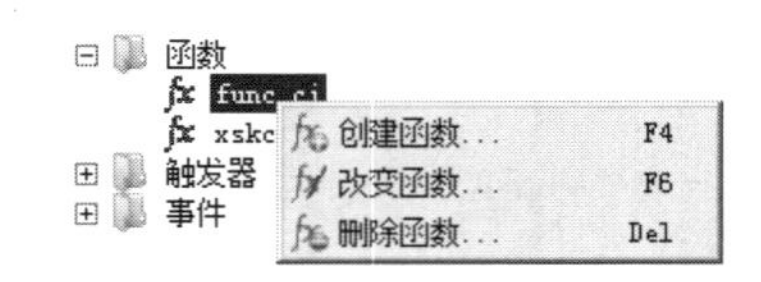

图 8.8　鼠标右键单击“func_cj”节点

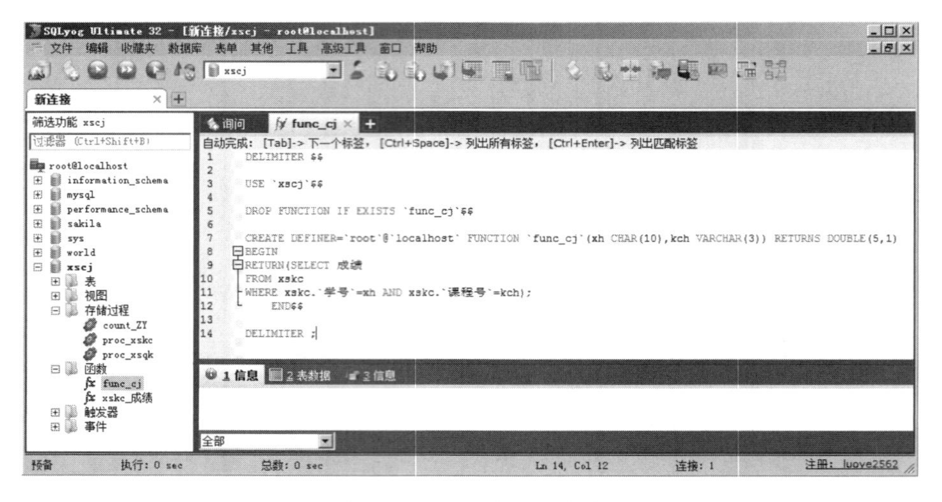

图 8.9　func_cj 的定义信息

8.4　修改存储过程和函数

可以使用工具软件 SQLyog 或在 Command Line Client 模式中使用 ALTER 语句实现对 MySQL 定义的存储过程和函数的修改。

8.4.1　使用工具软件 SQLyog 来修改存储过程和函数

在 8.3.4 节中，通过单击图 8.8 中的“改变函数”进入图 8.9 所示的界面后，可查看到该函数定义信息。

注意观察，在图 8.9 所示的界面中，有一句“DROP FUNCTION IF EXISTS 'func_cj'”，表示如果原来已存在“func_cj”函数，则删除“func_cj”函数。意思是对“func_cj”函数修改后再执行，MySQL 会将原“func_cj”函数删除，保存修改后的函数定义。这样也就实现了函数的修改功能。

同样，对存储过程的修改也可以在工具软件 SQLyog 中以同样的方式实现。

8.4.2　在 Command Line Client 模式中修改存储过程和函数

存储过程和函数的修改也可以在 Command Line Client 模式中使用 ALTER 语句实现。其语法形式如下：

```
ALTER { PROCEDURE | FUNCTION } pf_name [characteristic…]
```

其中，pf_name 参数表示所要修改的存储过程或函数的名称，characteristic 参数指定修改后存储过程的特性，与定义存储过程的该参数相比，只能取以下值：

```
| CONTAINS SQL | NO SQL | READS SQL DATA | MODIFIES SQL DATA }
| SQL SECURITY { DEFINER | INVOKER }
| COMMENT 'STRING'
```

其中，“CONTAINS SQL”表示子程序包含 SQL 语句，但不包含读或写数据的语句；“NO SQL”表示子程序中不包含 SQL 语句；“READS SQL DATA”表示子程序中包含读数据的语句；“MODIFIES SQL DATA”表示子程序中包含写数据的语句；“SQL SECURITY { DEFINER | INVOKER }”指明具有执行权限的对象；“DEFINER”表示定义者自己才有权限；“INVOKER”表示调用者可以执行；“COMMENT 'STRING'”表示注释信息。

例 8.10 修改存储过程 proc_xskc 的定义，将读写权限改为“READ SQL DATA”，将注释信息改为“查询学生人数”。

首先查看存储过程在修改前的定义信息。

```
mysql> select SPECIFIC_NAME,SQL_DATA_ACCESS,ROUTINE_COMMENT
    -> from information_schema.routines
    -> where routine_name='proc_xskc';
+---------------------+-------------------------+------------------------------------------+
| SPECIFIC_NAME | SQL_DATA_ACCESS | ROUTINE_COMMENT                                 |
+---------------------+-------------------------+------------------------------------------+
| proc_xskc           | CONTAINS SQL      | 查询选修了课程号为 109 的学生人数|
+---------------------+-------------------------+------------------------------------------+
1 row in set (0.02 sec)
```

然后，执行修改代码：

```
mysql> alter procedure proc_xskc
    -> reads sql data
    -> comment '查询学生人数';
Query OK, 0 rows affected (0.00 sec)
```

最后，查看修改后的信息。

```
mysql> select SPECIFIC_NAME,SQL_DATA_ACCESS,ROUTINE_COMMENT
    -> from information_schema.routines
    -> where routine_name='proc_xskc';
+---------------------+-------------------------+--------------------------------+
| SPECIFIC_NAME | SQL_DATA_ACCESS | ROUTINE_COMMENT         |
+---------------------+-------------------------+--------------------------------+
| proc_xskc           | READS SQL DATA   | 查询学生人数                |
+---------------------+-------------------------+--------------------------------+
1 row in set (0.01 sec)
```

可见，数据访问权限（SQL_DATA_ACCESS）已变成了 READS SQL DATA，存储过程注释（ROUTINE_COMMENT）已变成了“查询学生人数”。存储过程修改成功。

8.5 删除存储过程和函数

可以使用工具软件 SQLyog 或在 Command Line Client 模式中使用 DROP 语句实现对 MySQL 中定义的存储过程和函数进行删除。

8.5.1 使用 Command Line Client 模式来删除存储过程和函数

存储过程和函数的删除在 Command Line Client 模式中使用 DROP 语句来实现。其语法形式如下：

```
DROP { PROCEDURE | FUNCTION } [ IF EXISTS ] pf_name
```

其中，“pf_name”参数表示所要删除的存储过程或函数的名称；“IF EXISTS”表示是 MySQL 的一个扩展，如果存储过程或函数不存在，可以防止删除时发生错误。

例 8.11 执行 DROP 命令删除“xskc_成绩”函数。

1. 在 Command Line Client 模式下删除“xskc_成绩”：

```
mysql> use xscj;
Database changed
mysql> drop function xskc_成绩;
Query OK, 0 rows affected (0.00 sec)
```

2. 在 information_schema 数据库中查看 routines 表中名为“xskc_成绩”的函数信息：

```
mysql> use information_schema;
Database changed
mysql> select * from routines
    -> where specific_name='xskc_成绩' \G
Empty set (0.02 sec)
```

结果显示，数据库管理系统中已经不存在“xskc_成绩”函数了，删除完成。

8.5.2 使用工具软件 SQLyog 来删除存储过程和函数

在工具软件 SQLyog 中，也可以通过执行 DROP PROCEDURE 和 DROP FUNCTION 语句来删除存储过程和函数，还可以通过“对象资源管理器”来快速删除。下面介绍通过“对象资源管理器”来删除存储过程和函数。

例 8.12 使用工具软件 SQLyog 删除“func_cj1”函数。

在“对象资源管理器”中，展开 XSCJ 数据库下的“函数”节点，在“func_cj1”函数上单击鼠标右键，如图 8.10 所示。

在图 8.10 中单击“删除函数”选项后，弹出如图 8.11 所示的确认对话框。

在图 8.11 中，单击“是”按钮后，“对象资源管理器中”XSCJ 数据库“函数”节点的“func_cj1”函数已被删除了，如图 8.12 所示。

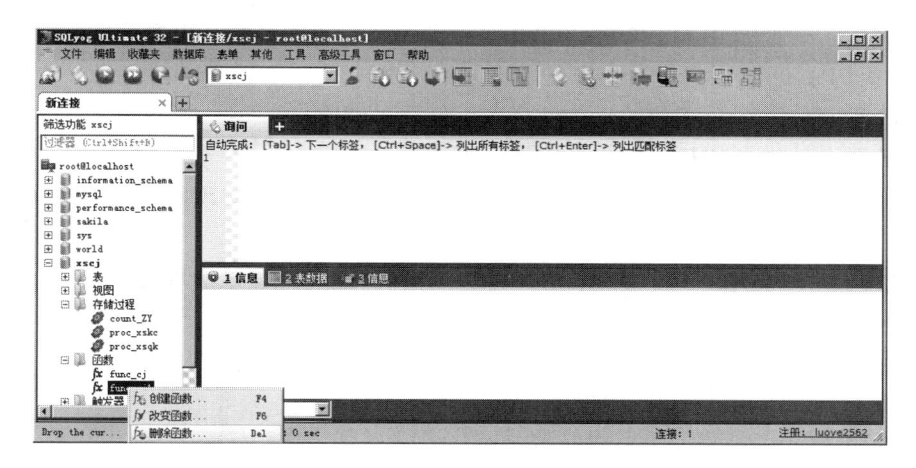

图 8.10　删除函数

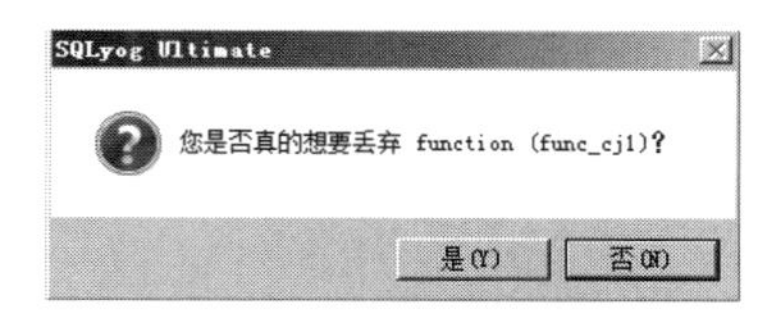

图 8.11　确认对话框

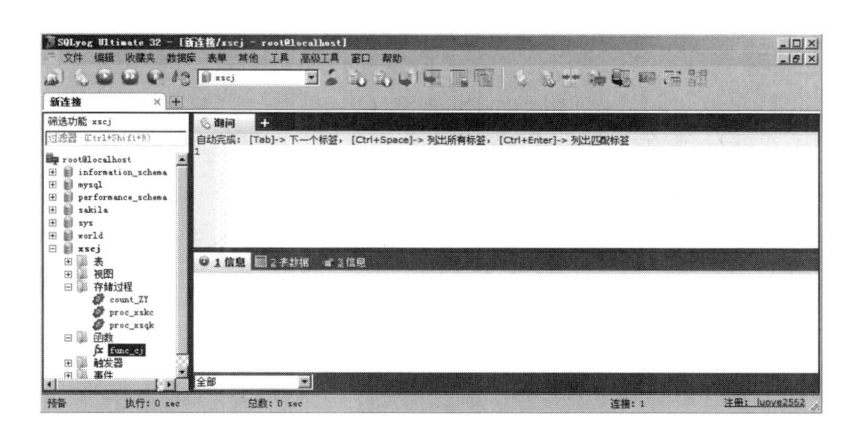

图 8.12　删除函数完成

课后习题

一、填空题

1．创建存储过程的关键字是________。

2．创建函数的关键字是________。

3．存储过程的调用需要使用________语句。

4．存储过程的参数可以有 IN、OUT 和________三种类型，而函数只能有 IN 一种类型。

5．函数体中必须包含一个有效的________语句。

6．存储过程一般是作为一个独立部分来执行的，而函数可以作为查询语句的一个部分使用________语句来调用。

7．要查看存储过程和函数的状态信息可以使用关键字________。

8．要查看存储过程和函数的定义信息可以使用关键字________。

9．在 Command Line Client 模式中使用________语句，可以实现对 MySQL 中定义的存储过程和函数进行修改。

10．在 Command Line Client 模式中使用________语句，可以实现对 MySQL 中定义的存储过程和函数进行删除。

二、选择题

1．下面对存储过程的描述正确的是（　　）。

A．存储过程一经创建便不可以修改

B．存储过程在数据库中只能应用一次

C．对存储过程的修改相当于是先删除原有存储过程，然后再重新创建

D．以上说法都正确

2．存储过程可以有（　　）个参数。

A．0　　B．1　　C．多　　D．以上都正确

3．存储过程的三种类型中，最为常用的是（　　）。

A．IN　　B．OUT　　C．INOUT　　D．三种参数使用同样多

4．存储过程和函数的定义存放在________数据库中。

A．Performance_schema　　B．Information_schema

C．mysql　　D．XSCJ

5．下列关于存储过程的说法不正确的是（　　）。

A．存储过程可以直接执行

B．存储过程是可以被修改的

C．定义存储过程时需要声明返回类型

D．存储过程中可以定义变量

三、简答题

1．什么是存储过程和函数？

2．存储过程和函数的优点有哪些？

3．存储过程和函数的区别有哪些？

课外实践

任务一　通过工具软件 SQLyog 创建一个存储过程，并命名为“Proc_选课人数”，用于查询选修了课程名为“计算机文化基础”的学生人数。

任务二　在命令行模式下创建存储过程，并命名为“Proc_出生日期”，用于查询出生日期在 1998 年 6 月以后出生的学生信息。

任务三　在命令行模式下创建一个函数，函数名为“func_学生成绩”，要求输入该学生的学号和课程号后，返回该学生的成绩。

第9章 MySQL编程基础

【学习目标】

- 了解 MySQL 的常量和变量
- 掌握 MySQL 的结构控制语句
- 了解 MySQL 添加注释的方法
- 掌握游标的使用方法
- 掌握 MySQL 的事务控制
- 掌握 MySQL 锁的用法

9.1 SQL 语言

SQL 语言是一系列操作数据及数据库对象的命令语句。要使用 MySQL 实现综合性的应用功能，就需要学习 SQL 语言及其各种结构控制语句，才能将前面章节中学习的索引、视图、常用函数、触发器以及存储过程和函数等内容进行综合应用。

本章主要介绍 SQL 语言的基本语法和结构控制。

9.1.1 常量

常量是指在程序运行过程中保持不变的量。在 SQL 程序设计中，常量的格式取决于其表示值的数据类型。在 MySQL 中，常用的常量类型如表 9.1 所示。

表 9.1 常用的常量类型及说明

常量类型	示例
实型常量	12.3、-56.4、12E3
整型常量	342、-32、0×2aef（十六进制）

续表

常量类型	示　例
字符串常量	括在单引号或双引号内的，由大小写字母、数字、符号组成：‘ab c#’、‘abc%’、“abc def！”
日期常量	‘2016-04-20’、’2016/04/21’
布尔常量	TRUE（对应数值为 1）、FALSE（对应数值为 0）
NULL 值	表示“无数据”，不同于空字符串和数字的 0

下面是关于常量的应用示例。

例 9.1　在 SQL 查询中，经常会用到常量。

a．用于在算术表达式中的数据值。

```
select 成绩+10 新成绩 from xs_kc
```

b．作为查询条件使用

```
select * from xsqk where 学号='2016110101'
```

c．作为数值赋值给变量

```
update xs_kc
set 成绩=75
where 学号='2016110102' and 课程号='103'
```

d．在插入记录的语句中使用

```
insert into xsqk (学号,姓名,性别,出生日期,专业名,所在学院,联系电话,总学分,备注)
values('2016050102','王真','男','1998-09-06','云计算','计算机学院','13555652224',null,null);
```

9.1.2　变量

变量是指在程序执行过程中，其值可以改变的量。变量用于存储程序执行过程中的输入值、中间结果和最后的计算结果，与数学中的变量概念基本一样，变量在命名时要满足第 3 章讲的对象标识符的命名规则。

在 MySQL 中，有 4 种类型的变量：全局变量、会话变量、用户变量和局部变量。

1. 全局变量

全局变量影响服务器整体操作，它是由系统定义的，在 MySQL 启动时由服务器自动初始化为默认值，用户不能定义全局变量，全局变量的值可以通过更改 my.ini 文件来修改，需要注意的是，要想更改全局变量，必须具有 SUPER 权限。

① 要想查看一个全局变量，有如下 3 种语法规则。

第一种是查看所有全局变量的值。

```
mysql> show global variables;
```

第二种是指定显示某个全局变量的值。

```
mysql>select @@global.var_name;
```

第三种是使用“LIKE”结合通配符“%”查看全局变量的值。

```
mysql> show global variables like '匹配字符串';
```

例 9.2 查看包含字符“block”的全局变量，如图 9.1 所示。

```
mysql> show global variables like "%block%";
+---------------------------------+--------------+
| Variable_name                   | Value        |
+---------------------------------+--------------+
| block_encryption_mode           | aes-128-ecb  |
| innodb_old_blocks_pct           | 37           |
| innodb_old_blocks_time          | 1000         |
| key_cache_block_size            | 1024         |
| query_alloc_block_size          | 8192         |
| range_alloc_block_size          | 4096         |
| transaction_alloc_block_size    | 8192         |
+---------------------------------+--------------+
7 rows in set, 1 warning (0.01 sec)
```

图 9.1 查看包含字符“block”的全局变量

② 要设置一个全局变量，有如下两种语法规则：

```
set global var_name = value;
或 set @@global.var_name = value;
```

例 9.3 将全局变量 range_alloc_block_size 的值设为 4000。

```
mysql> set global range_alloc_block_size=4000;
```

（注意：这里的 global 不能省略，否则会默认为会话变量 session。）

在 SQL 语句中调用全局变量时，需要在其名称前加上“@@”符号，如查看当前 MySQL 版本信息的 SQL 语句，如图 9.2 所示。

```
mysql> select @@version as '当前Mysql版本';
+--------------------+
| 当前Mysql版本      |
+--------------------+
| 5.7.17-log         |
+--------------------+
1 row in set (0.06 sec)
```

图 9.2 当前 MySQL 版本

但是，在调用某些特定的全局变量时需要省略“@@”符号。如系统日期、系统时间、用户名等，如图 9.3 所示。

```
mysql> select current_date as '系统日期',current_time as '系统时间',current_user
 as '用户名';
+------------+------------+----------------+
| 系统日期   | 系统时间   | 用户名         |
+------------+------------+----------------+
| 2017-04-19 | 21:50:21   | root@localhost |
+------------+------------+----------------+
1 row in set (0.00 sec)
```

图 9.3 调用特定的全局变量时省略“@@”

2. 会话变量

会话变量是在每次建立一个新连接时，由 MySQL 服务器将当前所有全局变量值复制一份给会话变量完成初始化。它与全局变量的区别是会话变量只影响当前的数据连接参数，而全局变量是用于整个 MySQL 服务器的调节参数，它影响的是整个服务器。另外，设置会话变量不需要特殊权限，但客户端只能更改自己的会话变量，而不能更改其他客户端的会话变量。

会话变量的作用域与用户变量一样，仅限于当前连接，当前连接断开后，其设置的所有会话变量均失效。

与全局变量一样，设置会话变量也有如下 3 种语法规则：

```
set session var_name = value;
set @@session.var_name = value;
set var_name = value;
```

与全局变量一样，查看一个会话变量也有如下 3 种语法规则：

```
select @@var_name;
select @@session.var_name;
show session variables like "th%";(查看以字符“th”开头的会话变量)
```

3. 用户变量

用户变量是用户在表达式中使用的自定义变量。用户变量可以作用于当前整个连接，但是在当前连接断开后，其所定义的用户变量都会消失。

定义并初始化用户变量的语法规则：

```
select @user_variable:=value;
或 set @ user_variable [:]=value;
```

对用户变量赋值有两种方式，一种是直接用“=”号，另一种是用“:=”号。其区别在于使用 set 命令对用户变量进行赋值时，两种方式都可以使用；当使用 select 语句对用户变量进行赋值时，只能使用“:=”方式，因为在 select 语句中，“=”号被看作比较操作符。

例 9.4 用户变量的定义和初始化，如图 9.4 所示。

```
mysql> set @user1='关系数据库',@user2='MySQL';
Query OK, 0 rows affected (0.00 sec)

mysql> select @user1,@user2;
+------------------+--------+
| @user1           | @user2 |
+------------------+--------+
| 关系数据库       | MySQL  |
+------------------+--------+
1 row in set (0.00 sec)
```

图 9.4 用户变量的定义和初始化

例 9.5 查询 xsqk 表中学号为“2016110101”的学生姓名并存入用户变量“@姓名”中，然后以“@姓名”的值作为查询条件，显示该学生的学号、姓名、性别、专业名和所在学院的信息。

查询语句及结果如图 9.5 所示。

```
mysql> use xscj;
Database changed
mysql> set @姓名=(select 姓名 from xsqk where 学号='2016110101');
Query OK, 0 rows affected (0.00 sec)

mysql> select 学号,姓名,性别,专业名,所在学院 from xsqk where 姓名=@姓名;
+------------+------+------+--------+------------+
| 学号       | 姓名 | 性别 | 专业名 | 所在学院   |
+------------+------+------+--------+------------+
| 2016110101 | 朱军 | 男   | 云计算 | 计算机学院 |
+------------+------+------+--------+------------+
1 row in set (0.00 sec)
```

图 9.5 用户变量的定义和初始化

4. 局部变量

局部变量一般用在 begin…end 语句块中，其作用域仅限于该语句块，在该语句块执行完毕后，局部变量就消失了，可以使用“DECLARE”关键字来定义。局部变量的赋值方法与用户变量相同，但局部变量不使用@开头，而用户变量是以@开头的。局部变量与 begin…end 语句块、流程控制语句只能用于存储过程、函数、触发器以及事务中。

在 MySQL 中定义局部变量语法规则：

```
DECLARE 变量名 类型 [DEFAULT 值];
```

在定义变量名时，一次可以定义多个；如果没有为定义的变量赋默认值，则默认值为 NULL。

例 9.6　在存储过程中定义使用局部变量。

定义语句如图 9.6 所示。

```
mysql> DELIMITER //
mysql> create procedure sum_add(in x int, in y int)
    -> begin
    ->     declare z int default 0;
    ->     set z = x + y;
    ->     select c as c;
    -> END //
Query OK, 0 rows affected (0.00 sec)

mysql> DELIMITER ;
```

图 9.6　定义使用局部变量

9.2　结构控制语句

结构化程序设计的基本结构是顺序结构，其中 80%以上的语句是按顺序执行的。但为使程序设计能达到用户的需求，还要有另外两种结构：条件控制结构和循环控制结构。在 MySQL 语言中，也可以使用这些结构控制进行程序设计，但是只能在存储过程或函数、触发器或事务中定义使用。

9.2.1　IF 条件控制结构

IF 条件控制具有多种结构，是流程控制中最常用的判断语句。它使用布尔运算的结果来决定 SQL 将执行什么样的语句，当 IF 条件表达式为真时，则执行条件表达式后的语句，当 IF 条件表达式为假时，则执行 ELSE 后的语句。IF 判断流程如图 9.7 所示。

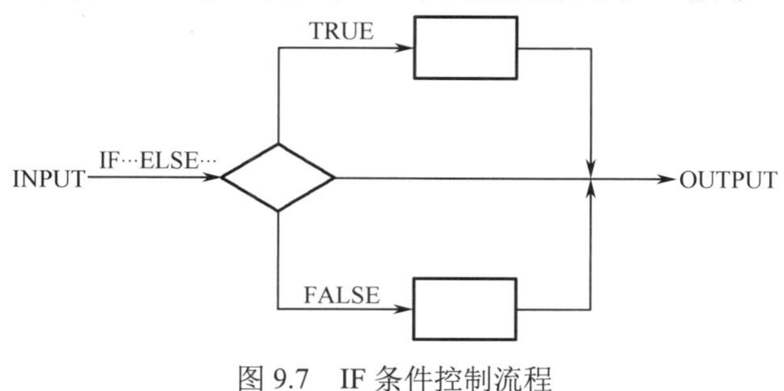

图 9.7　IF 条件控制流程

IF 条件结构的语法格式：

```
IF 逻辑表达式 THEN
    SQL 语句列表
[ELSEIF  逻辑表达式 2 THEN SQL 语句列表]…
[ELSE SQL 语句列表]
END IF;
```

其中，若逻辑表达式为真，则执行 THEN 后的 SQL 语句列表（如果有 ELSEIF 语句，则继续类似于 IF 语句的执行过程），否则执行 ELSE 后的 SQL 语句列表。

例 9.7 在存储过程中使用 IF 条件语句。

SQL 语句如图 9.8 所示。

```
mysql> Delimiter //
mysql> create   procedure  PROC1(in  XH  char(10) )
    -> reads sql data
    -> begin
    -> if(select  学号 from xsqk where xsqk.学号=XH) is null then
    -> select '无此学生信息' as 学生信息;
    -> else
    -> select 学号,姓名,性别,专业名 from xsqk where xsqk.学号=XH;
    -> end if;
    -> end //
Query OK, 0 rows affected (0.00 sec)

mysql> Delimiter ;
```

图 9.8　使用 IF 条件语句

然后查看该存储过程执行的结果，如图 9.9 所示。

```
mysql> call proc1('2016110101');
+------------+--------+--------+------------+
| 学号       | 姓名   | 性别   | 专业名     |
+------------+--------+--------+------------+
| 2016110101 | 朱军   | 男     | 云计算     |
+------------+--------+--------+------------+
1 row in set (0.08 sec)

Query OK, 0 rows affected (0.09 sec)
```

图 9.9　执行结果

9.2.2　CASE 分支结构

CASE 分支结构可以提供多个条件进行选择，其效果与 IF 语句类似。CASE 语句具有两种模式：简单模式和搜索模式。

CASE 分支结构流程如图 9.10 所示。

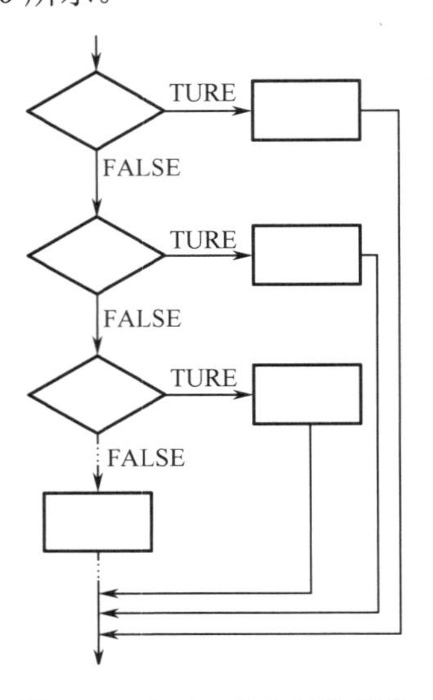

图 9.10　CASE 分支结构流程

1. 简单模式

简单模式就是 CASE 语句给出一个表达式，该表达式与一组简单表达式进行比较，如果比较成功，则执行相对应的分支语句序列。

语法规则：

```
CASE case_值
    WHEN when_值 1 THEN 语句列表 1
    [WHEN when_值 2 THEN 语句列表 2]…
    [ELSE 语句列表 n]
END CASE
```

其中，“case_值”是使用 CASE 语句时的表达式，当 WHEN 后的某个“when_值 *i*”与“case_值”相同，则执行对应的“语句列表 *i*”，当所有的“when_值”与“case_值”都不相同时，则执行 ELSE 后的“语句列表”。

例 9.8 在存储过程中使用 CASE 结构的简单模式。

SQL 语句如图 9.11 所示。

```
mysql> Delimiter //
mysql> use xscj
Database changed
mysql> create   procedure  PROC2(in  XH  char(10) ,in kCH char(3))
    -> begin
    -> declare CJ tinyint;
    -> if(select  学号 from xs_kc where 学号=XH and 课程号=KCH) is null then
    -> select '无此学生成绩' as 学生成绩;
    -> else
    -> select 成绩 into CJ  from xs_kc where 学号=XH and 课程号=KCH;
    -> select CJ as 成绩;
    -> set CJ=floor(CJ/10);
    -> case CJ
    -> when 0|1|2|3|4|5  then  select  '不及格'  as 成绩等级;
    -> when 6  then  select  '及格'  as 成绩等级;
    -> when 7  then  select  '中等'  as 成绩等级;
    -> when 8  then  select  '良好'  as 成绩等级;
    -> else  select  '优秀'  as  成绩等级;
    -> end case;
    -> end if;
    -> end //
Query OK, 0 rows affected (0.00 sec)

mysql> Delimiter ;
```

图 9.11 使用 CASE 结构的简单模式

然后查看该存储过程执行的结果，如图 9.12 所示。

```
mysql> call proc2('2016110102','102');
+--------+
| 成绩   |
+--------+
|     67 |
+--------+
1 row in set (0.00 sec)

+--------------+
| 成绩等级     |
+--------------+
| 及格         |
+--------------+
1 row in set (0.01 sec)

Query OK, 0 rows affected (0.02 sec)
```

图 9.12 执行结果

2. 搜索模式

在搜索模式的 CASE 语句中，会提供多个布尔表达式，依次从第一个表达式开始搜索，找到最早为 TRUE 的表达式后，执行对应的语句列表。

语法规则：

```
CASE
    WHEN  搜索条件 1   THEN  语句列表 1
    [WHEN  搜索条件 2   THEN  语句列表 2]…
    [ELSE  语句列表 n]
END CASE
```

若某个 WHEN 后的“搜索条件 *i*”为真，则执行对应 THEN 后的“语句列表 *i*”，当前面的所有搜索条件全为假时，则执行 ELSE 后的“ 语句列表”。

例 9.9 建立与例 9.8 功能相同的存储过程，使用 CASE 结构的搜索模式。

SQL 语句如图 9.13 所示。

```
mysql> Delimiter //
mysql> use xscj
Database changed
mysql> create   procedure  PROC3(in  XH  char(10) ,in kCH char(3))
    -> begin
    -> declare CJ tinyint;
    -> if(select  学号 from xs_kc where 学号=XH and 课程号=KCH) is null then
    -> select '无此学生成绩' as 学生成绩;
    -> else
    -> select 成绩 into CJ  from xs_kc where 学号=XH and 课程号=KCH;
    -> select CJ as 成绩;
    -> set CJ=floor(CJ/10);
    -> case
    -> when CJ in(0,1,2,3,4,5)  then  select  '不及格'  as 成绩等级;
    -> when CJ=6  then  select  '及格'  as 成绩等级;
    -> when CJ=7  then  select  '中等'  as 成绩等级;
    -> when CJ=8  then  select  '良好'  as 成绩等级;
    -> else  select  '优秀'  as  成绩等级;
    -> end case;
    -> end if;
    -> end //
Query OK, 0 rows affected (0.00 sec)

mysql> Delimiter ;
```

图 9.13　使用 CASE 结构的搜索模式

然后查看该存储过程执行的结果，如图 9.14 所示。

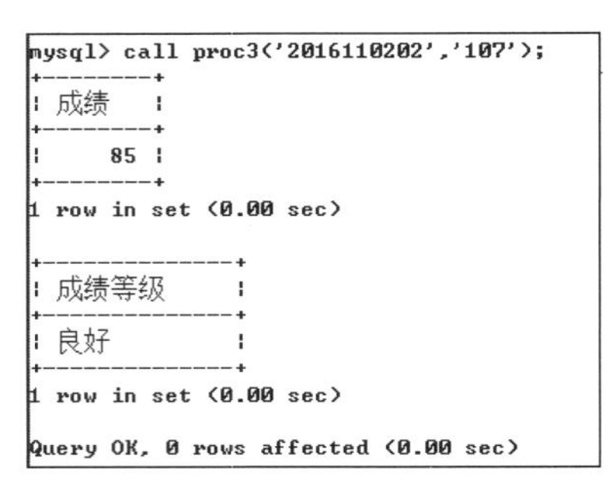

```
mysql> call proc3('2016110202','107');
+---------+
| 成绩    |
+---------+
|      85 |
+---------+
1 row in set (0.00 sec)

+--------------+
| 成绩等级     |
+--------------+
| 良好         |
+--------------+
1 row in set (0.00 sec)

Query OK, 0 rows affected (0.00 sec)
```

图 9.14　执行结果

9.2.3　LOOP 循环控制语句

LOOP 语句的作用是循环地执行指定的语句序列。在基本的 LOOP 和 END LOOP 语句之间，是没有包含中止循环条件的，一般是采用与其他条件控制语句一起使用（如 IF 语句）。在 MySQL 中使用 LEAVE 来中断 LOOP 的循环语句。

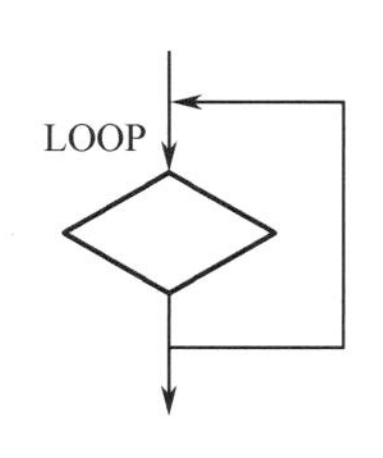

图 9.15　LOOP 语句流程

LOOP 的循环语句流程如图 9.15 所示。

语法规则：

```
[begin_lable:]
LOOP
  语句序列;
  [ITERATE begin_lable;]
  [LEAVE begin_lable1;]
END LOOP;
```

其中，“begin_lable”是循环标签，当“LOOP”与“END LOOP”间的“语句序列”执行完成后，再次返回到循环标签处开始执行。在“语句序列”中一般含有 IF 判断语句，用于判断是继续循环（用“ITERATE begin_lable”回到标签处进行下一次循环）还是跳出循环（执行“LEAVE begin_lable1”语句）。

例 9.10 在存储过程中使用 LOOP 循环语句，用于完成输入一个正整数并求从 1 到该数的累加和。

SQL 语句如图 9.16 所示：

```
mysql> Delimiter //
mysql> create procedure addsum(in x int)
    -> begin
    -> set @i=1,@sum=0;
    -> add_sum:loop
    -> begin
    -> set @sum=@sum+@i;
    -> set @i=@i+1;
    -> end;
    -> if @i>x then
    -> leave add_sum;
    -> end if;
    -> end loop add_sum;
    -> select  @sum;
    -> end//
Query OK, 0 rows affected (0.00 sec)

mysql> Delimiter ;
```

图 9.16 LOOP 循环

然后查看该存储过程执行的结果，这里输入的数是“100”，执行结果如图 9.17 所示。

```
mysql> call addsum(100);
+------+
| @sum |
+------+
| 5050 |
+------+
1 row in set (0.00 sec)

Query OK, 0 rows affected (0.01 sec)
```

图 9.17 执行结果

9.2.4 WHILE 循环控制语句

WHILE 语句是设置重复执行 SQL 语句序列的条件，当条件为真时，重复执行循环语句。和 LOOP 的循环语句一样，可以在循环体内设置 LEAVE 和 ITERATE 语句来控制循环语句的执行过程。

WHILE 循环语句流程如图 9.18 所示。

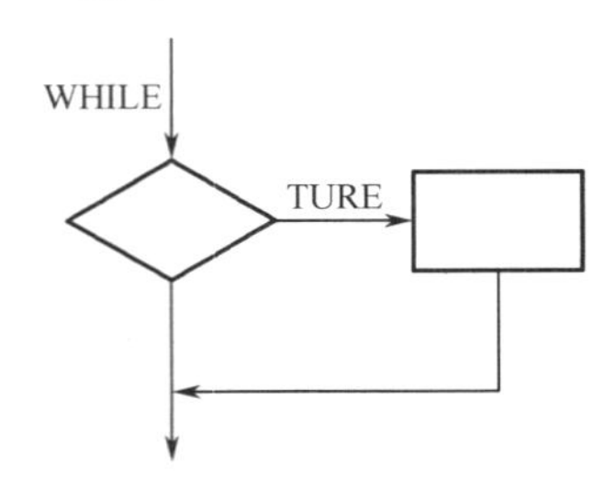

图 9.18　WHILE 语句流程

语法规则：

```
[begin_label:]WHILE 布尔表达式 DO
语句序列;
  [ITERATE begin_lable;]
  [LEAVE begin_lable1;]
END WHILE;
```

其中，“begin_lable”是循环标签，当 WHILE 与 END WHILE 间的“语句序列”执行完成后，再次从返回到循环标签处开始执行。在“语句序列”中一般含有 IF 判断语句，用于判断是继续循环（用 ITERATE begin_lable 回到标签处进行下一次循环）还是跳出循环（执行 LEAVE begin_lable1 语句）。

例 9.11　使用 WHILE 循环语句求 1+2+…+100 的和。

SQL 语句如图 9.19 所示。

```
mysql> Delimiter //
mysql> create procedure addsum1()
    -> begin
    -> declare i int default 1;
    -> declare sum int default 0;
    -> while i<=100
    -> do
    -> set sum=sum+i;
    -> set i=i+1;
    -> end while;
    -> select  sum;
    -> end//
Query OK, 0 rows affected (0.00 sec)

mysql> Delimiter ;
```

图 9.19　WHILE 循环

然后查看该存储过程执行的结果，如图 9.20 所示。

```
mysql> call addsum1();
+------+
| sum  |
+------+
| 5050 |
+------+
1 row in set (0.00 sec)

Query OK, 0 rows affected (0.02 sec)
```

图 9.20　执行结果

9.3　注释

注释是程序中为增加程序可读性而添加到程序代码中不被执行的文本字符串，用于对代码进行说明的语句。在 MySQL 服务器中，支持 3 种注释风格：井字符（#）、双连线（--）和斜杠星号（/*…*/）。

① 井字符（#）：从“#”字符开始到当前行的行尾；

② 双连线（--）：从“--”字符到行尾。注意“--”注释风格要求第 2 个破折号后面至少跟一个空格符或 tab 或换行符等。

③ 斜杠星号（/*…*/）：从“/*”开始到后面的“*/”结束，这一对斜杠星号字符不一定在同一行中，因此该语法允许注释跨越多行。

例 9.12　给例 9.11 中的 SQL 语句添加注释。

添加 SQL 语句的注释，如图 9.21 所示。

```
mysql> Delimiter //  -- 重新定义命令结束符，把命令结束符换成//
mysql> create procedure addsum2()
    ->          #创建存储过程addsum1
    -> Begin
    -> declare i int default 1;    #定义局部变量i
    -> declare sum int default 0;    #定义局部变量sum
    -> while i<=100           /*while语句，当i<=100时，
   /*>                  执行while与end while之间的语句*/
    -> Do
    -> set sum=sum+i;    -- 进行累加操作
    -> set i=i+1;       -- i自加
    -> end while;      #while 结束
    -> select  sum;    #显示sum 的值
    -> end//
Query OK, 0 rows affected (0.00 sec)

mysql> Delimiter ;      -- 恢复默认的结束符“;”
mysql> call addsum2();    -- 调用存储过程addsum2
```

图 9.21　给 SQL 语句添加注释

9.4　游标

在 MySQL 中的查询语句能返回多条记录结果，那么在表达式中如何遍历这些记录结果呢？在 MySQL 中提供了游标功能。游标是类似于 C 语言的指针功能，允许用户对单独的数据行进行访问，而不用对整个数据集进行操作。

在 MySQL 中，游标包括两部分：游标位置和游标结果集。游标位置是指向结果集中的某一行的指针，游标结果集是由定义游标的 SELECT 语句返回的集合，处理游标结果集的方法可以通过游标定位到结果集的某一行，以及对定位到的结果集中的当前行进行数据修改。

因为使用游标遍历结果集中的每一行就会增加服务器的负担，导致游标的使用效率并不高，如果需要访问的数据行很大时一般就不采用游标操作了，同时在有表进行连接操作时也尽量不要使用游标。

使用游标之前，首先要声明游标和打开游标，然后才能使用游标，最后关闭游标。

9.4.1 声明游标

语法规则：

```
DECLARE 游标名称 CURSOR FOR 查询语句;
```

例如，为 XSCJ 数据库中的 xsqk 表创建一个普通游标，名称为 xsqk_cursor，其 SQL 语句为：

```
DECLARE xsqk_cursor CURSOR
    FOR SELECT 学号,姓名,性别,专业名 FROM xsqk;
```

9.4.2 打开游标

在游标使用之前，需要先打开游标。语法规则：

```
OPEN 游标名称
```

例如，打开前面创建的 xsqk_cursos 游标：

```
OPEN xsqk_cursor;
```

在游标打开时，游标并未指向第一条记录，而是指向第一条记录的前面。

9.4.3 使用游标

在打开游标后，就可以使用游标提取数据了。在 MySQL 中使用游标是通过关键字 FETCH 来实现的。语法规则：

```
FETCH 游标名称 INTO 变量名 1[,变量名 2…];
```

其中，要求“变量名”的定义要在 FETCH 语句之前，使用游标的作用是将游标名称中的 SELECT 语句的执行结果保存到指定的“变量名”中。注意，这里指定的“变量名”数量一定要与 SELECT 中查询出的字段数量一样多。如果要获取多行数据，需要使用循环语句去执行 FETCH。FETCH 语句用来移动这个游标。

在 MySQL 中，游标是向前只读的，只能按顺序从开始往后读取结果集，不能从后往前读，也不能直接跳读中间的记录。

例如，使用前面定义的游标 xsqk_cursor：

```
f_loop:loop
fetch xsqk_cursor1 into xh,xm,xb,zym;
end loop f_loop;
```

说明：上述循环由于没有结束条件，因此是个死循环。可以在 loop 与 end loop 之前设置 if 条件语句用于结束循环。

例 9.13 采用 IF ELSE 方式，使用游标检索表 xsqk 中的数据。

SQL 语句如图 9.22 所示。

```
mysql> Delimiter //
mysql> Use xscj
Database changed
mysql> create procedure xsqk_proc()   #创建存储过程
    -> begin
    -> declare flag int default 0;  #定义结束标志，当flag为0时表示检索成功，为1
# 跳出检索
    -> declare xh char(10);      #定义变量
    -> declare xm varchar(10);
    -> declare xb char(2);
    -> declare zym varchar(20);
    -> declare xsqk_cursor1 cursor for select 学号,姓名,性别,专业名 from xsqk;
#定义游标
    -> declare continue handler for not found set flag =1;    #定义处理程序
    -> set flag =0;
    -> open xsqk_cursor1;    #打开游标
    -> f_loop:loop
    -> fetch xsqk_cursor1 into xh,xm,xb,zym;      #遍历游标指向的结果集
    -> if flag =1 then
    ->   leave f_loop;     #标志为1，跳出检索
    -> else
    ->   select xh,xm,xb,zym;   #显示检索结果
    -> end if;
    -> end loop f_loop;
    -> end //
Query OK, 0 rows affected (0.00 sec)

mysql> Delimiter ;
```

图 9.22 使用游标检索数据

在图 9.22 的 SQL 语句中，当遍历游标溢出时，会出现一个预定义的 NOT FOUND 错误，为解决这个错误，可定义一个处理程序，在其中定义一个标志，这里定义的标志是“flag”。在 IF 语句中，通过此标志的值作为是否执行循环的判断条件，这里是当 flag=1 时，跳出循环。

查看使用游标检索数据的结果，如图 9.23 所示。

```
mysql> Call xsqk_proc();
+------------+--------+------+----------+
| xh         | xm     | xb   | zym      |
+------------+--------+------+----------+
| 2016110101 | 朱军   | 男   | 云计算   |
+------------+--------+------+----------+
1 row in set (0.07 sec)

+------------+----------+------+----------+
| xh         | xm       | xb   | zym      |
+------------+----------+------+----------+
| 2016110102 | 龙婷秀   | 女   | 云计算   |
+------------+----------+------+----------+
1 row in set (0.09 sec)
 ……
```

图 9.23 检索结果

注意：在图 9.23 中，只截取了部分检索结果。

9.4.4 关闭游标

由于游标会占用一定的内存空间存放游标操作的数据结果集，所以在不使用游标时需要将游标关闭。语法规则：

```
CLOSE 游标名称;
```

例如，关闭 xsqk_cursor1 的游标：

```
CLOSE xsqk_cursor1;
```

例 9.14 采用 WHILE 循环方式，使用游标检索表 xs_kc 中的数据。

SQL 语句如图 9.24 所示。

```
mysql> Delimiter //
mysql> Use xscj
Database changed
mysql> Create procedure cj_count(out num int)  #创建存储过程
    -> Begin
    -> Declare flag int default 0;  #定义标志
    -> Declare cj tinyint;    #定义变量
    -> Declare cj_cursor cursor for select 成绩 from xs_kc where 成绩<60; #定义
#游标
    -> Declare continue handler for not found set flag=1;   #定义处理程序
    -> Set flag=0;
    -> Set num=0;
    -> Open cj_cursor;   #打开游标
    -> Fetch cj_cursor into cj;    #遍历游标
    -> While flag =0 do    #使用WHILE循环
    -> Set num=num+1;
    -> Fetch cj_cursor into cj;    #遍历游标，进入下一次WHILE循环
    -> End while;
    -> Close cj_cursor;    #关闭游标
    -> End //
Query OK, 0 rows affected (0.00 sec)

mysql> Delimiter ;
```

图 9.24　使用游标检索数据

调用存储过程，并查看游标检索数据的结果，如图 9.25 所示。

```
mysql> call cj_count(@num);    #调用存储过程
Query OK, 0 rows affected (0.00 sec)

mysql> select @num as 不及格人数;     #显示结果
+------------------+
| 不及格人数       |
+------------------+
|                4 |
+------------------+
1 row in set (0.00 sec)
```

图 9.25　检索结果

9.5　MySQL 事务

当多个用户访问同一个数据时，一个用户在对数据进行修改的同时，可能其他用户也会发起了对该数据的修改请求。为了保证数据的更新从一个一致性状态转入了另一个一致性状态，在 MySQL 中引入了事务的机制概念来解决这个问题。

9.5.1　事务概述

事务是单个的工作单元，是数据库中不可再分的基本部分。具体来说，事务是由用户定义的一个 SQL 语句序列，在这组 SQL 语句序列中，每个 MySQL 语句是相互依赖的，整个 SQL 语句组是不可分割的整体。如果在这个 SQL 语句组中的某条 SQL 语句一旦执行失败或产生错误，整个语句组将会回滚，即将数据表中的数据返回到这个 SQL 语句组开始执行前的状态。如果该组 SQL 语句都执行成功，则事务被顺序执行。事务具有 4 个属性，这 4 个属性简称为 ACID。

① 原子性（Atomicity）：事务由一个或一组相互关联的 SQL 语句组成，这些语句被认为是一个不可分割的单元，对事务进行的修改只能是完全提交或完全回滚。

② 一致性（Consistency）：事务的一致性包含两层意思：一是从数据的角度看，事务必须是使数据库从一个一致性状态变到另一个一致性状态，一致性与原子性密切相关，在事务开始之前和结束之后，数据库的完整性约束没有被破坏；二是从用户的角度看，事务可确保对数据库的修改是一致的，即多个用户查询到的数据是一样的。

一致性主要由 MySQL 的日志机制处理，通过日志记录数据的变化，为事务恢复提供跟踪记录。

③ 隔离性（Isolation，孤立性）：一个事务的执行不能被其他事务干扰，即一个事务内部的操作及使用的数据对并发的其他事务是隔离的，并发执行的各个事务之间不应该互相干扰，这些通过锁来实现。然而在实际应用中，事务相互影响的程度受到隔离级别的影响。

④ 持久性（Durability）：指一个事务一旦提交之后，对数据的修改更新就是永久的。当一个事务完成后，数据库的日志已经被更新。如果系统崩溃或者数据存储介质被破坏也不会对其有任何影响，对数据的恢复可通过日志，系统能够恢复到最后一次成功更新时的状态。

在 MySQL 中，并不是所有的存储引擎都支持事务，如 MyISAM 和 Memory 存储引擎则不支持事务。支持事务的存储引擎有 InnoDB 和 DBD。InnoDB 存储引擎引入了与事务处理相关的 UNDO 日志和 REDO 日志。

① UNDO 日志。

为了满足事务的原子性，在操作任何数据之前，首先将数据备份到 UNDO 日志文件里。然后进行数据的修改，如果出现了错误或者用户执行了 ROLLBACK 语句，系统可以利用 Undo 日志文件中的备份将数据恢复到事务开始之前的状态。

② REDO 日志。

和 UNDO 日志相反，REDO 日志记录的是新数据的备份。在事务提交前，不需要将新数据持久化，只要将 REDO 日志持久化即可。此时虽然新数据没有持久化，但是 REDO 日志已经持久化了，在系统崩溃时可以根据 REDO 日志的内容，将所有数据恢复到最新的状态。

9.5.2 事务控制

MySQL 的事务控制语法规则：

```
START TRANSACTION | BEGIN [WORK]
COMMIT [WORK ][ AND [NO] CHAIN ] [[NO] RELEASE]
ROLLBACK [WORK] [AND [NO] CHAIN] [[NO] RELEASE]
SET AUTOCOMMIT = { 0 | 1 }
```

其中，“START TRANSACTION”或“BEGIN”表示用于开启一个事务，在 MySQL 命令行的默认下，事务都是自动提交的，SQL 语句提交后马上会执行 COMMIT 操作。因此开启一个事务必须使用 START TRANSACTION 或者 BEGIN，或者执行 SET AUTOCOMMIT =0。

“COMMIT [WORK]”表示提交当前事务，是变更成为永久变更。

“ROLLBACK”表示回滚当前事务，取消其变更。

“SET AUTOCOMMIT = { 0 | 1 }”表示用于设置提交事务的默认方式，为“0”表示禁用自动提交事务，“1”表示自动提交事务。

“AND CHAIN”表示会在当前事务结束时立刻启动一个新事务，并且新事务与刚结束的事务有相同的隔离等级；“RELEASE”表示在终止了当前事务后，会让服务器断开与当前客户端的连接。如果加上 NO，则可以抑制 CHAIN 或 RELEASE 的完成。

例 9.15 下面通过向表 xsqk 中添加记录来理解事务的基本执行情况。

① 先查看存储引擎。

```
mysql> use xscj
```

```
Database changed
mysql>   SHOW VARIABLES LIKE 'default_storage_engine';
+------------------------+--------+
| Variable_name          | Value  |
+------------------------+--------+
| default_storage_engine | InnoDB |
+------------------------+--------+
1 row in set, 1 warning (0.00 sec)
```

可见，存储引擎是 InnoDB，是事务型存储引擎。

② 查看 AUTOCOMMIT 的值。

```
mysql> select @@autocommit;
+--------------+
| @@autocommit |
+--------------+
|            1 |
+--------------+
1 row in set (0.00 sec)
```

可见，AUTOCOMMIT=1，表示自动提交事务，这需要使用 BEGIN 或 START TRANSACTION 来开启事务。

③ 在 SQLyog 中查看表 xsqk 中已有的数据，如图 9.26 所示。

学号	姓名	性别	出生日期	专业名	所在学院	联系电话	总学分	备注
2016110101	朱军	男	1998-10-15	云计算	计算机学院	13845125452	(NULL)	班长
2016110102	龙婷秀	女	1998-11-05	云计算	计算机学院	13512456254	(NULL)	(NULL)
2016110103	张庆国	男	1999-01-09	云计算	计算机学院	13710425255	(NULL)	(NULL)
2016110104	张小博	男	1998-04-06	云计算	计算机学院	13501056042	(NULL)	(NULL)
2016110105	钟鹏香	女	1998-05-03	云计算	计算机学院	13605126565	(NULL)	(NULL)
2016110106	李家琪	男	1998-04-07	云计算	计算机学院	13605078782	(NULL)	(NULL)
2016110201	曹科梅	女	1998-06-09	信息安全	计算机学院	13465215623	(NULL)	(NULL)
2016110202	江杰	男	1999-02-06	信息安全	计算机学院	13520556252	(NULL)	(NULL)
2016110203	肖勇	男	1998-04-12	信息安全	计算机学院	13756156524	(NULL)	(NULL)
2016110204	周明悦	女	1998-05-18	信息安全	计算机学院	15846662514	(NULL)	(NULL)
2016110205	蒋亚男	女	1998-04-06	信息安全	计算机学院	13801201304	(NULL)	(NULL)
2016110301	李娟	女	1998-08-24	网络工程	计算机学院	13305047552	(NULL)	学习委员
2016110302	成兰	女	1999-01-06	网络工程	计算机学院	13815463563	(NULL)	(NULL)
2016110303	李图	男	1998-11-15	网络工程	计算机学院	13625456655	(NULL)	(NULL)
2016110401	陈勇	男	1997-12-23	机器人设计	计算机学院	13725522255	(NULL)	生活委员
2016110403	程蓓蕾	男	1998-08-16	机器人设计	计算机学院	13515645666	(NULL)	体育委员
2016110404	赵真	女	1998-04-06	机器人设计	计算机学院	13615565325	(NULL)	(NULL)
2016110405	李鹏飞	男	1998-05-05	云计自	计算机学院	13356145462	(NULL)	(NULL)
2016110406	张冲	男	1998-06-08	云计算	计算机学院	13524225874	(NULL)	(NULL)

图 9.26　表 xsqk 的数据

④ 开启一个事务。

```
mysql> begin;
Query OK, 0 rows affected (0.00 sec)
```

⑤ 插入一条记录到 xsqk 表中。

```
mysql> insert into xsqk values('2016110407','曾佳','男','1998-04-06','云计算','计算机学院','1358452547',null,null);
```

```
Query OK, 1 row affected (0.09 sec)
```

⑥ 提交事务。

```
mysql> commit;
Query OK, 0 rows affected (0.08 sec)
```

⑦ 在 SQLyog 中查看向表 xsqk 中插入记录后的数据，如图 9.27 所示。

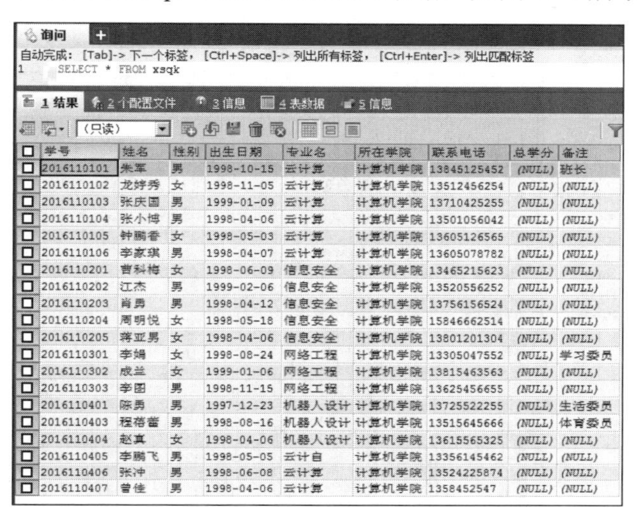

学号	姓名	性别	出生日期	专业名	所在学院	联系电话	总学分	备注
2016110101	朱军	男	1998-10-15	云计算	计算机学院	13845125452	(NULL)	班长
2016110102	龙婷秀	女	1998-11-05	云计算	计算机学院	13512456254	(NULL)	(NULL)
2016110103	张庆国	男	1999-01-09	云计算	计算机学院	13710425255	(NULL)	(NULL)
2016110104	张小博	男	1998-04-06	云计算	计算机学院	13501056042	(NULL)	(NULL)
2016110105	钟鹏香	女	1998-05-03	云计算	计算机学院	13605126565	(NULL)	(NULL)
2016110106	李家琪	男	1998-04-07	云计算	计算机学院	13605078782	(NULL)	(NULL)
2016110201	曹科梅	女	1998-06-09	信息安全	计算机学院	13465215623	(NULL)	(NULL)
2016110202	江杰	男	1999-02-06	信息安全	计算机学院	13520556252	(NULL)	(NULL)
2016110203	肖勇	男	1998-04-12	信息安全	计算机学院	13756156524	(NULL)	(NULL)
2016110204	周明悦	女	1998-05-18	信息安全	计算机学院	15846662514	(NULL)	(NULL)
2016110205	蒋亚男	女	1998-04-06	信息安全	计算机学院	13801201304	(NULL)	(NULL)
2016110301	李娟	女	1998-08-24	网络工程	计算机学院	13305047552	(NULL)	学习委员
2016110302	成兰	女	1999-01-06	网络工程	计算机学院	13815463563	(NULL)	(NULL)
2016110303	李图	男	1998-11-15	网络工程	计算机学院	13625456655	(NULL)	(NULL)
2016110401	陈勇	男	1997-12-23	机器人设计	计算机学院	13725522255	(NULL)	生活委员
2016110403	程蓓蕾	男	1998-08-16	机器人设计	计算机学院	13515645666	(NULL)	体育委员
2016110404	赵真	女	1998-04-06	机器人设计	计算机学院	13615565325	(NULL)	(NULL)
2016110405	李鹏飞	男	1998-05-05	云计自	计算机学院	13356145462	(NULL)	(NULL)
2016110406	张冲	男	1998-06-08	云计算	计算机学院	13524225874	(NULL)	(NULL)
2016110407	曾佳	男	1998-04-06	云计算	计算机学院	1358452547	(NULL)	(NULL)

图 9.27　向表 xsqk 中插入记录后的数据

从图 9.27 可见，在 xsqk 表中已插入了一条新的记录。

⑧ 再开启一个事务。

```
mysql> begin;
Query OK, 0 rows affected (0.00 sec)
```

⑨ 再插入一条记录到 xsqk 表中。

```
mysql> insert into xsqk values('2016110408','王天','男','1997-12-06','云计算','计算机学院','1357452548',null,null) ;
Query OK, 1 row affected (0.06 sec)
```

⑩ 现在查询学号为“2016110408”的学生情况。

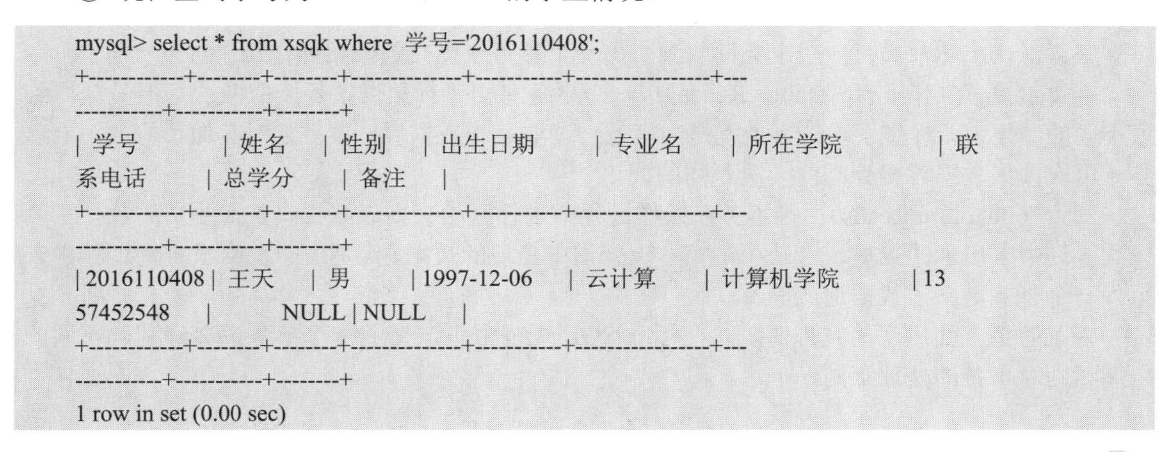

```
mysql> select * from xsqk where 学号='2016110408';
+------------+--------+--------+--------------+-----------+-----------------+---
-----------+-----------+--------+
| 学号         | 姓名   | 性别   | 出生日期       | 专业名     | 所在学院          | 联
系电话        | 总学分    | 备注   |
+------------+--------+--------+--------------+-----------+-----------------+---
-----------+-----------+--------+
| 2016110408 | 王天    | 男     | 1997-12-06   | 云计算     | 计算机学院         | 13
57452548   |          NULL | NULL    |
+------------+--------+--------+--------------+-----------+-----------------+---
-----------+-----------+--------+
1 row in set (0.00 sec)
```

说明新增加的学生情况已加入到表 xsqk 中了，但这只是暂时存到内存中的信息，并未写入磁盘中，然后接着执行下面的操作。

⑪ 回滚事务。

```
mysql> rollback;
Query OK, 0 rows affected (0.11 sec)
```

⑫ 回滚事务后，再次查询表 xsqk 中的数据，如图 9.28 所示。

询问 +
自动完成：[Tab]-> 下一个标签，[Ctrl+Space]-> 列出所有标签，[Ctrl+Enter]-> 列出匹配标签

```
1    SELECT * FROM xsqk
```

1 结果　2 个配置文件　3 信息　4 表数据　5 信息

（只读）

学号	姓名	性别	出生日期	专业名	所在学院	联系电话	总学分	备注
2016110101	朱军	男	1998-10-15	云计算	计算机学院	13845125452	(NULL)	班长
2016110102	龙婷秀	女	1998-11-05	云计算	计算机学院	13512456254	(NULL)	(NULL)
2016110103	张庆国	男	1999-01-09	云计算	计算机学院	13710425255	(NULL)	(NULL)
2016110104	张小博	男	1998-04-06	云计算	计算机学院	13501056042	(NULL)	(NULL)
2016110105	钟鹏香	女	1998-05-03	云计算	计算机学院	13605126565	(NULL)	(NULL)
2016110106	李家琪	男	1998-04-07	云计算	计算机学院	13605078782	(NULL)	(NULL)
2016110201	曹科梅	女	1998-06-09	信息安全	计算机学院	13465215623	(NULL)	(NULL)
2016110202	江杰	男	1999-02-06	信息安全	计算机学院	13520556252	(NULL)	(NULL)
2016110203	肖勇	男	1998-04-12	信息安全	计算机学院	13756156524	(NULL)	(NULL)
2016110204	周明悦	女	1998-05-18	信息安全	计算机学院	15846662514	(NULL)	(NULL)
2016110205	蒋亚男	女	1998-04-06	信息安全	计算机学院	13801201304	(NULL)	(NULL)
2016110301	李娟	女	1998-08-24	网络工程	计算机学院	13305047552	(NULL)	学习委员
2016110302	成兰	女	1999-01-06	网络工程	计算机学院	13815463563	(NULL)	(NULL)
2016110303	李图	男	1998-11-15	网络工程	计算机学院	13625456655	(NULL)	(NULL)
2016110401	陈勇	男	1997-12-23	机器人设计	计算机学院	13725522255	(NULL)	生活委员
2016110403	程蓓蕾	男	1998-08-16	机器人设计	计算机学院	13515645666	(NULL)	体育委员
2016110404	赵真	女	1998-04-06	机器人设计	计算机学院	13615565325	(NULL)	(NULL)
2016110405	李鹏飞	男	1998-05-05	云计自	计算机学院	13356145462	(NULL)	(NULL)
2016110406	张冲	男	1998-06-08	云计算	计算机学院	13524225874	(NULL)	(NULL)
2016110407	曾佳	男	1998-04-06	云计算	计算机学院	1358452547	(NULL)	(NULL)

图 9.28　表 xsqk 中的数据

可见，在事务回滚后，最后添加的学生信息并没有添加到表中。

9.5.3　事务隔离级别

数据库是被多客户所共享访问的，所以很容易出现多个线程同时开启事务的情况。这样就很可能出现以下几种不确定情况。

数据丢失：如果在系统没有执行任何锁操作的情况下，当多个事务都同时更新一行数据时，一个事务对数据的更新会被另一个事务对数据的更新覆盖，从而造成数据丢失。

脏读（Dirty Read）：一个事务读取到了另一个事务未提交的数据操作结果。

不可重复读（Non-repeatable Reads）：一个事务对同一行数据重复读取两次，但是却得到了不同的结果，即产生了虚读，也就是当事务一读取某一数据后，事务二对其做了修改，当事务一再次读该数据时得到与前一次不同的值。

幻读（Phantom Reads）：指事务在操作过程中进行两次查询，第二次查询的结果包含了第一次查询中未出现的数据或者缺少了第一次查询中出现的数据，这是由于在两次查询过程中有另外一个事务更新了数据造成的。

为了避免上面出现的几种情况，在标准 SQL 规范中，定义了 4 个事务隔离级别，不同的隔离级别对事务的处理不同。

1. 读未提交（Read Uncommitted）

也称为未授权读取，允许脏读，但不允许更新丢失。如果一个事务已经开始写数据，则另外一个事务则不允许同时进行写操作，但允许其他事务读此行数据。该隔离级别可以通过“排他写锁”实现。在该隔离级别，所有事务都可以看到其他未提交事务的执行结果。本隔离级别很少用于实际应用，因为它的性能也不比其他级别好多少。

2. 读已提交（Read Committed）

这是大多数数据库系统的默认隔离级别（但 MySQL 默认的不是这个级别）。读提交的特点是：一个事务只能看见已经提交事务所做的改变；支持不可重复读，读取数据的事务允许其他事务继续访问该行数据，但是未提交的写事务将会禁止其他事务访问该行。

3. 可重复读（Repeatable Read）

这是 MySQL 的默认事务隔离级别，它确保同一事务的多个实例在并发读取数据时会看到同样的数据行。可重复读可能会产生幻读问题。

4. 可串行化（Serializable）

这是最高的隔离级别，它通过强制事务排序，使事务只能一个接着一个地执行，不能并发执行，这样就从根本上阻止了事务间的相互冲突，从而解决幻读问题。但是，在这种隔离级别下，读取的每行数据都加锁，从而会导致大量的锁征用问题，使性能受到很大影响。

由上可见，隔离级别越高，数据的完整性和一致性越能得到保证，但是对数据库的并发性能的影响也越来越大。由于产生不可重复读和幻读问题（可由 9.6 节中介绍的锁定机制解决）的情况很少，因此对于多数的应用程序，隔离级别可设为读已提交，这样能够避免脏读，而且具有较好的并发性能。

修改事务级别的语法规则：

```
SET [ GLOBAL | SESSION ] TRANSACTION ISOLATION LEVEL Read uncommitted | Read committed |
Repeatable read| Serializable;
```

其中，“GLOBAL”表示此语句将应用于在此之后的所有 session，而当前已经存在的 session 不受影响；“SESSION”表示此语句将应用于包括当前 session 在内的及其之后的所有事务；如果缺省，表示此语句将应用于当前 session 在内的后面还未开始的事务。“Read uncommitted | Read committed | Repeatable read | Serializable”分别表示设置为读未提交、读已提交、可重复读和可串行化。

例如，将隔离级别设置为 Read uncommitted（读未提交），并且当前已经存在的 session 不受影响的 SQL 语句：

```
mysql> SET GLOBAL TRANSACTION ISOLATION LEVEL Read uncommitted;
```

设置读未提交隔离级别之后，查看当前的隔离级别，如图 9.29 所示。

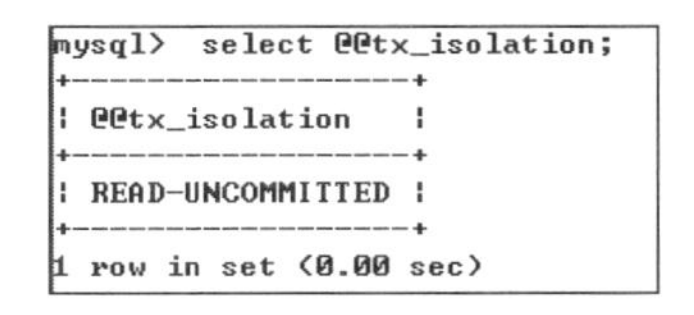
```
mysql> select @@tx_isolation;
+------------------+
| @@tx_isolation   |
+------------------+
| READ-UNCOMMITTED |
+------------------+
1 row in set (0.00 sec)
```

图 9.29　查看隔离级别

将当前级别改为可重复读，并且当前已经存在的 session 不受影响的 SQL 语句。

```
mysql> SET GLOBAL TRANSACTION ISOLATION LEVEL Repeatable read;
```

更改为可重复读隔离级别之后，查看当前的隔离级别，如图 9.30 所示。

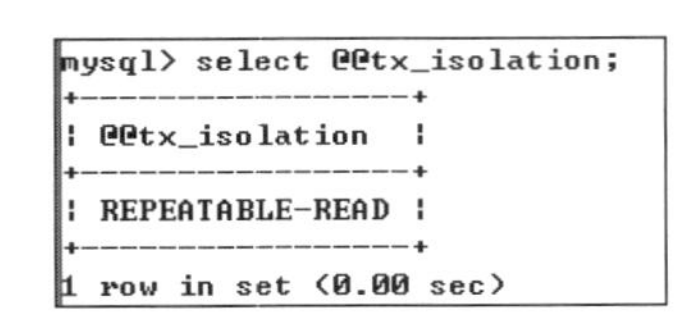
```
mysql> select @@tx_isolation;
+-----------------+
| @@tx_isolation  |
+-----------------+
| REPEATABLE-READ |
+-----------------+
1 row in set (0.00 sec)
```

图 9.30　查看隔离级别

9.6　MySQL 的锁

为解决数据库并发操作过程中产生的问题，如在同一时刻有两个及以上的客户端同时对一个表进行查询或更新操作，为了保证数据的一致性，就可以采用锁机制来进行控制。锁是 MySQL 用来防止其他事务访问指定资源的方法，确保多个用户同时对同一资源的操作而得到一致数据的重要保障。

9.6.1　锁的类型

锁的类型主要有以下 3 种。

1. 共享锁

共享锁又称 S 锁（S 是 Share 的缩写），共享锁的锁粒度是数据行。一个事务对某数据行获取了共享锁之后，就可以对锁定范围内的数据执行读操作，但不可以执行写操作，此时其他事务可以以该数据行取得共享锁，但不能获得排他锁。

设置共享锁的语法：

```
SELECT …LOCK IN SHARE MODE;
```

就是在查询语句后面增加“LOCK IN SHARE MODE”，MySQL 会对查询结果中的每行都加共享锁，当没有其他线程对查询结果集中的任何一行使用排他锁时，可以成功获得共享锁，否则加共享锁失败。

2. 排他锁

排他锁又称 X 锁（X 是 eXclusive 的缩写），排他锁的粒度与共享锁相同，也是数据行。一个事务获取某行数据的排他锁之后，可以对锁定范围内的数据执行写操作，此时其他事务对该数据行就不能获得排他锁，直到这个事务释放对该数据行的排他锁为止。

例如，假设有两个事务 T1 和 T2，如果事务 T1 获取了一个数据行的共享锁，事务 T2 还可以同时获取这个数据行的共享锁，但不能同时获取这个数据行的排他锁，必须等到 T1 共享锁释放之后；

如果事务 T1 获取了一个数据行的排他锁，事务 T2 不能立即获取这个数据行的共享锁，也不能立即获取这个数据行的排他锁，必须等到 T1 的排他锁释放之后。

设置排他锁的语法：

```
SELECT … FOR UPDATE;
```

在查询语句后面增加 FOR UPDATE，MySQL 会对查询结果中的每行都加排他锁，当没有其他线程对查询结果集中的任何一行使用排他锁时，可以成功申请排他锁，否则加排他锁失败。

3. 意向锁

意向锁表示一个事务准备对某数据表加共享锁或排他锁，但还没有加。意向锁是一种表锁，锁定的粒度是整张表，分为意向共享锁（IS）和意向排他锁（IX）两类。

意向共享锁（IS）：某事务准备给数据表加共享锁，但在加共享锁之前需要先取得该表的意向共享锁（IS）权限。

意向排他锁（IX）：某事务打算给数据表加排他锁，但在加排他锁之前需要先取得该表的意向排他锁（IX）权限。

意向锁是 InnoDB 自动加的，不需要用户干预。

表 9.2 是 MySQL 中各种锁模式之间的兼容性说明。

表 9.2 锁模式之间的兼容性

模式 / 兼容性 / 模式	共享锁（S）	排他锁（X）	意向共享锁（IS）	意向排他锁（IX）
共享锁（S）	兼容	冲突	冲突	冲突
排他锁（X）	冲突	冲突	兼容	冲突
意向共享锁（IS）	兼容	冲突	兼容	兼容
意向排他锁（IX）	冲突	冲突	兼容	兼容

在表 9.2 中，“兼容”指所对应的两种锁机制可以同时应用到同一数据行（表），“冲突”指所对应的两种锁机制不能同时应用到同一数据行（表）。

9.6.2 锁粒度

在 MySQL 中，根据锁的粒度大小，可将锁分为 3 种级别：表级、行级和页级。InnoDB 存储引擎既支持行级锁，也支持表级锁，默认是采用行级锁。MyISAM 和 MEMORY 存储引擎采用的是表级锁；BDB 存储引擎支持页级锁和表级锁。

1. 表级锁

表级锁是 MySQL 中粒度最大的一种锁，其特点是：开销小，加锁快；不会出现死锁；锁定粒度大，发生锁冲突的概率最高，并发度最低。由于表级锁实现简单，资源消耗较少，所以被大部分 MySQL 数据引擎所支持，如最常使用的数据引擎 InnoDB 和 MyISAM 都支持表级锁。

2. 行级锁

行级锁用于在许多线程中访问不同的行时只存在少量锁定，在回滚时只有少量的更改以及可以长时间锁定单一行的情况，其优点是锁定粒度最小，发生锁冲突的概率最低，并发度也最高。行级锁的缺点是冲突开销大，加锁慢，比页级锁或表级锁占用的内存更多；会出现死锁。InnoDB 存储引擎支持行级锁。

3. 页级锁

页级锁的粒度介于表级锁和行级锁之间，其开锁和加锁的时间也介于表级锁和行级锁之间，会出现死锁，其并发度一般。DBD 存储引擎支持页级锁。

例 9.16 在客户端 1 和客户端 2 上分别开启一个事务，对 xs_kc2 表中的同一行数据进行更新操作，演示 InnoDB 存储引擎的行级锁功能。

① 客户端 1：先查看客户端 1 当前的隔离级别。

```
mysql> select @@tx_isolation;
+-----------------+
| @@tx_isolation  |
+-----------------+
| REPEATABLE-READ |
+-----------------+
1 row in set (0.00 sec)
```

可见，客户端 1 的隔离级别是可重复读，这是 MySQL 的默认事务隔离级别。

② 客户端 2：再查看客户端 2 当前的隔离级别。

```
mysql> select @@tx_isolation;
+-----------------+
| @@tx_isolation  |
+-----------------+
| REPEATABLE-READ |
+-----------------+
1 row in set (0.00 sec)
```

③ 客户端 1：开启事务。

```
mysql> begin;
Query OK, 0 rows affected (0.00 sec)
```

④ 客户端 2：开启事务。

```
mysql> begin;
Query OK, 0 rows affected (0.00 sec)
```

⑤ 客户端 1：先查询 xs_kc2 表的原始数据。

```
mysql> select * from xs_kc2;
+------------+-----------+--------+--------+
| 学号       | 课程号    | 成绩   | 学分   |
+------------+-----------+--------+--------+
| 2016030101 | 101       |     60 |   NULL |
| 2016030102 | 102       |     58 |   NULL |
+------------+-----------+--------+--------+
2 rows in set (0.00 sec)
```

然后对 xs_kc2 的学号为 2016030101 的成绩执行更新操作：

```
mysql> update xs_kc2 set 成绩=成绩+5 where 学号='2016030101';
Query OK, 1 row affected (0.06 sec)
Rows matched: 1  Changed: 1  Warnings: 0
```

⑥ 客户端 2：对 xs_kc2 的学号为 2016030101 的成绩执行更新操作。

```
mysql> update xs_kc2 set 成绩=成绩*0.9   where 学号='2016030101';
ERROE 1205 (HY000):Lock wait timeout exceeded;try restarting transaction
```

产生错误：这是因为客户端 1 的事务未 COMMIT，在客户端 2 上对该行的操作被锁住，直到超时结束也未能执行。

⑦ 客户端 1：提交事务，并查询更新的结果。

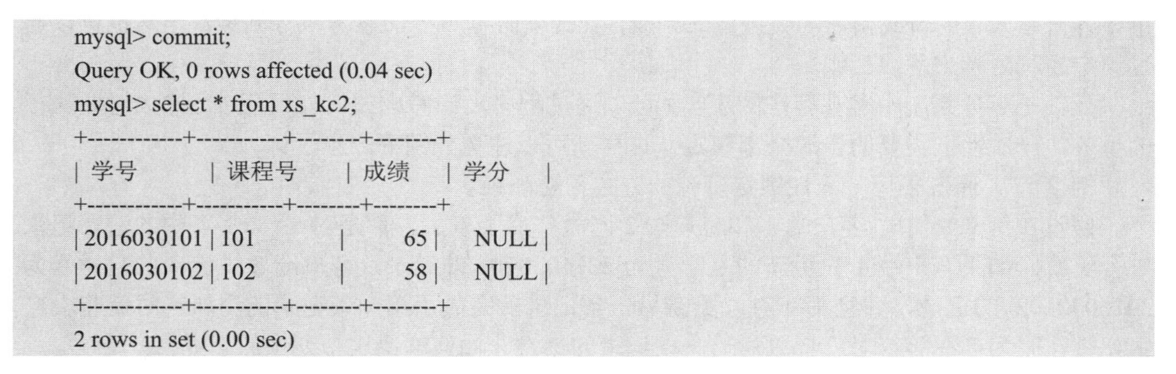

```
mysql> commit;
Query OK, 0 rows affected (0.04 sec)
mysql> select * from xs_kc2;
+------------+----------+--------+--------+
| 学号        | 课程号    | 成绩    | 学分    |
+------------+----------+--------+--------+
| 2016030101 | 101      |     65 |   NULL |
| 2016030102 | 102      |     58 |   NULL |
+------------+----------+--------+--------+
2 rows in set (0.00 sec)
```

可见，在客户端上的数据更新已成功完成。

⑧ 客户端 2：在客户端 1 的事务提交后，再到客户端 2 上对学号为 2016030101 的成绩执行更新，并提交事务，然后查询更新结果。

```
mysql> update xs_kc2 set 成绩=成绩*0.9   where 学号='2016030101';
Query OK, 1 row affected (0.09 sec)
Rows matched: 1   Changed: 1   Warnings: 0

mysql> commit;
Query OK, 0 rows affected (0.00 sec)

mysql> select * from xs_kc2;
+------------+----------+--------+--------+
| 学号        | 课程号    | 成绩    | 学分    |
+------------+----------+--------+--------+
| 2016030101 | 101      |     59 |   NULL |
| 2016030102 | 102      |     58 |   NULL |
+------------+----------+--------+--------+
2 rows in set (0.00 sec)
```

可见，在客户端 1 解除了对行的锁定之后，客户端 2 就可以对该数据行进行正常的更新操作了。

9.6.3 死锁

当有两个或以上的事务分别锁定了对方事务执行中需求的数据时，导致长期等待而无法继续下去的现象称为死锁。死锁状态如图 9.31 所示。

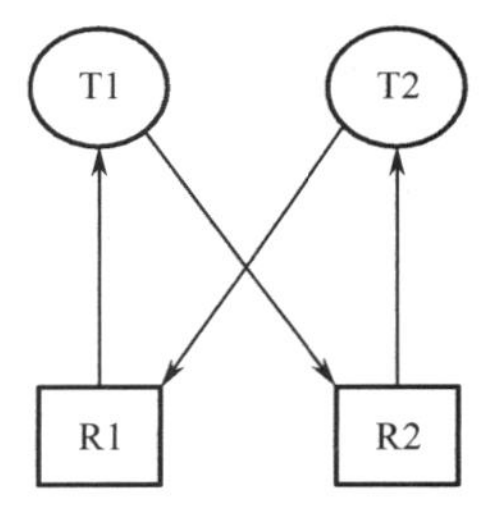

图 9.31 死锁

任务 T1 具有资源 R1 的锁，任务 T2 具有资源 R2 的锁，当 T1 和 T2 分别在不同的客户机上同时执行时，任务 T1 请求资源 R2 的锁，任务 T2 请求资源 R1 的锁。即两个任务分别锁定一个对方需要的资源，都在等待对方释放锁定的资源以便本任务能往下执行，这就产生了一个死锁现象。如果系统中出现大量的死锁，将会造成资源的浪费，甚至系统崩溃。

由于表级锁不会产生死锁，因此解决死锁主要是针对 InnoDB 存储引擎。为解决死锁问题，在 InnoDB 的事务管理和锁定机制中，有专门用于检测死锁的机制。当检测到死锁时，将选择产生死锁的事务中较小的事务回滚，让较大的事务成功完成。判断事务大小的依据是计算两个事务各自插入、更新或删除的数据量来判断，让改变数据量少的事务执行回滚；当然也可以通过锁定超时限制来解决死锁。

死锁是事务系统中客观存在的事实，可以通过程序设计考虑如何处理死锁。比如对要执行的事务，一次性把需要的资源全部锁定，这样就可以避免死锁的产生了。

例 9.17 通过采用一次性锁定资源的方式预防死锁。

假设在例 9.16 中，客户端 1 和客户端 2 同时开启了事务，都是对 xs_kc2 表中的两条记录进行更新，如果客户端 1 先更新的是学号为 2016030101 的记录，客户端 2 先更新的是学号为 2016030102 的记录，并且都在对方更新另一条记录前完成了第一条记录的更新。时此将会产生死锁，因为都在等待对方释放对另一条记录的锁定。如何解决这个死锁问题呢？

在例 9.16 的第 5 步操作中，客户端 1 查询数据表 xs_kc2 的数据时，把需要更新的所有记录一次锁定。

```
mysql> select * from xs_kc2 where 学号 in('2016030101','2016030102') for update;
+------------+-----------+--------+--------+
| 学号       | 课程号    | 成绩   | 学分   |
+------------+-----------+--------+--------+
| 2016030101 | 101       |     59 |   NULL |
| 2016030102 | 102       |     58 |   NULL |
+------------+-----------+--------+--------+
2 rows in set (0.06 sec)
```

这样客户端 2 就不可能再去锁定学号为 2016030102 的数据行了，也就不会发生死锁现象了。

9.6.4 InnoDB 监视器

InnoDB 行级锁的争用情况可以通过命令来查看：

```
mysql> show status like 'innodb_row_lock%';
+-------------------------------+-------+
| Variable_name                 | Value |
+-------------------------------+-------+
| Innodb_row_lock_current_waits | 0     |
| Innodb_row_lock_time          | 0     |
| Innodb_row_lock_time_avg      | 0     |
| Innodb_row_lock_time_max      | 0     |
| Innodb_row_lock_waits         | 0     |
+-------------------------------+-------+
5 rows in set (0.00 sec)
```

这里的所有行级锁值都为 0，表示没有争用情况。如果行级锁争用情况严重，则这些值会比较高。

在使用 InnoDB 作为存储引擎的数据库系统中，可以使用 InnoDB_Monitor 来监控数据库的性能，启动 InnoDB_Monitor 的 SQL 语句建立表：

```
mysql> CREATE TABLE InnoDB_Monitor (i int) ENGINE=INNODB;
Query OK, 0 rows affected (0.39 sec)
```

CREATE TABLE 就是通过建立表启动了 InnoDB_Monitor，监控的结果并不会记录到这个表中，而是记录到了 MySQL 的 err 日志中，如果想监控更多的关于 InnoDB 的锁信息，还可以通过 SQL 建立表：

```
mysql> CREATE TABLE InnoDB_Lock_Monitor (i int) ENGINE=INNODB;
Query OK, 0 rows affected (0.28 sec)
```

这样在日志中会加入更多的锁信息，如果要查看和分析发生锁冲突的表、数据行等，并分析锁争用的原因，可以通过 SQL 语句来查看：

```
mysql> show innodb status \G;
```

如果要关闭监控停止查看，只需要删除这两个表就可以了：

```
mysql> DROP TABLE InnoDB_Monitor;
Query OK, 0 rows affected (0.29 sec)
mysql> DROP TABLE InnoDB_Lock_Monitor;
Query OK, 0 rows affected (0.20 sec)
```

课后习题

一、填空题

1．在程序运行过程中保持不变的量称为________________。

2．查看所有全局变量值的 SQL 语句是_________________。

3．在调用某些特定的全局变量时需要省略________________符号，如系统日期、系统时间、用户名等。

4．使用 SELECT 语句对用户变量进行赋值时，能够使用的赋值符号是__________。

5．定义局部变量的关键字是________________。

6．CASE 语句具有两种模式：简单模式和__________________。

7. WHILE 语句和 LOOP 的循环语句一样，可以在循环体内设置____________和 ITERATE 语句来控制循环语句的执行过程。

8．为解决数据库并发操作过程中产生的问题，保证数据的一致性，就可以采用______机制来进行控制。

9．MySQL 数据库的锁有共享锁，其锁粒度是________________。

10．对于多数的应用程序，隔离级别可设为_____________________，这样能够避免脏读，而且具有较好的并发性能。

二、选择题

1．MySQL 的结构控制中，下列哪一个是循环控制关键字？

A．CASE　　B．WHILE　　C．IF　　D．WHEN

2．下列（　　）是用于声明游标的查询语法？

A．DECLARE 游标名称 CURSOR FOR 查询语句

B．OPEN 游标名称

C．FETCH 游标名称 INTO 变量名

D．CLOSE 游标名称

3．下列支持事务的存储引擎是（　　）。

A．MyISAM 和 Memory　　B．InnoDB 和 MyISAM

C．InnoDB 和 DBD　　D．MyISAM 和 DBD

4．下列关于意向锁的说法，不正确的是（　　）。

A．意向锁表示一个事务准备对某数据表加共享锁或排他锁，但还没有加

B．意向锁是一种表锁

C．分为意向共享锁（IS）和意向排他锁（IX）两类

D．意向锁是由用户根据需要添加到表上的

5．下列关于死锁的说法，不正确的是（　　）。

A．死锁是由两个或以上的事务分别锁定了对方事务执行中需求的数据造成的

B．死锁主要产生在表级锁

C．当死锁产生时，将选择产生死锁的事务中较小的事务回滚，让较大的事务成功完成

D．对要执行的事务，一次性把需要的资源全部锁定，这样就可以避免死锁的产生了

三、简答题

1．在 MySQL 中，有哪几种类型的变量？

2．事务有哪 4 个属性？

3．什么叫数据库的幻读？

4．事务隔离级别有哪些？

课外实践

任务一　定义存储过程，在其中包含 IF 语句，功能要求为通过输入一个学生姓名，并在 xsqk 表中查询其信息，如果没有此学生姓名，则提示“该生不存在！”，否则显示此学生的信息。

任务二　定义存储过程，在其中分别使用 CASE 语句的简单模式和搜索模式，实现的功能要求为如果 xs_kc 表中没查询到输入的学生学号和课程号，则提示“无此学生成绩”，否则根据该门课程的成绩范围不同，给出不同的等级，即 90 分及以上显示为“优秀”；80～89 分显示为良好；70～79 分显示为中等，60～69 分显示为及格，其他情况为不及格。

任务三　应用 IF ELSE 方式，使用游标检索表 xs_kc 中的数据。

任务四　分别在两个客户端各开启一个事务对 xs_kc 表的成绩进行更新、验证行级锁的功能。

第10章 数据备份与恢复

【学习目标】

- 了解数据备份的意义
- 掌握数据备份的方法
- 掌握数据还原的方法
- 掌握通过工具软件进行数据备份与还原的方法

10.1 数据备份

保存在计算机中的数据如果遭遇到意外的自然灾害、电源故障、软/硬件故障、有意或无意的破坏性操作以及病毒等情况，都可能破坏数据的正确性和完整性，从而会影响到系统的正常运行，甚至会造成整个系统的完全瘫痪。数据备份的任务与意义就在于当各种破坏发生后，通过备份的数据可完整、快速、简捷、可靠地恢复原有系统。因此，MySQL 管理员应该对数据进行有计划的备份，以减少各种破坏带来的损失。

10.1.1 使用 MySQLdump 命令备份

MySQLdump 是 MySQL 提供的用于数据备份的工具。通过执行 MySQLdump 命令可以将数据库保存到一个文本文件中，这个文本文件中包含 create 语句用于创建这个数据库中所有的表结构，以及包含 insert into 语句用于插入数据内容。在进行数据还原时，通过执行该文本文件中的 create 语句和 insert into 语句就可以将数据还原到备份时的状态。

使用 mysqldump 命令进行数据备份时分为 3 种形式：

- 备份一个数据库中的一个（或多个）表；
- 备份一个（或多个）数据库；
- 备份所有数据库。

1. 备份一个数据库中的某个表

语法规则：

```
mysqldump –u username -h hostname –p databasename tablename [ tablename…] >backupname.sql
```

其中，“databasename”表示要备份的表所在的数据库名，“tablename”表示要备份的表名，“backupname.sql”表示备份文件的名称，包括路径名和备份文件名。

例 10.1 备份 XSCJ 数据库中的 kc 表，备份文件为 xscj_kc.sql，存放到 D:\mysqlback 文件夹中。

先查看 XSCJ 数据库中的 kc 表内容，如图 10.1 所示。

```
mysql> desc kc;
+--------------+-------------+------+-----+---------+-------+
| Field        | Type        | Null | Key | Default | Extra |
+--------------+-------------+------+-----+---------+-------+
| 课程号       | char(3)     | NO   | PRI | NULL    |       |
| 课程名       | varchar(20) | NO   | UNI | NULL    |       |
| 授课教师     | varchar(10) | YES  |     | NULL    |       |
| 开课学期     | tinyint(4)  | YES  |     | NULL    |       |
| 学时         | tinyint(4)  | YES  |     | NULL    |       |
| 学分         | tinyint(4)  | YES  |     | NULL    |       |
+--------------+-------------+------+-----+---------+-------+
6 rows in set (0.00 sec)
```

图 10.1　kc 表的内容

在建立 D:\mysqlback 文件夹之后，使用备份命令：

```
C:\Users\Administrator>mysqldump -u root -p xscj kc>d:\mysqlback\xscj_kc.sql
Enter password: ******
```

其中，需要输入“root”用户账户的密码。备份完成之后，可以使用记事本方式打开在 D:\mysqlback 文件夹中的备份文件 xscj_kc.sql 来查看其中的内容：

```
-- MySQL dump 10.13  Distrib 5.7.17, for Win64 (x86_64)
--
-- Host: localhost    Database: xscj
-- ------------------------------------------------------
-- Server version 5.7.17-log

/*!40101 SET @OLD_CHARACTER_SET_CLIENT=@@CHARACTER_SET_CLIENT */;
/*!40101 SET @OLD_CHARACTER_SET_RESULTS=@@CHARACTER_SET_RESULTS */;
/*!40101 SET @OLD_COLLATION_CONNECTION=@@COLLATION_CONNECTION */;
/*!40101 SET NAMES utf8 */;
/*!40103 SET @OLD_TIME_ZONE=@@TIME_ZONE */;
/*!40103 SET TIME_ZONE='+00:00' */;
/*!40014 SET @OLD_UNIQUE_CHECKS=@@UNIQUE_CHECKS, UNIQUE_CHECKS=0 */;
/*!40014 SET @OLD_FOREIGN_KEY_CHECKS=@@FOREIGN_KEY_CHECKS, FOREIGN_KEY_
CHECKS=0 */;
/*!40101 SET @OLD_SQL_MODE=@@SQL_MODE, SQL_MODE='NO_AUTO_VALUE_ON_ZERO' */;
/*!40111 SET @OLD_SQL_NOTES=@@SQL_NOTES, SQL_NOTES=0 */;


--
-- Table structure for table 'kc'
--
```

```
DROP TABLE IF EXISTS 'kc';
/*!40101 SET @saved_cs_client     = @@character_set_client */;
/*!40101 SET character_set_client = utf8 */;
CREATE TABLE 'kc' (
  '课程号' char(3) NOT NULL,
  '课程名' varchar(20) NOT NULL,
  '授课教师' varchar(10) DEFAULT NULL,
  '开课学期' tinyint(4) DEFAULT NULL,
  '学时' tinyint(4) DEFAULT NULL,
  '学分' tinyint(4) DEFAULT NULL,
  PRIMARY KEY ('课程号'),
  UNIQUE KEY 'inn' ('课程名')
) ENGINE=InnoDB DEFAULT CHARSET=utf8;
/*!40101 SET character_set_client = @saved_cs_client */;

--
-- Dumping data for table 'kc'
--

LOCK TABLES 'kc' WRITE;
/*!40000 ALTER TABLE 'kc' DISABLE KEYS */;
INSERT INTO 'kc' VALUES ('101','计算机文化基础','李平',1,32,2),('102','计算机硬件基础','童华',1,80,5),('103','程序设计基础','王印',2,64,4),('104','计算机网络','王可均',2,64,4),('105','云计算基础','郎景成',2,64,4),('106','云操作系统','李月',3,64,4),('107','数据库','陈一波',3,64,4),('108','网络技术实训','张成本',3,40,2),('109','云系统实施与维护','唐成林',4,64,4),('110','云存储与备份','路一业',4,64,4),('111','云安全技术','李华华',4,80,5),('112','Phthon 程序设计','周治伟',5,64,4);
/*!40000 ALTER TABLE 'kc' ENABLE KEYS */;
UNLOCK TABLES;
/*!40103 SET TIME_ZONE=@OLD_TIME_ZONE */;

/*!40101 SET SQL_MODE=@OLD_SQL_MODE */;
/*!40014 SET FOREIGN_KEY_CHECKS=@OLD_FOREIGN_KEY_CHECKS */;
/*!40014 SET UNIQUE_CHECKS=@OLD_UNIQUE_CHECKS */;
/*!40101 SET CHARACTER_SET_CLIENT=@OLD_CHARACTER_SET_CLIENT */;
/*!40101 SET CHARACTER_SET_RESULTS=@OLD_CHARACTER_SET_RESULTS */;
/*!40101 SET COLLATION_CONNECTION=@OLD_COLLATION_CONNECTION */;
/*!40111 SET SQL_NOTES=@OLD_SQL_NOTES */;

-- Dump completed on 2017-05-04 18:03:11
```

下面对该备份文件包含的内容做一个简单的介绍。

① 文件开始部分包含 MySQLdump 工具的版本号、MySQL 的版本号、主机信息、数据库名、服务器版本；

② 一些 SET 语句，这些语句用于将一些系统变量值赋给用户定义变量，以确保被恢复的数据表的系统变量与备份前的变量相同；

③ CREATE 语句，用于创建表结构及设置约束等；

④ INSERT 语句，用于输入表中的数据；

⑤ 最后几行再次使用 SET 语句，恢复服务器系统变量原来的值。

在数据库需要恢复时，就按这个 xscj_kc.sql 文件里的内容依次执行一遍，相当于把以前用户对该表从开始建表到备份时的状态从头到尾重新做了一遍，达到数据表恢复的功能。

在整个备份文件中含有大量以“--”开头的语句，这是注释语句。以“/*!”开头，以“*/”结尾的语句为可执行的 MySQL 注释，这些语句在恢复时是可被执行的。

上述是备份数据库 XSCJ 中的一个表，如果需要备份多个表，则在每个表之间用空格隔开，注意不是使用“，”来分隔。如备份数据库 XSCJ 中的 kc、kc2、kc3 三个表，使用的备份命令是：

```
C:\Users\Administrator>mysqldump -u root -p xscj kc kc2 kc3>d:\mysqlback\xscj_kcn.sql
Enter password: ******
```

2. 备份一个（或多个）数据库

语法规则：

```
mysqldump –u username –p databasename [    databasename…]> backupname.sql
```

备份一个数据库与备份一个表相比，就是少了指定某个具体的表，而是将指定的数据库中所有的表全部备份。

例 10.2 使用 mysqldump 备份 XSCJ 数据库，备份文件为 xscj.sql，存放到 D:\mysqlback 文件夹中。

备份命令如下：

```
C:\Users\Administrator>mysqldump -u root -p xscj>d:\mysqlback\xscj.sql
Enter password: ******
```

本例是备份一个数据库，如果需要备份多个数据库，与备份多个表一样，在各个数据库之间使用空格隔开，而不是使用逗号分隔。

3. 备份所有数据库

语法规则：

```
mysqldump –u username –p –all-databases> backupname.sql
```

其中，用“–all-databases”代表所有数据库，而不用再指定具体的数据库名了。

例 10.3 使用 mysqldump 备份 MySQL 服务器中的所有数据库，存放到 D:\mysqlback 文件夹中。

备份命令如下：

```
C:\Users\Administrator>mysqldump -u root -p --all-databases>d:\mysqlback\xscj2.sql
Enter password: ******
```

备份完成后，在 D:\mysqlback\xscj2.sql 中，包含了对服务器数据库系统中所有数据库的备份，即包括了系统数据库和用户数据库在内的所有数据库，可以用记事本方式打开 D:\mysqlback\xscj2.sql 查看其内容（下面仅仅是 xscj2.sql 文件的一少部分内容，由于整个文件是对整个数据库的备份，包括的内容很多）。

```
-- MySQL dump 10.13  Distrib 5.7.17, for Win64 (×86_64)
```

```
--
-- Host: localhost       Database:
-- ------------------------------------------------------
-- Server version 5.7.17-log

/*!40101 SET @OLD_CHARACTER_SET_CLIENT=@@CHARACTER_SET_CLIENT */;
/*!40101 SET @OLD_CHARACTER_SET_RESULTS=@@CHARACTER_SET_RESULTS */;
/*!40101 SET @OLD_COLLATION_CONNECTION=@@COLLATION_CONNECTION */;
/*!40101 SET NAMES utf8 */;
/*!40103 SET @OLD_TIME_ZONE=@@TIME_ZONE */;
/*!40103 SET TIME_ZONE='+00:00' */;
/*!40014 SET @OLD_UNIQUE_CHECKS=@@UNIQUE_CHECKS, UNIQUE_CHECKS=0 */;
/*!40014 SET @OLD_FOREIGN_KEY_CHECKS=@@FOREIGN_KEY_CHECKS, FOREIGN_KEY_
CHECKS=0 */;
/*!40101 SET @OLD_SQL_MODE=@@SQL_MODE, SQL_MODE='NO_AUTO_VALUE_ON_ZERO' */;
/*!40111 SET @OLD_SQL_NOTES=@@SQL_NOTES, SQL_NOTES=0 */;

--
-- Current Database: 'mysql'
--

CREATE DATABASE /*!32312 IF NOT EXISTS*/ 'mysql' /*!40100 DEFAULT CHARACTER SET utf8 */;

USE 'mysql';

--
-- Table structure for table 'columns_priv'
--

DROP TABLE IF EXISTS 'columns_priv';
/*!40101 SET @saved_cs_client     = @@character_set_client */;
/*!40101 SET character_set_client = utf8 */;
CREATE TABLE 'columns_priv' (
  'Host' char(60) COLLATE utf8_bin NOT NULL DEFAULT '',
  'Db' char(64) COLLATE utf8_bin NOT NULL DEFAULT '',
  'User' char(32) COLLATE utf8_bin NOT NULL DEFAULT '',
  'Table_name' char(64) COLLATE utf8_bin NOT NULL DEFAULT '',
  'Column_name' char(64) COLLATE utf8_bin NOT NULL DEFAULT '',
  'Timestamp' timestamp NOT NULL DEFAULT CURRENT_TIMESTAMP ON UPDATE
CURRENT_TIMESTAMP,
  'Column_priv' set('Select','Insert','Update','References') CHARACTER SET utf8 NOT NULL DEFAULT '',
  PRIMARY KEY ('Host', 'Db', 'User', 'Table_name', 'Column_name')
) ENGINE=MyISAM DEFAULT CHARSET=utf8 COLLATE=utf8_bin COMMENT='Column privileges';
/*!40101 SET character_set_client = @saved_cs_client */;

--
-- Dumping data for table 'columns_priv'
--
```

```
LOCK TABLES 'columns_priv' WRITE;
/*!40000 ALTER TABLE 'columns_priv' DISABLE KEYS */;
/*!40000 ALTER TABLE 'columns_priv' ENABLE KEYS */;
UNLOCK TABLES;

--
-- Table structure for table 'db'
--

DROP TABLE IF EXISTS 'db';
…
```

从上面的内容可见，其结构与备份一个表类似。

由于这个备份文件是用于对整个数据库系统的恢复，其中也包含对系统数据库的恢复命令，所以在使用 SET 语句进行系统变量值赋给用户定义变量之后，有一个创建 mysql 数据库（一个重要的系统数据库）的语句：

```
CREATE DATABASE /*!32312 IF NOT EXISTS*/ 'mysql' /*!40100 DEFAULT CHARACTER SET utf8 */;
```

下面还包含：

```
USE 'mysql';
…
DROP TABLE IF EXISTS 'columns_priv';
…
CREATE TABLE 'columns_priv' (
'Host' char(60) COLLATE utf8_bin NOT NULL DEFAULT '',
…
```

这 3 句的作用是：先打开 MySQL 数据库，然后如果存在权限表“columns_priv”则删除，最后是创建权限表“columns_priv”，以及定义该表的字段。

在权限表“columns_priv”定义完成后，又开始下一个表（系统数据库 MySQL 中的 db 表）的类似操作：

```
DROP TABLE IF EXISTS 'db';
…
```

依次执行下去，直到整个数据库系统恢复完成。

10.1.2　复制数据库目录进行备份

在 MySQL 中，可以直接复制 MySQL 数据库的存储目录及文件以进行备份，在 MySQL5.7 版中，找到存放数据库的目录，默认是“C:\ProgramData\MySQL\MySQL Server 5.7\Data”。在复制这个目录之前，为保持备份的一致性，需要在备份前执行 LOCK TABLE 的加锁操作，然后再执行全局锁定“FLUSH TABLES WITH READ LOCK”，这样在进行备份数据时，不影响其他客户端的查询操作，但不能进行插入、更新及删除操作。

这种备份方式对 InnoDB 存储引擎的表不适用，并且要求在恢复时只能恢复到相同版本的服务器中，不同的版本可能不兼容。

10.2　数据还原

当由于管理员的误操作、服务器软/硬件故障，或其他意外情况导致数据库受到破坏时，可利用备份文件将数据还原到备份时的状态。

10.2.1　使用 MySQL 命令还原

使用 MySQL 命令可以在需要时将前面备份的 sql 文件导入到数据库中，实现数据库的还原。

语法格式：

```
mysql –u user –p [databasename] <filename.sql
```

其中，“user”是执行备份操作时使用的用户名，如“root”；“-p”是输入用户密码；“databasename”是数据库名，如果“filename.sql”是 mysqldump 工具创建的包含创建数据库 Create 语句的文件，执行的时候不需要指定“databasename”。

例 10.4　使用 MySQL 命令将 D:\Mysqlback\xscj_kc.sql 文件中的备份导入到数据库 XSCJ 中。

“D:\Mysqlback\xscj_kc.sql”文件是例 10.1 中用于备份数据表 kc 的备份文件，通过前面打开查看其内容可以发现，在该备份文件中没有 Create 语句创建数据库 XSCJ，所以需要在 MySQL 命令中包含数据库名 XSCJ，否则导入将会失败，如：

```
C:\Users\Administrator>mysql -u root -p <D:\Mysqlback\xscj_kc.sql
Enter password: ******
ERROR 1046 (3D000) at line 22: No database selected
```

错误提示：没有加上数据库名，失败！这是因为“xscj_kc.sql”是对表的备份，里面没有包含创建数据库的语句，因此在还原时需要指定该备份应还原到哪一个数据库中。

```
C:\Users\Administrator>mysql -u root -p xscj <D:\Mysqlback\xscj_kc.sql
Enter password: ******

C:\Users\Administrator>
```

可见在加上数据库名 XSCJ 后，导入成功。

10.2.2　使用 source 命令还原

如果已经登录到 MySQL 服务器，还可以使用 source 命令导入 sql 文件。

语法规则：

```
source filename.sql
```

例 10.5　使用 source 导入备份文件 D:\Mysqlback\xscj_kc.sql。

导入命令执行如下：

```
mysql> use xscj
Database changed
mysql> source D:\Mysqlback\xscj_kc.sql
Query OK, 0 rows affected (0.00 sec)

Query OK, 0 rows affected (0.00 sec)

Query OK, 0 rows affected (0.00 sec)

Query OK, 0 rows affected (0.00 sec)
...
```

在执行 source D:\Mysqlback\xscj_kc.sql 命令之前，需要先使用 use 命令打开数据库，否则会导致导入失败，因为在 xscj_kc.sql 文件中，没有指明将内容导入到哪个数据库。

在命令成功执时，会出现“Query OK, 0 rows affected (0.00 sec)”提示信息，这说明该命令已成功执行。每执行成功一个命令，就会产生一个这样的信息，针对复杂的数据库，将会有大量的提示信息产生。

10.2.3 通过复制数据库目录还原

如果数据库备份是通过复制数据库文件来实现的，在还原时可以直接将备份的文件复制到原 MySQL 数据目录下实现恢复。这种恢复方式的条件是备份文件的版本号应与现有数据库系统的版本号相同，并且只对 MyISAM 引擎的表有效。

在还原前需关闭 MySQL 服务，将备份文件覆盖 MySQL 的 data 目录即可。

10.3 通过工具软件 SQLyog 进行数据备份与还原

由于使用命令行方式备份与还原虽然灵活、高效，但需要掌握各种命令和语法，在具体应用中，可以采用工具软件 SQLyog 来备份与还原数据库。

10.3.1 通过工具软件 SQLyog 进行备份

同使用 MySQLdump 命令对数据库进行备份一样，使用工具软件 SQLyog 也可以对数据库中的表、数据库或服务器中整个 MySQL 数据库系统进行备份。

1. 备份数据表

例 10.6 备份数据库 XSCJ 中的 xs_kc2 表。

在 SQLyog 连接到服务器后，找到“对象浏览器”窗格中的 XSCJ 数据库，然后在 XSCJ 上单击鼠标右键，得到如图 10.2 所示的界面。

在图 10.2 中选择“备份/导出”→“计划备份”，得到如图 10.3 所示的界面。

或者通过选择 SQLyog 的“数据库”菜单来操作，如图 10.4 所示。

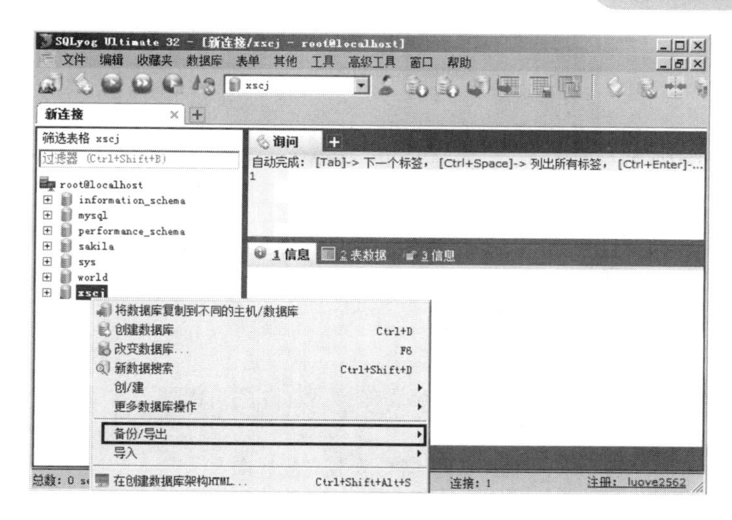

图 10.2 数据库 XSCJ 的快捷菜单

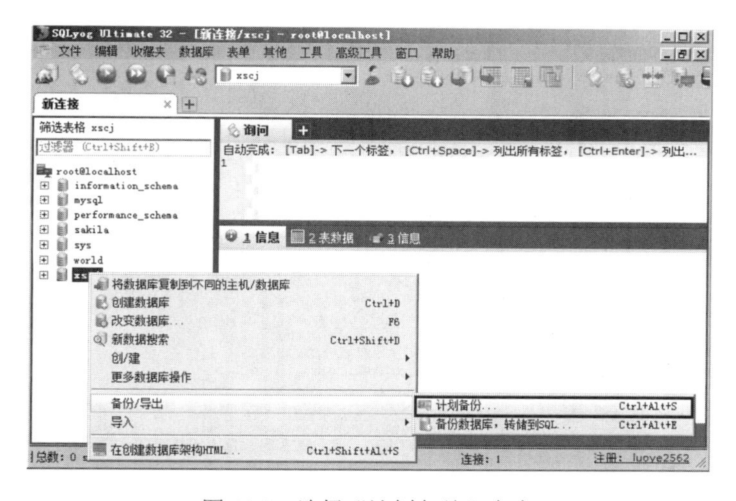

图 10.3 选择“计划备份”命令

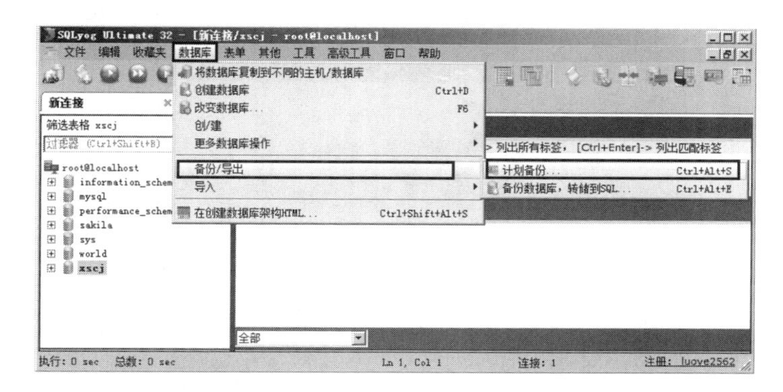

图 10.4 通过 SQLyog 的“数据库”菜单操作

在图 10.3 或图 10.4 中选择“计划备份”命令，然后弹出“以批处理脚本向导导出数据”的备份安装向导界面，如图 10.5 所示。

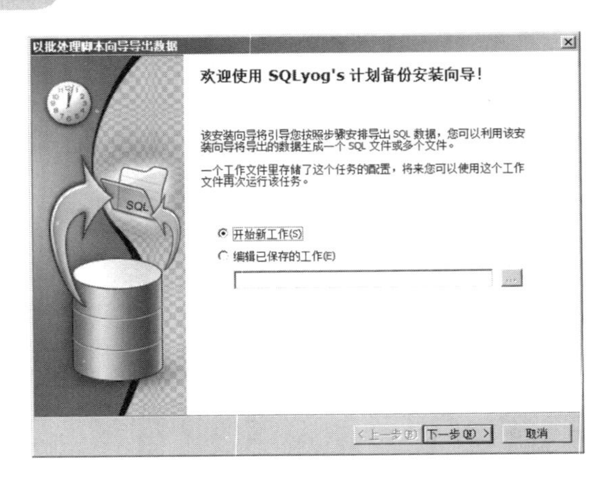

图 10.5　备份安装向导界面

在图 10.5 中，选择“开始新工作”项，然后单击“下一步”按钮，进入如图 10.6 所示界面。

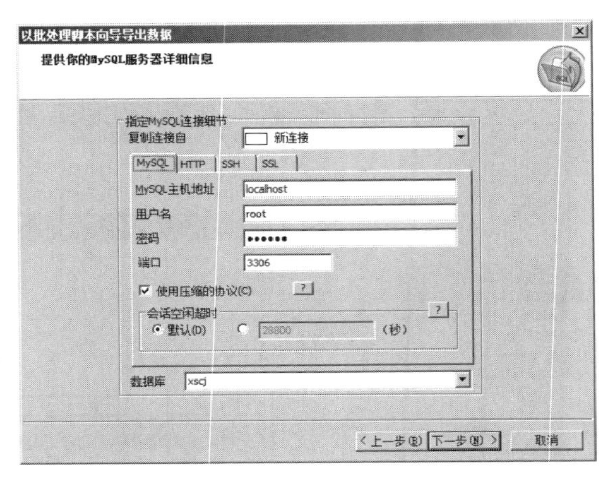

图 10.6　“以批处理脚本向导导出数据”界面

在图 10.6 中，单击“下一步”按钮，进入如图 10.7 所示的“选择想要导出的对象”界面。

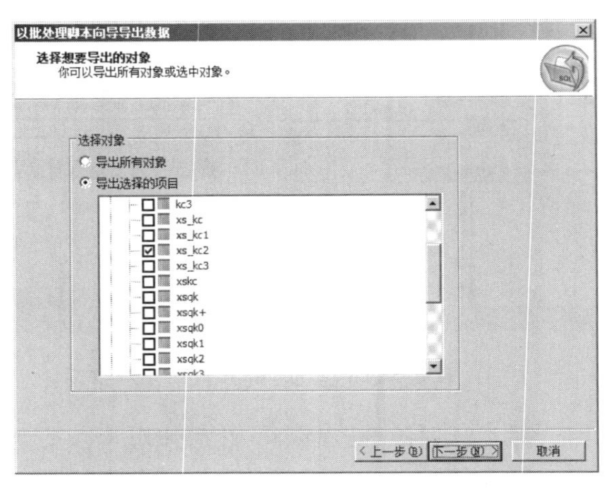

图 10.7　“选择想要导出的对象”界面

在图 10.7 中，按题目要求选择“xs_kc2”表（注意，这里是指导出表，所以需要取消其他对象的选择），然后单击“下一步”按钮，进入如图 10.8 所示的界面。

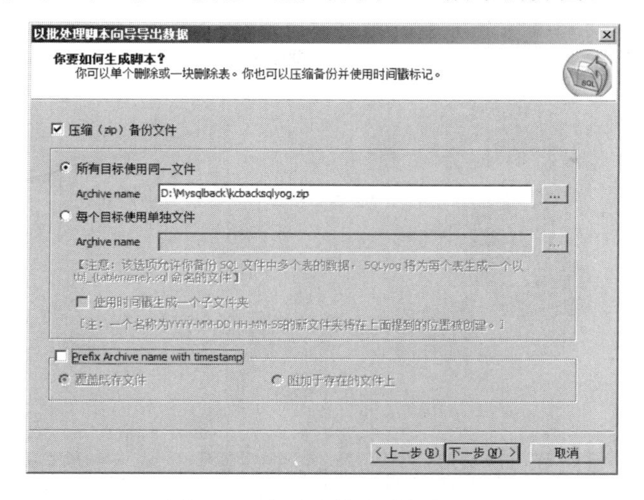

图 10.8　备份文件存放的位置

在图 10.8 中，选择“所有目标使用同一文件”选项，在“Archive name”后的文本框中输入存放备份文件的压缩文件名及其存放路径。然后进入如图 10.9 所示的“你要生成什么”界面。

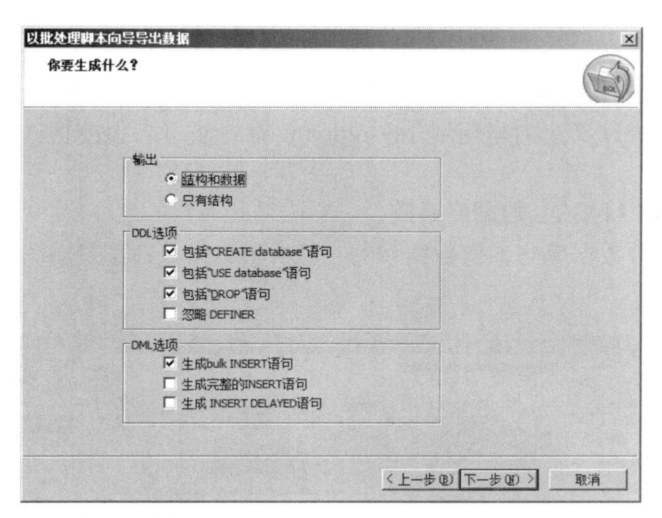

图 10.9　备份文件包含的内容

在图 10.9 中，确定生成的备份文件包含的内容，然后依次单击“下一步”按钮（均可采用默认值），最后得到图 10.10 所示的完成界面。

在图 10.10 中，单击“完成”按钮，备份完毕。

然后，找到“D:\Mysqlback\kcbacksqlyog.zip”文件并打开，可以看到这个解压文件里面就是一个 sql 文件，如图 10.11 所示。

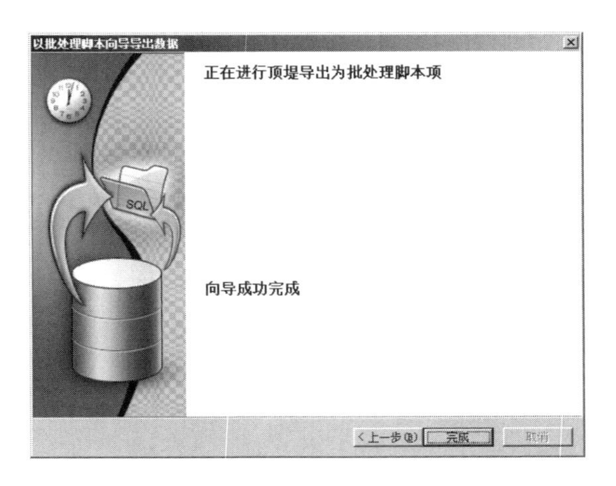

图 10.10　完成向导

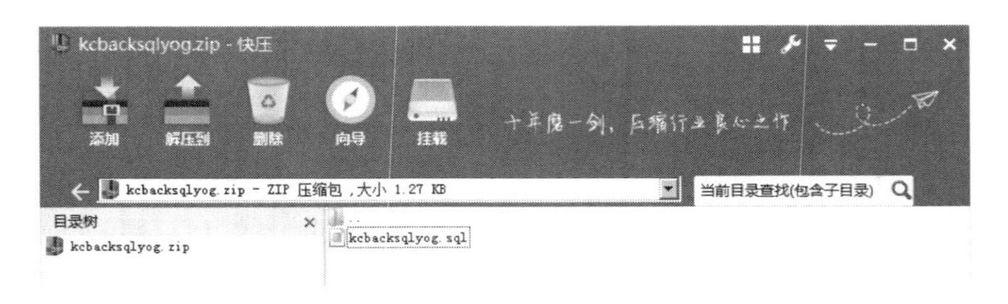

图 10.11　打开备份的压缩文件

使用记事本方式打开 kcbacksqlyog.sql，查看其内容，可以看到除了第一行表明是用 SQLyog 软件作为备份工具之外，其余的与使用 mysqldump 命令进行备份的格式是一样的。在此不再重述。

2. 备份数据库与 MySQL 数据库系统

在 SQLyog 中备份数据库与备份数据表的方法类似，只是在选择备份对象时有所区别，选择方法如图 10.12 所示。

图 10.12　选择备份对象

在图 10.12 中，如果是备份某个数据库，则在“数据库”下拉菜单中选择相应数据库即可；如果是备份用户数据库，则在“数据库”下拉菜单中选择“全部-不包括 mysql 系统数据库”；如果是备份整个 MySQL 系统数据库，则在“数据库”下拉菜单中选择“全部-包括 mysql 系统数据库”。

其余操作步骤与备份数据表相同。

10.3.2　使用工具软件 SQLyog 还原数据库

对数据库的还原可以通过工具软件 SQLyog 来实现。

例 10.7　使用工具软件 SQLyog 还原数据库 XSCJ，备份文件为“D:\Mysqlback\ xscj.sql”。为完整演示还原过程，先在 SQLyog 中将数据库 XSCJ 删除，删除后如图 10.13 所示。

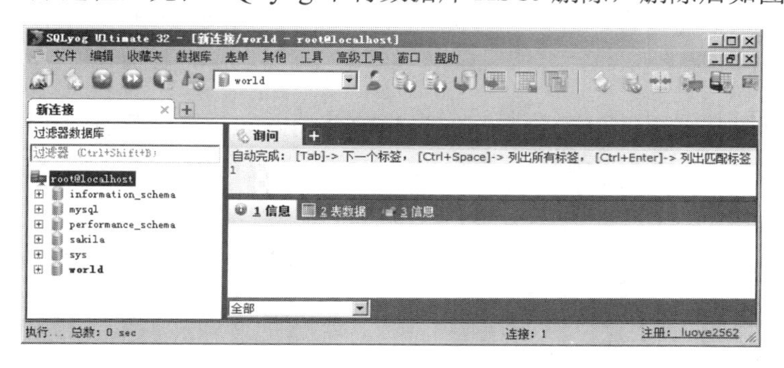

图 10.13　已删除 XSCJ 数据库

然后重新创建一个 XSCJ 数据库，还原后的数据将存放在新建的 XSCJ 数据库中，如图 10.14 所示。

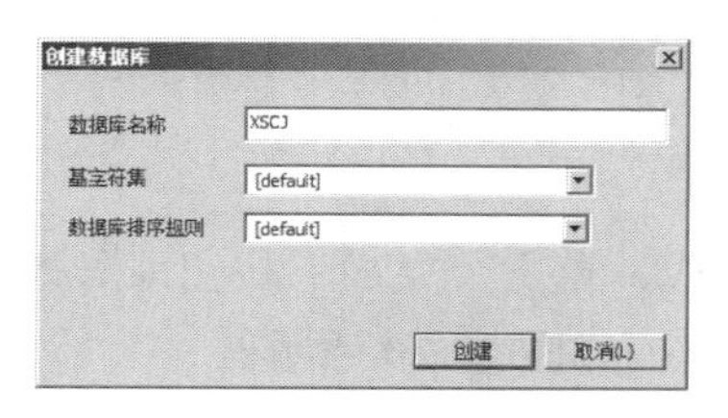

图 10.14　新建 XSCJ 数据库

新建数据库后，执行 SQLyog“数据库”菜单中的“导入”→“执行 SQL 脚本”，如图 10.15 所示。

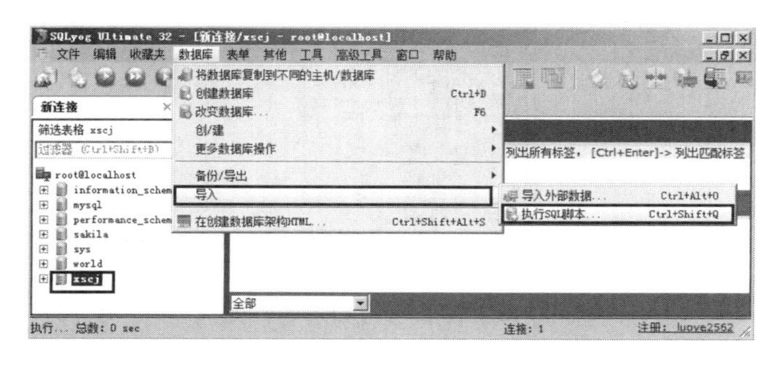

图 10.15　选择导入命令

在图 10.15 中，选择“执行 SQL 脚本”后，得到如图 10.16 所示的对话框。

在图 10.16 中，可以看到当前数据库为 XSCJ，意思是导入的数据将存入 XSCJ 数据库中。在文件执行下的对话框中，输入备份文件名“D:\Mysqlback\xscj.sql”（这是在例 10.2 中产生的备份文件），然后单击“执行”按钮，会弹出一个如图 10.17 所示的提示信息。

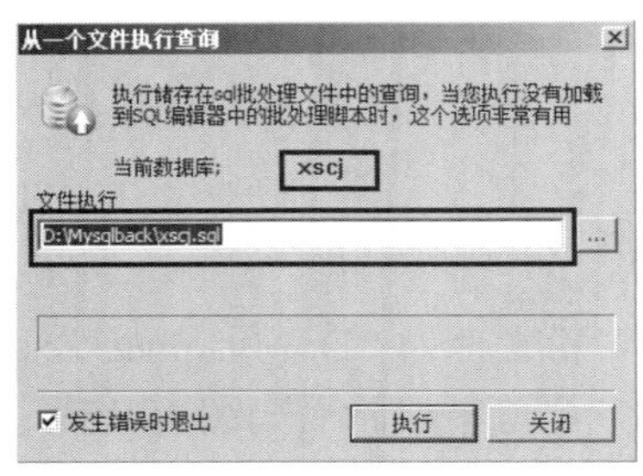

图 10.16　选择备份文件

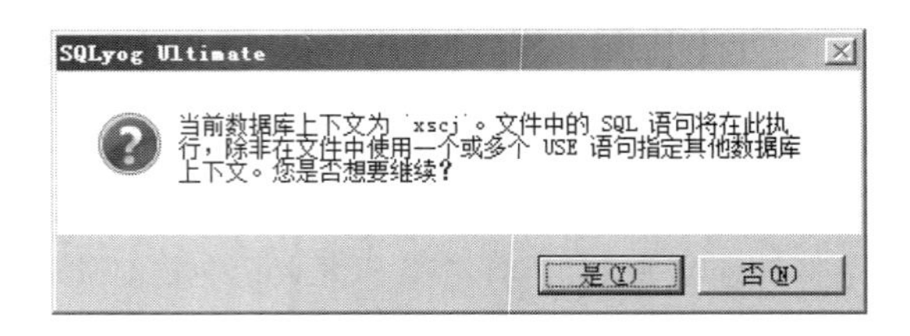

图 10.17　提示信息

图 10.17 的意思是将以 XSCJ 数据库作为当前使用的数据库。在图 10.17 中单击“是”按钮确认后，SQLyog 即开始还原操作，如图 10.18 所示是正在执行到第 81 条的还原语句。

导入完成后，出现如图 10.19 所示的提示信息。

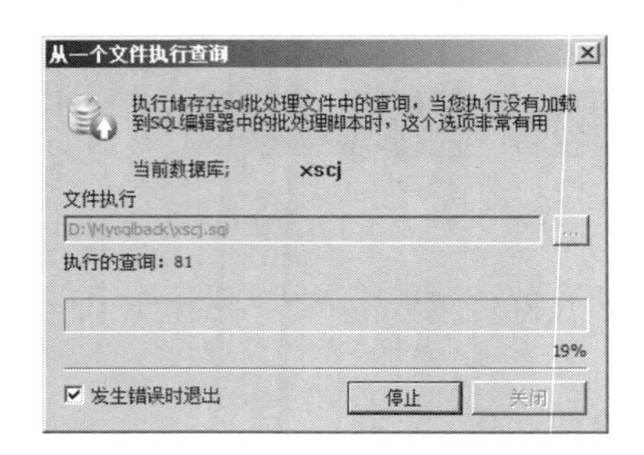

图 10.18　执行还原

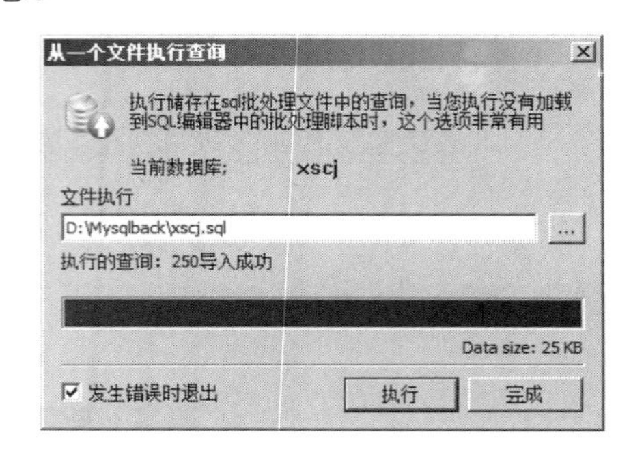

图 10.19　导入成功

图 10.19 表示还原操作已完成，单击“完成”按钮即导入完毕。然后可展开 XSCJ 数据库中的表，如 kc 表，查看其表数据，如图 10.20 所示。

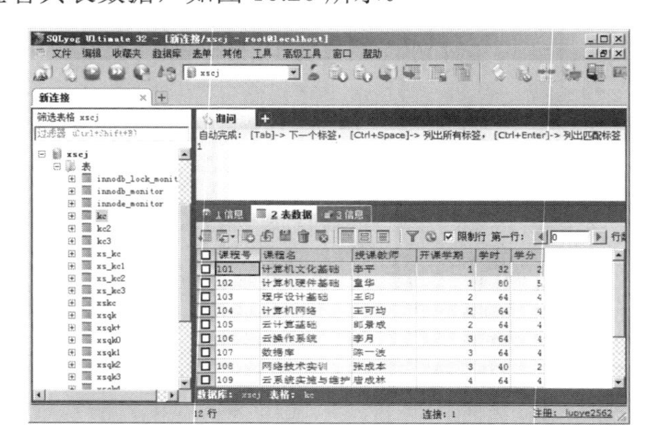

图 10.20　查看所导入的数据

从图 10.20 可见，数据已还原成功。

10.4　使用工具软件 SQLyog 进行数据的导出与导入

1. 使用工具软件 SQLyog 进行数据的导出

在 SQLyog 中，可以将数据表导出到其他格式的文件中单独保存，以达到备份数据的目的。

例 10.8　将 XSCJ 数据库中的 xs_kc2 表导出。

先查看 xs_kc2 表的内容：在 SQLyog 中定位到 XSCJ 数据库的 xs_kc2 表，在其右边的“表数据”中可以看到 xs_kc2 表中有两条记录，如图 10.21 所示。

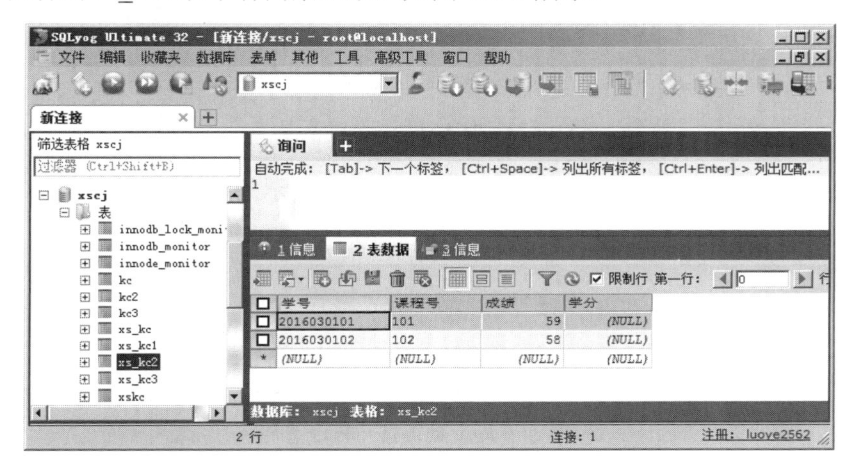

图 10.21　查看 xs_kc2 表的内容

在 xs_kc2 表上单击鼠标右键，选择“备份/导出”→“导出表数据作为”，如图 10.22 所示。

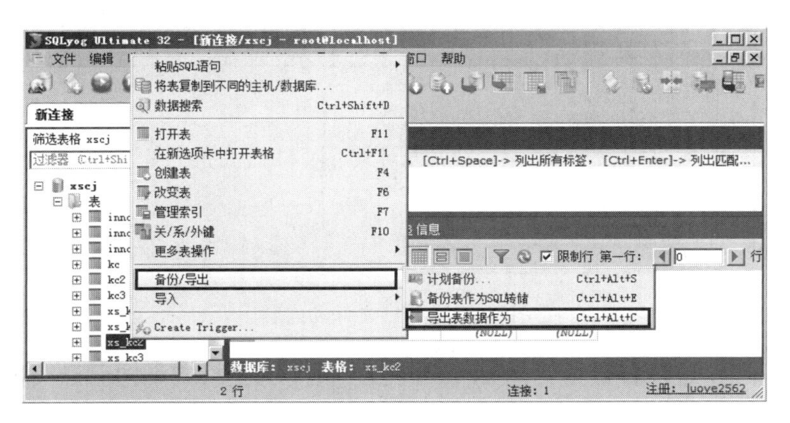

图 10.22　选择“导出表数据作为”命令

弹出如图 10.23 所示的“Expert As”对话框，选择导出数据的格式，这里选 csv 格式（也可以选择其他格式的文件来保存）；再选择要导出的域（字段）；最后设置保存的文件名及路径。

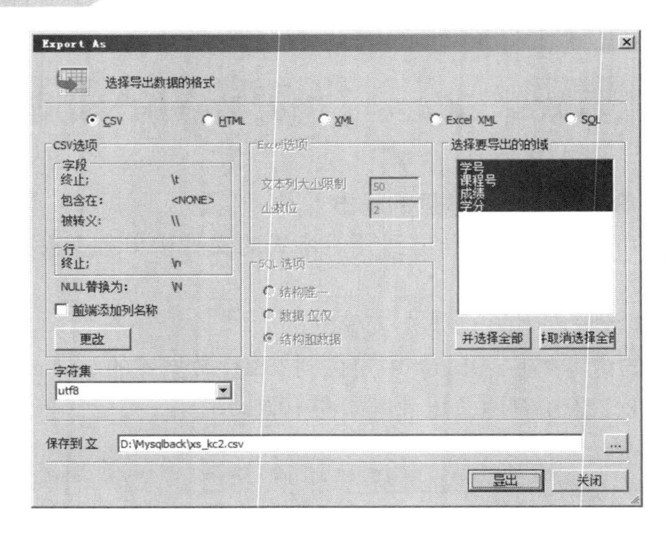

图 10.23 “Expert As”对话框

在图 10.23 中，单击“导出”按钮，弹出如图 10.24 所示的提示信息。

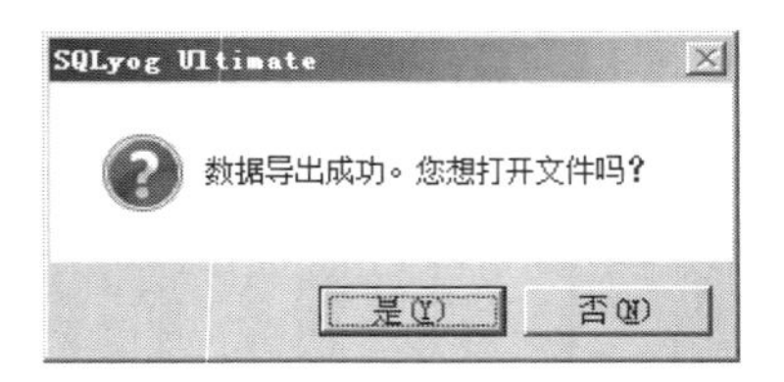

图 10.24 提示是否打开导出文件

在图 10.24 中，单击“是”按钮打开导出的文件，可以看到该文件的内容，如图 10.25 所示。

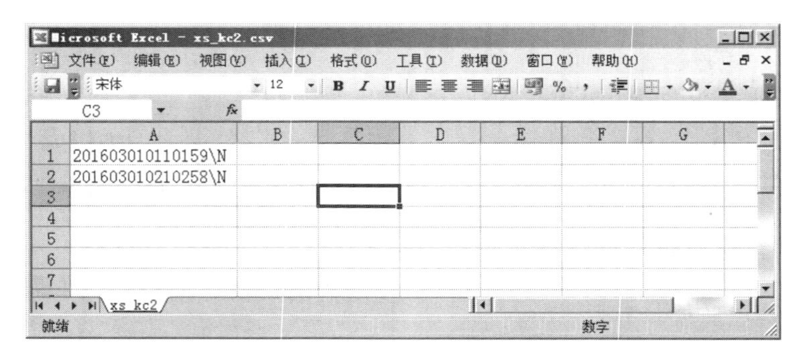

图 10.25 导出文件的内容

从图 10.25 可见，这两行数据就是 xs_kc2 表的内容，只是格式不同而已。通过上述操作后，已经成功将 xs_kc2 表的内容导出到 xs_kc2.csv 文件中了。

在工具软件 SQLyog 中不仅可以导出数据表，还可以导出数据库，以实现对数据的备份功能。其步骤与导出数据表类似，在此不再重述。

2. 使用工具软件 SQLyog 进行数据的导入

当数据库需要还原时，可以在 SQLyog 中通过导入实现数据表和数据库的还原。

例 10.9　通过例 10.8 中导出的数据还原数据表 xs_kc2。

为完整演示还原过程，先在 SQLyog 中将数据库 xs-kc2 表中的数据删除，如图 10.26 所示。

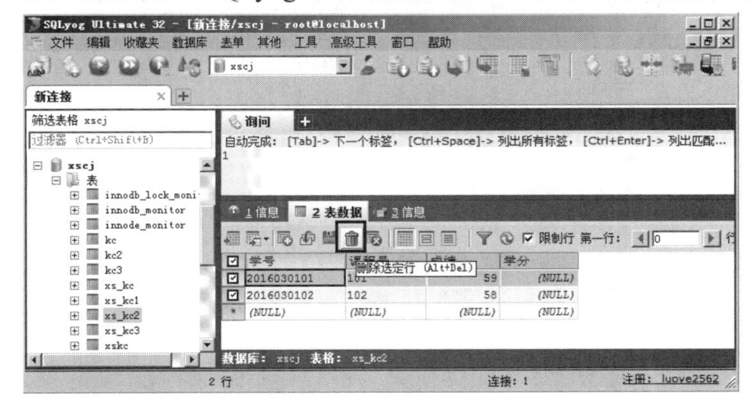

图 10.26　删除 xs-kc2 表中的数据

删除后如图 10.27 所示。

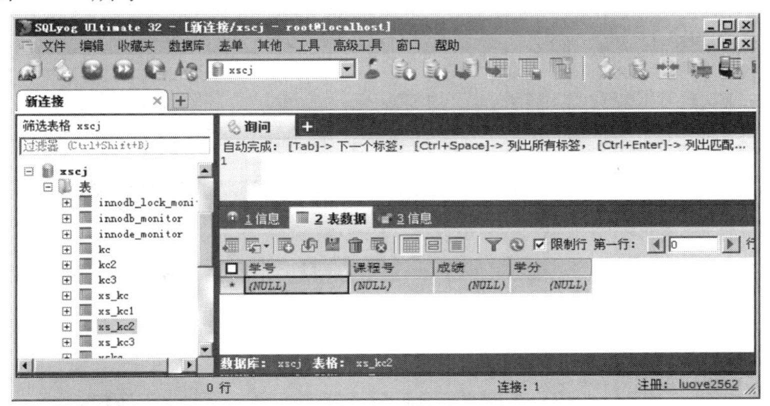

图 10.27　xs-kc2 表中的数据已删除

然后导入备份文件中的数据，如图 10.28 所示，在 xs_kc2 上单击鼠标右键，选择“导入”→“导入使用本地加载的 csv 数据”命令。

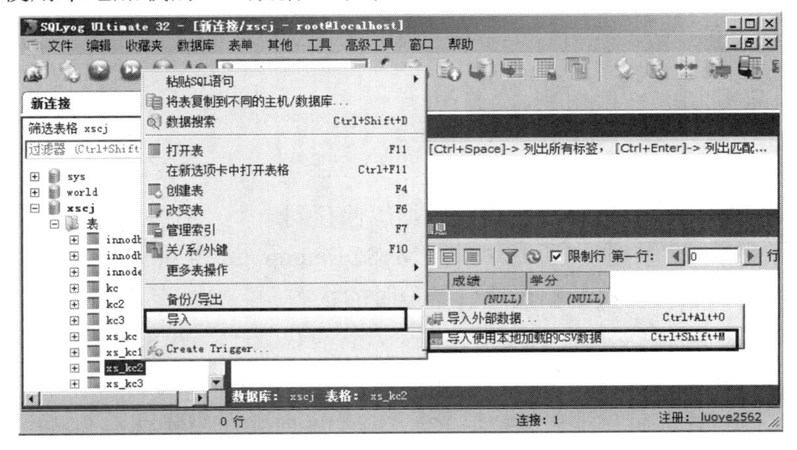

图 10.28　选择导入命令

选择导入命令后，弹出如图 10.29 所示的对话框。

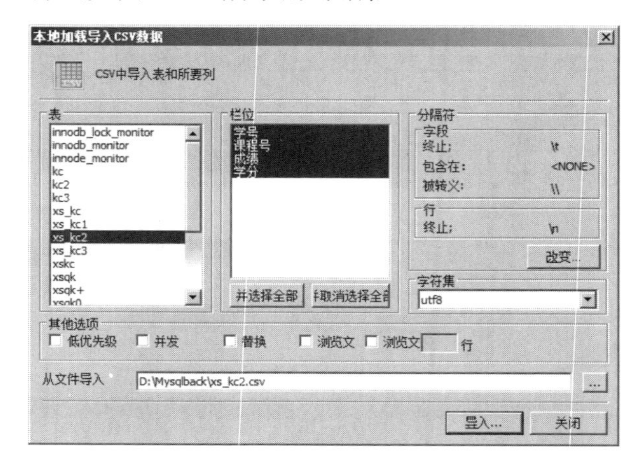

图 10.29　导入 csv 数据

在图 10.29 中，单击“导入”按钮后，即可完成数据的导入，然后再查看 xs_kc2 的数据，如图 10.30 所示。

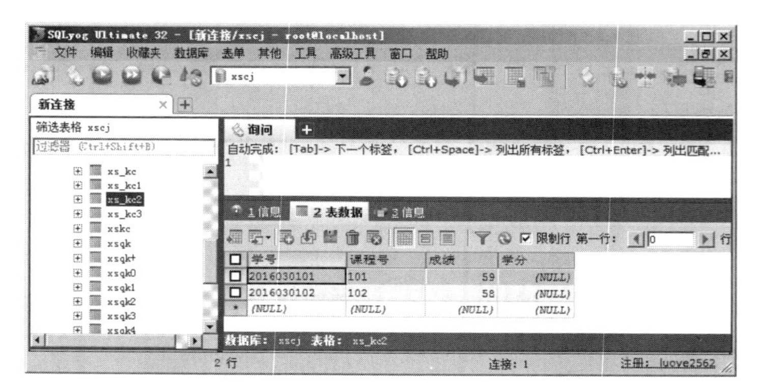

图 10.30　查看 xs_kc2 的数据

从图 10.30 可见，数据已成功导入。

课后习题

一、填空题

1．通过执行 MySQLdump 命令可以将数据库保存到一个______________中。

2．在进行数据还原时，通过执行 MySQLdump 命令中的______________语句和______________语句就可以将数据还原到备份时的状态。

3．在 MySQLdump 命令备份的文本文件中，含有以“/*!”开头，以“*/”结尾的语句为______________的 MySQL 注释，这些语句在恢复时是可被执行的。

4．如果需要备份多个数据库，与备份多个表一样，在各个数据库之间使用______________隔开。

5．通过复制数据库目录进行备份对________________存储引擎的表不适用，并且要求在恢复时，只能恢复到____________版本的服务器中。

6．使用 MySQL 命令还原时，如果用 MySQLdump 工具创建的文本文件中没有包含创建数据库的________________语句，执行的时候就需要指定数据库名。

7．在进行数据库备份时，如果已经登录到 MySQL 服务器，可以使用____________命令导入 sql 文件。

8．对使用 MySQLdump 命令进行备份的数据库还原时，使用的命令关键字是______________。

二、选择题

1．下列命令中，用于备份一个数据库的是（　　）。

A．MySQLdump -u root -p xscj kc>d:\mysqlback\xscj_kc.sql

B．MySQLdump -u root -p xscj kc kc2 kc3>d:\mysqlback\xscj_kcn.sql

C．MySQLdump -u root -p xscj>d:\mysqlback\xscj.sql

D．MySQLdump -u root -p --all-databases>d:\mysqlback\xscj2.sql

2．备份数据库的命令是（　　）。

A．MYSQLDUMP　　B．COPY　　C．BACKUP　　D．REPEATER

3．恢复数据库的命令是（　　）。

A．BACK　　B．SOURCE　　C．REVERSE　　D．REPEATER

4．通过复制数据库目录还原主要针对的存储引擎是（　　）。

A．InnoDB　　B．MEMORY　　C．MyISAM　　D．以上都不对

5．用 MySQLdump 备份数据库产生的备份文件类型是（　　）。

A．exe　　B．bat　　C．dat　　D．sql

三、简答题

1．为什么要对数据库进行备份？

2．通过 MySQLdump 备份产生的文本文件还原数据的原理是什么？

课外实践

任务一　用 MySQLdump 命令备份数据库 XSCJ 中的 xs_kc 表和 kc 表，备份文件为 kc_xs_kc.sql，存放到 D 盘的 back 文件夹中。

任务二　用 MySQLdump 命令将整个数据库系统备份到 backmysql.sql 文件中，存放到 D 盘的 back 文件夹中。

任务三　利用任务一和任务二产生的备份文件还原。

任务四　利用工具软件 SQLyog 备份 XSCJ 数据库中的 xsqk 表。

任务五　利用工具软件 SQLyog 还原任务四中的备份。

第11章 MySQL应用实例

【学习目标】

- 掌握安装和配置软件环境的方法
- 掌握网站站点的创建方法
- 掌握 HTML 语法
- 掌握 JavaScript 语法
- 掌握 MySQL 语法
- 掌握 PHP 语法
- 掌握在 PHP 中调用 MySQL 的方法

11.1 实例环境搭建

在本章的 MySQL 应用实例中，将讲解使用 PHP 脚本语言访问 MySQL 数据库制作一个网站留言板的实例。通过本实例，可以让大家掌握 MySQL 数据库的应用方法。在完成实例制作之前，需要搭建好开发环境。

11.1.1 PHP 概述

PHP 是非常普遍的服务器端脚本语言，它和 MySQL（个人用途）一样属于开放源代码，具有完全免费、稳定、快速、跨平台以及面向对象等优点，PHP 和 MySQL 的结合是目前 Web 开发中的黄金组合，因此在本教材中，选用 PHP 来连接 MySQL。

PHP 是如何操作 MySQL 数据库的呢？通过 Web 访问数据库的过程如下：

① 用户使用浏览器对某个页面发出 HTTP 请求；

② 服务器端接收到请求，并发送给 PHP 程序进行处理；

③ PHP 解析代码，在代码中有连接 MySQL 数据库命令和请求特定数据库的 SQL 命令。

根据这些代码，PHP 可以打开一个和 MySQL 的连接，并且发送 SQL 命令到 MySQL 数据库；

④ MySQL 接收到 SQL 语句后，加以执行，执行完毕后返回执行结果到 PHP 程序；

⑤ PHP 执行代码，并根据 MySQL 返回的请求数据，生成特定格式的 HTML 文件，且传递给浏览器，HTML 经过浏览器渲染，就是用户请求的展示结果。

11.1.2 Apache 服务器的安装

Apache 是一种开源的 HTTP 服务器软件，可以在包括 UNIX、Linux、Windows 在内的大多数主流计算机操作系统中运行，由于其支持多平台和良好的安全性而被广泛使用。Apache 网站服务器的主要工作在于编译 PHP 网页，并回传编译后的 PHP 网页至使用者计算机的浏览器接口。

Apache 的主配置文件通常为 httpd.conf。但是由于这种命名方式为一般惯例，并非强制要求，因此提供 rpm 或者 deb 包的第三方，Apache 发行版本可能使用不同的命名机制。另外，httpd.conf 文件可能是单一文件，也可能是通过使用 Include 指令包含不同配置文件的多个文件集合。有些发行版本的配置非常复杂。如 httpd.conf 文件是一个文本文件，在系统启动时被逐行解析；该文件由指令、容器和注释组成；配置文件内允许有空行和空格，它们在解析时被忽略不计。

安装 Apache 网页服务器的首要工作是到 Apache 的官方网站 http://httpd.apache. org/download.cgi 下载 Apache 的最新版本。

安装 Apache 服务器完成后，首先要测试一下安装与设定是否成功，由于是在本机安装的 Apache 服务器，因此它的 HTTP 地址的预设路径是 http://localhost。

注意：如果操作系统已经安装了网站服务器，比如 IIS 网站服务器等，用户必须先停止这些服务器，才能正确安装 Apache 服务器。

11.1.3 PHP 的安装与配置

PHP 的安装与配置有多种方法，这里介绍使用 PHP 官方提供的安装包来进行安装，以 PHP5.5 为例介绍安装过程。

1. 下载

下载地址 http://windows.php.net/downloads/releases/php-5.5.24-Win32-VC11-x64.zip

2. 安装

将下载的 zip 程序包解压，并放在 D 盘，命名为 php，如：D:\php5\。该目录下应该包含 dev、ext、lib 等目录及大量的文件。

3. 配置 PHP

进入 D:\php\目录，找到 php.ini-development 文件，此文件是 php 的配置文件，将这个复制一份，重命名为：php.ini（注意扩展名的改变）；然后用记事本打开该文件，修改部分参数，由于参数较多，可以使用记事本的查找功能，快速查找参数并修改。

查找“extension_dir”参数，并将其值修改为"D:\php5\ext"，即“extension_dir = D:\php5\ext”，此参数为 php 扩展函数的查找路径，其中“D:\php5\”是 PHP 的安装路径，用户可以根据自己的安装路径来修改 extension_dir 参数。

采用同样的方法修改参数“cgi.force_redirect=0”。

另外，可以根据需要去掉“extension”前面的注释；如加载 PDO、MySQL，把下面参数值前的引号去掉即可。

```
extension=php_pdo.dll
extension=php_pdo_mysql.dll
```

4. 配置环境变量

若想让系统运行 PHP 时找到上面的安装路径，则需要将 PHP 的安装目录添加到系统环境 Path 变量中。

11.1.4 配置 Apache 支持 PHP

安装完成 PHP 后并不能直接在 Apache 里运行 PHP 文件，还要进一步配置一下 Apache 才可以支持 PHP 的运行：

```
LoadModule php5_module "C:\PHP\php5apache2_2.dll"
AddType application/x-httpd-php    .php
PHPIniDir "C:\php"
```

该段代码中，第 1 行表示要加载的模块在哪个位置存储。

第 2 行表示将一个 MIME 类型绑定到某个或某些扩展名。.php 只是一种扩展名，这里可以设定为.html、.php2 等。

第 3 行表示 PHP 所在的初始化路径。

此时 PHP 环境就配置完成了。

同样查找“DirectoryIndex”这个代码，将其后面的代码改为如下：

```
DirectoryIndex index.php default.php index.html
```

表示默认访问站点打开时的首页顺序是 index.php、default.php、index.html。

现在有一些整合了 Apache 服务器、PHP 解释器、Mysql 数据库的资源包，比如 phpStudy、WampServer、XAMPP 等，安装简单而且使用方便，本章将采用 phpStudy。

11.1.5 phpStudy 简介

phpStudy 是一个 PHP 调试环境的程序集成包。该程序包集成最新的 Apache+PHP+ MySQL+ phpMyAdmin+ZendOptimizer，一次性安装，无须配置即可使用，是非常方便、好用的 PHP 调试环境。对学习 PHP 的新手来说，在 Windows 环境下配置是一件很困难的事；对老手来说也是一件烦琐的事。因此无论你是新手还是老手，该程序包都是一个不错的选择。

phpStudy 的最新版本是 phpStudy 2018，可以在 http://www.phpstudy.net /download.html 下载。在安装时，为减少出错，安装路径不要出现汉字，如有防火墙开启，会提示是否信任 httpd、mysqld 运行，请选择全部允许。

安装完成后，可以启动 Apache 服务器和 MySQL 数据库服务。如果启动失败，可能原因一是防火墙拦截，二是 80 端口已经被别的程序占用，如 IIS、迅雷等；三是没有安装 VC9 运行库，PHP 和 Apache 都是用 VC9 编译的。只要解决了以上三个问题，安装基本能一次性成功。安装成功后会在桌面生成快捷方式，启动后显示 phpStudy 2018 主界面，如图 11.1 所示，单击

“启动”按钮，则会同时启动 Apache 和 MySQL 服务器。

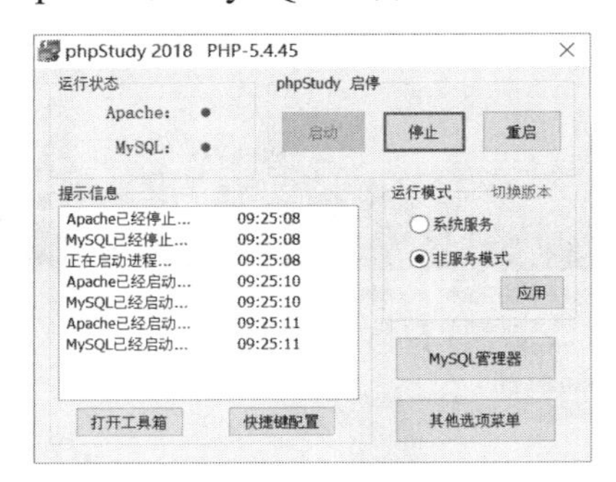

图 11.1 phpStudy 2018 的启动界面

利用 phpStudy 可以进行 PHP、Apache、MySQL 的相关设置，选择“切换版本”就会弹出选择 PHP 版本的菜单，可以选择 PHP 版本，本案例采用 PHP 5.4.45 版本。选择“MySQL 管理器”可以打开 phpMyAdmin 来管理 MySQL 数据库。单击“其他选项菜单”按钮可以打开 My home page 来运行第一个 php web 页面。

11.2 网站留言板制作

11.2.1 创建站点

在设计系统页面时采用了 Dreamweaver 8 网页设计软件。启动 Dreamweaver 8，单击“站点”菜单，在弹出的下拉菜单中选择“新建站点”命令，创建名为“lyb”的站点，站点地址用本机地址 http://127.0.0.1 或者 http://localhost/，如图 11.2 所示。

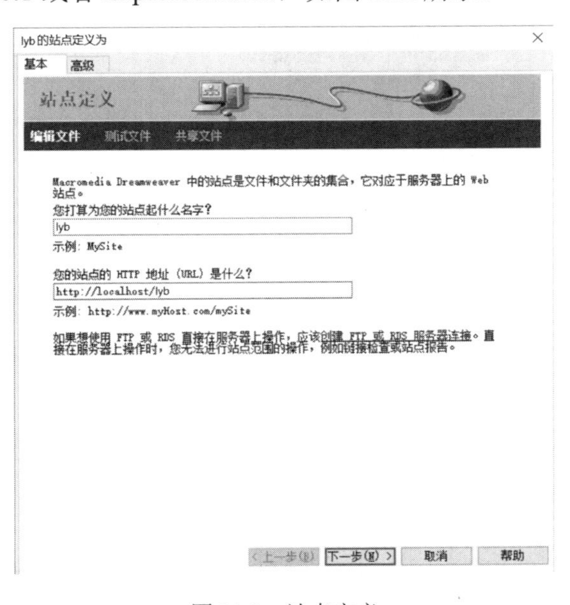

图 11.2 站点定义

单击“下一步”按钮，在弹出的如图 11.3 所示对话框中选择“是，我想使用服务器技术”选项，然后在“哪种服务器技术”下拉列表中选择“PHP　MySQL”选项。

图 11.3　选择服务器技术

单击“下一步”按钮，弹出如图 11.4 所示的对话框，在对话框中选择“在本地进行编辑和测试”选择，并将文件存储在“C:\phpStudy\www”路径下。

图 11.4　设置站点目录

单击“下一步”按钮，弹出如图 11.5 所示的对话框，在对话框中输入使用“http://localhost/”路径来浏览站点根目录。

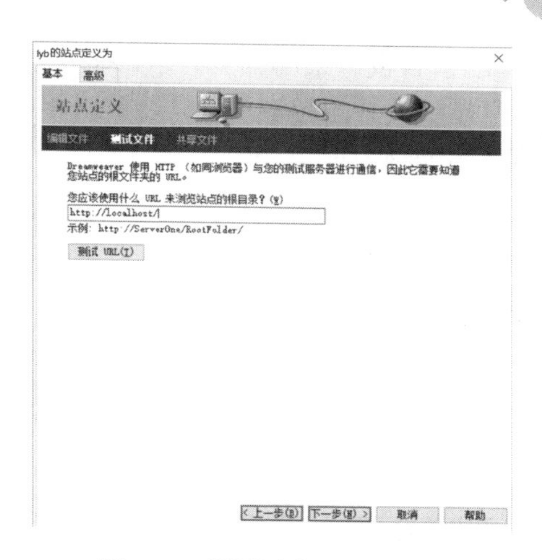

图 11.5　设置浏览站点根目录

为了检查站点是否创建成功，可以新建一个测试页面 test.php 进行测试，把代码放入测试页面中，并在浏览器中输入“http://localhost/news/test.php”，如果页面输出“Hello World”则说明站点创建成功，否则站点创建就失败了。

```
<?php
echo "Hello World";
?>
```

11.2.2　留言板界面

留言板（Message Board）是网站中常见的功能，网页浏览者可以通过留言板张贴留言给站主或其他浏览者。如图 11.6 所示。

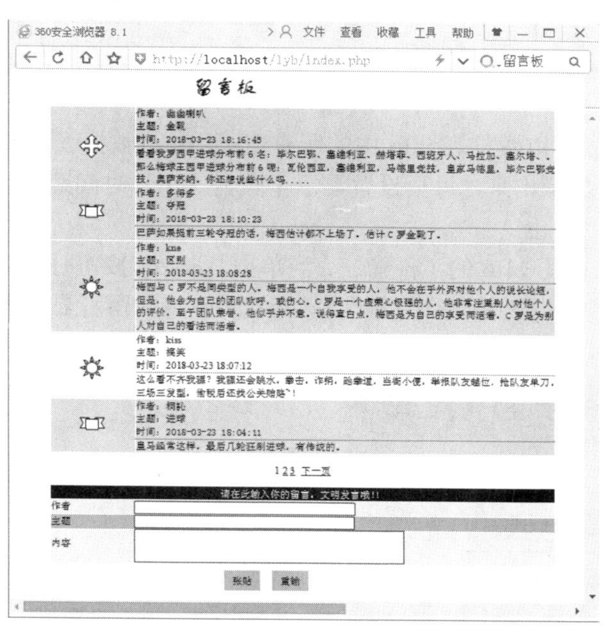

图 11.6　留言板界面

在图 11.6 中，是将要制作的留言板，采用分页显示，每页显示 5 行记录，当然也可以根据实际情况自行调整。网页中间显示页数的超链接，只要单击相应的页数链接，则会显示该页的记录内容，最后输入的留言显示在最前面。

11.2.3 网页文件

组成本网页页面需要的文件如表 11.1 所示。

表 11.1 组成网页页面需要的文件列表

文件名	文件作用
0.jpg~5.jpg	5 个 jpg 图形文件用来作为留言板左边的插图标识
Index.php	留言板的主程序，负责从数据库中读取留言、以分页方式显示留言，以及提供表单让浏览者输入新留言
transmit.php	负责读取浏览者在< Index. php>表单中输入的作者、主题及内容等，然后写入数据库，最后再重新定向到< index. Php>
Message 数据库	留言板使用的数据库

在 Message 数据库中，建立了一个名叫“info”的数据表，用于存储留言板中的数据，info 表的字段结构如表 11.2 所示。

表 11.2 info 表

名称	字段名	数据类型	长度	是否为空	备注
编号	Id	Int	-	Not null	主键，自动编号
作者	Author	Varchar	20	Not null	
主题	Subject	Tinytext	-	null	
内容	Content	Text	-	Not null	
日期	Date	datetime	-	Not null	

网页运行流程：

由主程序 index.php 读取数据表 info 中的所有记录，并将数据表中的各项内容，包括作者、主题、内容和日期分页显示出来，每页设置显示个数为 5 个，时间距当前越近的留言在显示时越靠前。

网页的浏览者可以在图 11.6 的下部留言，当单击“张贴”按钮时，便通过调用 transmit.php 读取表单数据并存入到 info 表中，并由主程序 index.php 将新留言显示在第一页的最上方。

11.3 数据库与程序代码

11.3.1 构建数据库与表

根据 11.2 节的分析构建 Message 数据库。

```
mysql> create database message ;
```

```
Query OK, 1 row affected (0.06 sec)
```

选择 Message 数据库。

```
mysql> use message;
Database changed
```

在 Message 数据库中创建 info 表。

```
mysql> create table info(
    -> id int primary key auto_increment,
    -> author varchar(20) not null,
    -> subject tinytext,
    -> content text not null,
    -> date datetime not null);
Query OK, 0 rows affected (0.75 sec)
```

11.3.2 index.php 和 transmit.php 程序代码

1. index.php

Index.php 是访客留言板的主程序，除了负责从数据库读取留言、以分页方式显示留言之外，还可提供表单供浏览者输入新留言。

```
001:<doctype html
002:<html>
003: <head>
004:    <meta charset="utf-8">
005:    <title>访客留言表</title>
006:    <script type="text/javascript">
007:    function check_data()
008:      {
009:    if(document. my Form. author value length ==0)
010:        altert("作者字段不可以空白哦!");
011:    else if(document. my Form content value length ==0)
012:      alert("内容字段不可以空白哦! ");
013:    else
014:      myform.submit();
015:      }
016:    </script>
017:  </head>
018:  <body>
019:    <p align=center" ><img src="fig. jpg"></p>
020:      <?php
021:        require once("dbtools inc. php");
022:        //指定每页显示几行记录
023:    $Records per_page =5;
024:  //显示第几页的记录
025:    if(isset($_GET["page"]))
026:    $page=$_GET["page"];
```

```
027:     else
028:       $page =1;
029:       //建立数据连接
030:     $link= create connection();
032:     //执行 SQL 命令，按降序日期方式排序
033:     $sql="SELECT *FROM info ORDER BY date DESC";
034:     $Result execute sql(slink, "message", $sql);
035:   //获取记录数
036:   $total_records= mysqli_ num rows($result);
037:   //计算总页数
038:     $total_pages= ceil(Stotal records/ Records_per_page);
038:     //计算本页第一个记录的序号
040:     $tarted record= Records_per_page *($page-1);
041:      //将记录指针移至本页第一个记录的序号
042:     mysqli_data_seek($Result, $tarted_record);
043:   //使用 Sbg 数组来存储表格背景颜色
044:     Sbg[]="#D9D9FF";
045:   $bg[1]="#FFCAEE";
046:   $bg[2]="#FFFFCC";
047:   $bg[3]="#B9EEB9";
048:   $bg[4]="#B9E9FF";
049:     echo"<table width=800 align=center'cellspacing=3'>";
050:   //显示记录
051:   $j=1;
052:   while($Row=mysqli_fetch_assoc($Result) and $j<= $Recordsper_ page)
053:   {
054:   echo"<tr bgcolor='"$bg[$j-1]. "' >";
055:   echo"<td width='120' align='center'>
056:         <img src='".mt_ rand(0, 9).".gif'><td>";
057:   echo"<td>作者: ".$Row["author"]."<br>";
058:   echo"主题:".$row" subject"]."<br>";
059:   echo"时间:". $rowl"date"]."<hr>";
060:   echo $row["content"]."</td></tr>";
061:   $j++;
062:   }
063:   echo"</table>";
064:   //产生导航条
065:   echo "<p align='center'>";
066:
067:   if ($page >1)
068:   echo"< a href=' index. php?page=".( $page-1)."'>上一页</a>";
069:   for($i=1;$i< $total_pages; $i++)
070:   {
071:   if ($i==$page)
072:     echo"$i";
073:   else
074:   echo"<a href='index. php?page=$i'>$i</a>";
075:   }
```

```
076:     if($page <$total_pages)
077:       echo"< a href= 'index. php?page=".( $page+1)." '>下一页</a>";
078:     echo"</p>";
079:     //释放内存空间
080:     mysqli_free_result($Result);
081:     mysqli_close($link);
082:     ?>
083:       <form name="myForm" method="post" action="transmit.php">
084:          <table border="0" width="800" align="center" cellspacing="0">
085:            <tr bgcolor="#0084CA" align="center">
086:              <td colspan="2">
087:                < font co|or="#FFFFFF">请在此输入新的留言</font></td>
088:            </tr>
089:            <tr bgcolor="#D9F2FF">
090:             < td width="15%">作者</td>
091:            <td width="85%" ><input name="author"   type="text"   size="50"></td>
092:         </tr>
093:         <tr bgcolor="#84D7FF">
094:           < td width="15%">主题</td>
095:              <td width="85%"><input name="subject" type="text" size="50"></td>
096:         </tr>
097:         <tr bgcolor="#D9F2FF">
098:       < td width="15%">内容</td>
099:    <td width="85%"><textarea name="content" cols="50" rows="5"></textarea></td>
100:         </tr>
101:         <tr>
102:           <td colspan="2" align="center">
103:         <input type=" button" value="张贴" onClick=" check data()">
104:         <input type=" reset" value="重输">
105:         </td>
106:       </tr>
107:       </table>
108:     </form>
109:   </body>
110: </html>
```

部分代码的含义。

007：“function check_data()”，用来定义一个检查函数，当作者和内容字段为空时发出提示，在××行调用它。

007～015：客户端 Javascript，用来判断访客是否输入了留言。

009～010：判断作者(author)字段是否输入了数据。

011～012：判断内容(content)字段是否输入了数据。

014：当浏览者输入了各个字段数据时，就会执行这行语句，将数据传送回服务器。

023：指定每页显示几条记录。这里设置为 5 条，如果希望每页显示更多的记录，修改此值即可。

025～028：设置要显示第几页的数据，首先会获取网址参数 page，这里使用 isset()函数判断变量$_GET["page"]是否获取了数值，若获取了的话，表示有浏览者指定要查看第 page 页的数据，就将变量 page 设置为获取的值，相反地，若没有获取到值的话，表示浏览者没有指定要显示第几页数据，就将变量 page 设置为 1，让网页显示第一页的数据。

030：建立数据连接。

033～034：对 info 表执行" SELECT* FROM message ORDER BY date DESC"指令。

036：获取查询结果所包含的记录数。

038：计算总页数，此处使用了 ceil()函数，若总页数出现小数点，就无条件进位。

040：计算当前要显示页数据的第一个记录位于查询结果的第几个记录。

042：使用“mysqli_data_seek()”函数将记录指针移至起始记录。

044～048：使用数组$bg 存储表格每一列的背景颜色，让每个记录的背景颜色均不相同。由于一页只显示 5 个记录，所以只需要$bg[0]、$bg[1]、…$bg[4]，分别代表第 1~5 列的背景颜色（也可以自行变更为喜欢的颜色）。若每页显示 10 个记录，则需要使用$bg[0]、$bg[1]、…$bg[9],依次类推。

051～062：用来显示记录的内容，在此并不是要显示所有记录，而是要显示某一区间范围的记录。第 052 行是指当读取到记录且$j<=Records_per_page 时，才会执行 while 循环内的程序代码来显示记录，其中$j<=$Records_per_page 用来控制每页显示的记录数，此处为$ records per- page=5。

067～077：用来制作导航条，让浏览者能快速换页。第 067、068 行是指当目前页数大于第一页时，就插入“上一页”超链接，让浏览者直接浏览上一页；第 076、077 行是指当目前页数小于最后一页时，就插入“下一页”超链接，让浏览者直接浏览下一页；第 069~075 行用来产生所有页码，当前页数的页码为纯文本，不需要有超链接的功能，而非当前页数对应的页数页码，则具有超链接的功能，让浏览者跳至对应的页数。

080：释放查询结果所占用的内存。

081：关闭数据连接。

103：当浏览者单击[张贴]时，并不会马上送出数据，而是先执行“check_data()”函数检查浏览者是否输入了数据。

2. transmit.php

这个程序负责读取浏览者在< index. php>的表单中所输入的作者、主题及内容，然后写入数据库，最后再重定向到< index. php>。

```
<?php
        Require_once("dbtools inc. php");
        $Author=$_POST["author"];
        $subject=$_POST["subject"];
        $Content=$_POST["content"];
        $current time= date("y-m-d H: i: S");
        // 建立数据连接
        $link= create connection(
        //执行 SQL 命令，将作者，主题，内容和日期添加到 info 数据表中
        $sql="INSERT INTO info( author, subject, content, date) VALUES('$author ', '$subject',
'$content' ,'$current_time') ";
        Result=execute sql($link,"message", $sql);
```

```
//关闭数据连接
Mysqli_close($link);
//将网页重定向到 index. php
header("location: index. php");
exit();
?>
```

11.3.3 实例小结

本章通过一个网站留言板为例，讲述了以 PHP 连接 MySQL 数据库的过程及应用。完成本章的功能，需要先掌握一些必备的知识：

① 安装和配置软件环境，包括 PHP 的安装与配置、Apache 服务器的安装、PHP 的安装与配置、配置 Apache 支持 PHP；

② 网站站点的创建方法；

③ 掌握 HTML 语法，因为在生成网站页面的过程中，必然会用到 HTML；

④ 掌握 PHP 语法，包括在 PHP 中调用 MySQL 的方法，用 PHP 读取表单数据。在本实例中，包含两个 PHP 的程序代码；

⑤ 掌握 JavaScript 语法，在本实例中用来验证数据；

⑥ 必须熟练掌握 MySQL 语法，如建立数据库、建立数据表、表的查询等；

⑦ 其他网页制作的相关技巧。

课外实践

任务：采用 PHP+MySQL，完成学生基本信息系统的设计与实现。

要求：

① 建立一个学生信息表，字段包括学号、姓名、性别、籍贯、专业名、所在学院、联系电话、备注的信息；

② 以网站形式，实现学生信息的添加、查询、修改和删除功能。

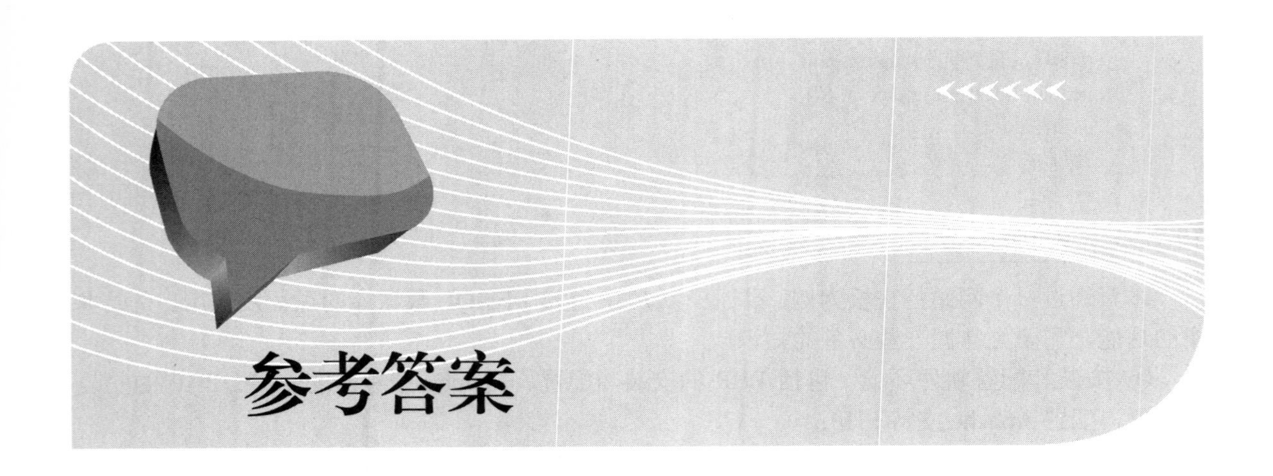

参考答案

第一章

【课后习题答案】

一、填空题

1．实体　属性　联系

2．1∶N

3．网状模型

4．实体

5．每个实体的码

6．N 端实体的码

7．诸实体码的组合

8．实体

二、选择题

1～5：C　A　C　B　D　　6～7：D　B

三、简答题

1．数据是数据库中存储的基本对象。数据库是长期存储在计算机内、有组织、可共享的数据集合。数据库管理系统是位于用户与操作系统之间的一层数据管理软件。数据库系统是指在计算机系统中引入数据库后的系统构成，一般由数据库、数据库管理系统（开发工具）、应用系统、数据库管理员和用户构成。

2．实现数据共享；减少数据冗余度；数据独立性；数据的集中控制；数据一致性；数据安全性；故障恢复保障。

3．关系的完整性规则包括实体完整性、域完整性和参照完整性三个方面。

实体完整性用于保证数据库表中的每一个元组都是唯一的，要求在任何关系的任何一个元组中，主键的值不能为空值、也不能取重复的值。域完整性用于保证给定字段中数据的有效性，即保证数据的取值在有效的范围内，要求由用户根据实际情况，定义表中属性的取值范围。参照完整性用于确保相关联的表间数据保持一致，要求“不引用不存在的实体”，即不允许在一个关系中引用另一个关系中不存在的元组。

4．一个低一级范式的关系模式，通过分解可以转换为若干个高一级范式的关系模式，这种过程称为关系的规范化。

关系的规范化主要目的是解决数据库中数据冗余、插入异常、删除异常和更新异常等数据存储问题。

【课外实践答案】

任务一

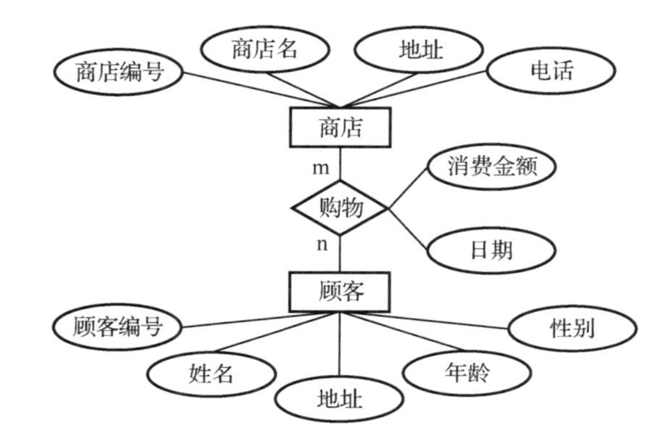

任务二

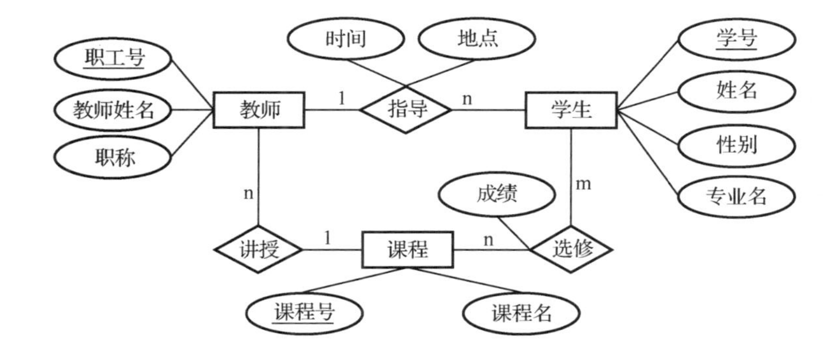

任务三

（1）表 1.7 不满足第一范式，因为该表为复合表。

（2）表 1.8 不满足第二范式，因为该表对应的关系模式存在部分函数依赖。

（3）表 1.9 不满足第三范式，因为该表对应的关系模式存在传递依赖。

（4）将该表改成二维表：

姓　　名	所 在 学 院	计算机文化基础	MySQL 数据库
朱博	计算机学院	86	83
龙婷秀	计算机学院	61	69

（5）将该表拆分成两个表：

学　号	姓　名	性　别	出生日期	系　名	系主任
2016110101	朱军	男	1998-10-15	计算机系	武春岭
2016110102	龙婷秀	女	1998-11-05	计算机系	武春岭
2016120101	李成	男	1998-07-09	机电系	王春强

学　号	课程号	成　绩
2016110101	101	77
2016110101	102	83
2016110101	105	69
2016110102	101	64
2016110102	102	58
2016120101	201	78

（6）将该表拆分成两个表：

学　号	姓　名	性　别	出生日期	系　名
2016110101	朱军	男	1998-10-15	计算机系
2016110102	龙婷秀	女	1998-11-05	计算机系

系　名	系主任
计算机系	武春岭
机电系	王春强

第二章

【课后习题答案】

一、填空题

1．MySQLd.exe　2．root　3306　　3．mysql>

二、简答题

1．主要特点包括：可移植性、多平台支持、强大的查询功能、支持大型的数据库、完全免费、稳定性。

2．启动 MySQL 服务命令：net start mysql57；停止 MySQL 服务命令：net stop mysql57。其中，mysql57 为服务名。

3．CMD 模式，进入 MySQL 的安装目录后，输入命令：mysql –h localhost –u root –p，在输入密码后，即登录到 MySQL。

【课外实践答案】

略。

第三章

【课后习题答案】

一、填空题

1．USE　　2．DROP　　3．InnoDB

二、选择题

1. A　2. B　3. D　4. C

三、简答题

1. information_schema 数据库：用于存储系统中一些数据库对象信息，如用户表信息、列信息、权限信息、字符集和分区信息等；

mysql 数据库：用于存储系统的用户权限；

performance_schema 数据库：用于存储数据库服务器性能参数；

sakila 数据库：用于存放数据库样本，该库中的表都是一些样本表。

sys 数据库：这个数据库是 mysql5.7 增加了的系统数据库，通过这个库可以快速地了解系统的元数据信息，这个库确实可以方便数据库管理员查看到数据库的很多信息，从而为解决数据库的性能瓶颈提供帮助。

world 数据库：提供了关于城市、国家和语言的相关信息。

2. 名称由大小写形式的英文字母、中文、数字、下画线、@、#、$，以及其他语言的字母字符等符号组成；

名称首字母不能是数字和$符号，并且对不加引号的标识符不允许完全由数字字符构成（与数字难以区分）；

名称长度不超过 128 个字符；

名称中不允许有空格和特殊字符；

名称不能使用 MySQL 的保留字。

3. 存储引擎就是如何存取数据、建立索引、更新和查询数据的实现方法。在数据库管理系统（DBMS）中，不同的存储引擎提供不同的存储机制、索引方法和锁定水平等。

MySQL5.7 提供的存储引擎有：InnoDB、MRG_MYISAM、Memory、BLACKHOLE、MyISAM、CSV、Archive、PERFORMANCE_SCHEMA、Federated 等

【课外实践答案】

任务一

命令行方式创建 XSCJ1 数据库：create database XSCJ1;

使用 SQLyog 图形界面方式创建一个名为 XSCJ2 的数据库（参见例 3.1）。

任务二

命令行方式打开 XSCJ1 数据库：USE XSCJ1;

图形方式下打开数据库：单击该数据库即可。

任务三

```
Show create table kc;
alter table kc ENGINE=MyISAM;
```

任务四

命令行方式删除数据库：DROP DATABASE XSCJ1;

图形界面方式删除数据库（参见例 3.7）。

第四章

【课后习题答案】

一、填空题

1．alter　　update

2．AUTO_INCREMENT

3．Alter table

4．TRUE　　FALSE

5．PRIMARY　KEY

6．varchar　　char

7．BLOB

8．SHOW TABLES

9．主表

10．INSERT

11．alter table xs_kc2 engine=myisam;

12．show create table xs_kc2\G;

13．DESCRIBE(或 DESC)

14．录入

二、选择题

1～7：D　C　B　D　C　C　C

三、简答题

1．主键约束、外键约束、唯一性约束、检查约束、非空约束和默认值约束。

2．主键约束在一个表中只有一个，而唯一性约束在一个表中可以有多个；主键约束的列不能取空值，而唯一性约束可以。

3．如果删除的记录是主表中的记录，并且该记录被从表的外键所参照，则可先删除从表中的参照记录，然后再删除主表中的记录；或者通过删除外键约束，来解除从表对主表的依赖关系，否则将会提示删除失败。

【课外实践答案】

参见本章关于表的操作过程。

第五章

【课后习题答案】

一、填空题

1．算术运算符

2．MOD

3．NULL

4．0

5．USE XSCJ;

6．姓名

7．DISTINCT
8．WHERE
9．模糊查询
10．IN
11．ORDER BY
12．分类汇总
13．GROUP_CONCAT()
14．等值
15．ANY
二、选择题
1～5：B A C B D
6～10：A B A D C
11～15：B A B A C
16～18：C D B
三、简答题
1．SUM、AVG、MAX、MIN、COUNT。
2．COUNT(*)方式，用于实现对表中记录进行统计，不管表字段中包含的是 NULL 值，还是非 NULL 值；
COUNT(字段名)方式，用于实现对指定字段的记录进行统计，并忽略 NULL 值。
3．这是由比较值的数据类型决定的，字符串类型的值要加单引号，数值类型的值不加单引号，日期时间类型的值加和不加单引号都可以。
4．使用子查询更好，因为子查询效率更高。
5．HAVING 子句可以使用聚合函数，而 WHERE 子句却不能。

【课外实践答案】

任务一
① select * from xs_kc where 成绩>=80;
② select 授课教师 from kc where 课程号='101';
③ select 姓名, 联系电话 from xsqk where 专业名='网络工程';
④ select 学号,课程号,成绩 from xs_kc where 成绩<60;
⑤ select 姓名,专业名 from xsqk where 出生日期>=19980101;
⑥ select * from xsqk where 姓名 like '李%' or 姓名 like '张%';
⑦ select * from xsqk where 联系电话 like '%2';
⑧ select * from xsqk where 出生日期>=19980101 order by 出生日期 desc;
⑨ select * from kc where 开课学期=1 or 开课学期=2 or 开课学期=3;
⑩ select * from xs_kc where 成绩>=60 and 成绩<80;
⑪ create table xsqk9 select * from xsqk where 出生日期 between 19980601 and 19980831;
任务二
① select 课程号,avg(成绩) from xs_kc group by 课程号;
② select 课程号,max(成绩) from xs_kc group by 课程号;
③ select 课程号,min(成绩) from xs_kc group by 课程号;

④ select 课程号,sum(成绩) from xs_kc group by 课程号;

⑤ select 课程号,count(成绩) from xs_kc group by 课程号;

⑥ select avg(成绩) from xs_kc where 课程号='101';

⑦ select count(*) from xs_kc where 成绩>=70 and 成绩<80;

⑧ select count(*) from xsqk where 出生日期>=19980101;

任务三

① select xsqk.学号,姓名,专业名 from xsqk,xs_kc where 成绩<60 and xsqk.学号=xs_kc.学号;

② select xsqk.学号,姓名,kc.课程号,授课教师 from xsqk,xs_kc,kc where 成绩>=80 and xsqk.学号=xs_kc.学号 and xs_kc.课程号=kc.课程号;

③ select 授课教师 from xs_kc,kc where 成绩<60 and xs_kc.课程号=kc.课程号;

④ select xsqk.学号,姓名 from xsqk,xs_kc,kc where xsqk.学号=xs_kc.学号 and xs_kc.课程号= kc.课程号 and 课程名='计算机硬件基础';

任务四

① select 学号,姓名 from xsqk where(select 成绩 from xs_kc where 课程号='101' and xsqk.学号=xs_kc.学号)<60;

② select 学号,姓名 from xsqk where(select count(课程号) from xs_kc where xsqk.学号=xs_kc.学号)>=2;

③ select * from xsqk where 学号 in(select 学号 from xs_kc A where 成绩 =(select max(成绩) from xs_kc B where A.课程号=B.课程号));

④ select * from xsqk A where exists(select 成绩 from xs_kc B where A.学号=B.学号 and 成绩<60);

⑤ select distinct 授课教师 from kc where 课程号=any(select 课程号 from xs_kc where 成绩<60);

⑥ select * from xsqk where(select avg(成绩) from xs_kc where xsqk.学号=xs_kc.学号)<60;

第六章

【课后习题答案】

一、填空题

1．基表　　定义

2．基表

3．With check option

4．普通索引

5．删除

6．数据库

7．基表

8．索引页面

9．普通索引

10．UNIQUE

11．主键索引
12．全文索引
13．SHOW INDEX FROM
14．ALTER
15．多个
16．CREATE VIEW
17．更新数据
二、选择题
1～5：A　B　C　A　D　6～8：C　B　A
三、简答题
1．使用索引可以明显地提高数据查询的速度；通过对多个字段使用唯一索引，可以保证多个字段的唯一性；在表与表之间连接查询时，如果创建了索引，可以提高表与表之间连接的速度；

2．视图是从一个或几个表或视图中导出的虚拟表，其结构和数据来自于对表的查询，在物理上是不存在的，也就是没有专门的地方为视图存储数据。在建立视图时被查询的表称为基表，视图并不在数据库中以存储的数据值集的形式存在，它的行和列数据都来自于基表，并且是视图在被引用时动态生成。

3．提高查询效率；提高数据安全性；定制数据；通过对表的合并与分割，使得程序设计更为简单；建立和删除视图不影响基表，可通过视图更新基表。

【课外实践答案】

任务一

```
create view V_不及格学生信息
as
select xsqk.学号,姓名,专业名,课程号,成绩
from xsqk,xs_kc where xsqk.学号=xs_kc.学号  and  成绩<60;
```

任务二

```
create view v_选课信息
as
select xsqk.学号,姓名,课程名
from xsqk,xs_kc,kc
where xsqk.学号=xs_kc.学号  and xs_kc.课程号=kc.课程号  and  专业名='网络工程';
```

任务三

```
create view v_开课信息
as
select  课程号,课程名,开课学期,学时
from kc
where  开课学期<=3;
```

任务四

```
create unique index INDEX_课程名
on kc(课程名);
```

第七章

【课后习题答案】

一、填空题

1．INSERT、UPDATE、UPDATE

2．NEW.列名

3．AFTER

4．SHOW TRIGGERS

二、选择题

1～5：C　A　C　B　B

三、简答题

1．审计功能；提高数据库操作的安全性；实现复杂的数据完整性规则；实现复杂的非标准的数据库相关完整性规则。

2．INSERT、UPDATE 和 UPDATE

3．“NEW.列名”用于 INSERT 语句和 UPDATE 语句；“OLD.列名”用于 DELETE 语句和 UPDATE 语句。

【课外实践答案】

任务一

```
create trigger insert_trigger after insert
on xskc
for each row begin
update number set 选课人数=选课人数+1 where 课程号=new.课程号;
end
```

任务二

```
create trigger delete_trigger before delete
 on xsqk
 for each row begin
 delete from xs_kc where 学号=old.学号;
 end
```

任务三

```
create trigger update_trigger after update
 on xsqk
 for each row begin
 if new.学号!=old.学号 then
 update xskc set 学号=new.学号 where 学号=old.学号;
 end if;
 end
```

第八章

【课后习题答案】

一、填空题

1．CREATE PROCEDURE

2．CREATE FUNCTION

3．CALL

4．INOUT

5．RETURN

6．SELECT

7．SHOW STATUS

8．SHOW CREATE

9．ALTER

10．DROP

二、选择题

1～5：C　D　A　B　C

三、简答题

1．存储过程和函数就是一组 SQL 语句的预编译集合，是将一组关于数据表操作的 SQL 语句当作一个整体来执行。通过应用程序调用存储过程和函数，可以接收参数，输出参数，返回单个或多个结果集。

2．提高执行效率；模块化程序设计；减少网络流量；存储过程提供了一种安全机制。

3．①复杂程度不同：存储过程实现的功能要复杂一些，但函数的实现的功能针对性比较强。②返回值不同：存储过程可以返回多个参数，如记录集，而函数只能返回值或者表对象的一个变量值；存储过程的参数可以有 IN、OUT 和 INOUT 三种类型，而函数只能有 IN 一种类型；在定义存储过程和函数时，存储过程不需要声明返回类型，而函数需要声明返回类型，且函数体中必须包含一个有效的 RETURN 语句。③执行方式不同：存储过程一般是作为一个独立的部分来执行，而函数可以作为查询语句的一个部分使用 SELECT 语句来调用，由于函数可以返回一个表对象，因此它可以在查询语句中位于 FROM 关键字的后面；在 SQL 语句中不能使用存储过程，而函数则可以使用。

【课外实践答案】

任务一

参见例 8.3。

任务二

参见例 8.1。

任务三

参见例 8.4。

第九章

【课后习题答案】

一、填空题

1．常量

2．show global variables;

3．@@

4．：=

5．DECLARE

6．搜索模式

7．LEAVE

8．锁

9．数据行

10．读已提交（或 Read Committed）

二、选择题

1～5：B　A　C　D　B

三、简答题

1．全局变量、会话变量、用户变量和局部变量。

2．原子性、一致性、隔离性、持久性。

3．指事务在操作过程中进行两次查询，第二次查询的结果包含了第一次查询中未出现的数据或者缺少了第一次查询中出现的数据，这是因为在两次查询过程中有另外一个事务更新了数据造成的。

4．读未提交；读已提交；可重复读；可串行化。

【课外实践答案】

任务一

参见例 9.7。

任务二

参见例 9.8 和例 9.9。

任务三

参见例 9.13。

任务四

参见例 9.15。

第十章

【课后习题答案】

一、填空题

1．文本文件

2．create、insert into

3．可执行

4．空格
5．InnoDB、相同
6．create
7．Source
8．MySQL
二、选择题
1～5：C A B C D
三、简答题
1．保存在计算机中的数据如果遭遇到意外的自然灾害、电源故障、软/硬件故障、有意或无意的破坏性操作以及病毒等情况，都可能破坏数据的正确性和完整性，从而会影响到系统的正常运行，甚至造成整个系统完全瘫痪。数据备份的任务与意义就在于当各种破坏发生后，通过备份的数据可进行完整、快速、简捷、可靠地恢复原有系统。

2．在MySQLdump备份产生的文本文件中，包含有重新生成原文件的所有命令，包括create命令和insert into命令等，在还原时相当于重新执行一次这些命令，将该文本文件中的数据重新生成与原来数据库内容相同的数据库。

【课外实践答案】

任务一

```
mysqldump -u root -p xscj xs_kc kc>d:\ back\kc_xs_kc.sql
```

任务二

```
mysqldump -u root -p --all-databases>d:\back\backmysql.sql
```

任务三
利用任务一的备份文件还原：mysql -u root -p xscj < d:\ back\kc_xs_kc.sql
利用任务二的备份文件还原：mysql -u root -p < d:\back\backmysql.sql
任务四
参见例10.6的备份过程。
任务五
参见例10.7的还原过程。

第十一章

【课外实践答案】

参见本章实例。

参考文献

[1] 武洪萍，马桂婷. MySQL 数据库原理及应用[M]. 北京：人民邮电出版社，2014.

[2] [美]Vikram Vaswani. MySQL 完全手册[M]. 徐少青等译. 北京：电子工业出版社，2005.

[3] 陈惠贞，陈俊荣. PHP&MySQL 跨设备网站开发[M].北京：清华大学出版社，2015.

[4] 吴津津，田睿，李云，刘昊. PHP 与 MySQL 权威指南[M]. 北京：机械工业出版社，2011.

[5] 刘增杰. MySQL 5.7 从入门到精通[M]. 北京：清华大学出版社，2016.

[6] [美]Jorgensen A，Leblanc P. SQL Server 2012 宝典[M]. 张慧娟译. 北京：清华大学出版社，2014.

反侵权盗版声明

电子工业出版社依法对本作品享有专有出版权。任何未经权利人书面许可，复制、销售或通过信息网络传播本作品的行为，歪曲、篡改、剽窃本作品的行为，均违反《中华人民共和国著作权法》，其行为人应承担相应的民事责任和行政责任，构成犯罪的，将被依法追究刑事责任。

为了维护市场秩序，保护权利人的合法权益，我社将依法查处和打击侵权盗版的单位和个人。欢迎社会各界人士积极举报侵权盗版行为，本社将奖励举报有功人员，并保证举报人的信息不被泄露。

举报电话：（010）88254396；（010）88258888

传　　真：（010）88254397

E-mail:　　dbqq@phei.com.cn

通信地址：北京市海淀区万寿路 173 信箱

　　　　　电子工业出版社总编办公室

邮　　编：100036